职业教育精品教材（电子技术应用专业）

新编电视机原理与维修项目教程
（第2版）

方立鹤　刘　崑　潘昌义　主编

电子工业出版社

Publishing House of Electronics Industry

北京·BEIJING

内 容 简 介

本书是中等职业学校电类专业系列教材之一，其对应课程是家电维修专门化方向的必修课，也是电类其他专业的选修课。

本书内容共分为两个单元，共计 12 个项目。第一单元讲述模拟彩色电视机，共 8 个项目。项目 1 为彩色电视机维修入门，简明扼要地叙述了彩色电视机原理和结构功能，以及万用表的基本测量知识；项目 2 为高频调谐器与频道预置电路；项目 3 为图像中频通道和伴音通道；项目 4 为彩色解码电路；项目 5 为彩色显像管及附属电路；项目 6 为行、场扫描电路；项目为 7 为开关式稳压电源；项目 8 为遥控电路。第二单元讲述数字彩色电视机，共 4 个项目。项目 9 为液晶平板电视机，介绍液晶平板电视机的拆卸过程与结构，讲述液晶平板电视机的原理与维修，项目 10 介绍等离子（PDP）平板电视机的结构与组成，讲述等离子平板电视机的原理与维修，项目 11 介绍数字电视机顶盒的拆卸与检测，讲述数字电视机顶盒的原理与故障分析、维修方法。项目 12 介绍彩色电视机新技术，如数字高清晰电视机、3D 立体电视机与投影电视机、背投电视等。

本书每个项目都从问题导入、故障现象出发，接着是技师引领进入故障分析和维修，最后是技能训练和知识链接、知识拓展。

本书注重实践与理论结合，内容深浅适中，适合作为中等职业教育层次和五年制高职前期职业技能培训教材，也可以作为家用电子产品维修工（中级）的培训教材。同时，还可作为上岗转岗和职业技术等家用电子产品维修人员的自学参考书。

图书在版编目（CIP）数据

新编电视机原理与维修项目教程/方立鹤，刘崑，潘昌义主编. —2 版. —北京：电子工业出版社，2014.7
职业教育精品教材. 电子技术应用专业

ISBN 978-7-121-23523-8

Ⅰ. ①新… Ⅱ. ①方… ②刘… ③潘… Ⅲ. ①电视接收机－理论－中等专业学校－教材②电视接收机－维修－中等专业学校－教材 Ⅳ. ①TN949.1

中国版本图书馆 CIP 数据核字（2014）第 127485 号

策划编辑：张 帆

责任编辑：张 帆　　　　特约编辑：王 纲

印　　刷：涿州市京南印刷厂

装　　订：涿州市京南印刷厂

出版发行：电子工业出版社

　　　　　北京市海淀区万寿路 173 信箱　邮编　100036

开　　本：787×1 092　1/16　印张：18.5　字数：473.6 千字　黑插：2

版　　次：2007 年 8 月第 1 版

　　　　　2014 年 7 月第 2 版

印　　次：2014 年 7 月第 1 次印刷

定　　价：34.80 元

<<<<< PREFACE

目前，我国正处在从模拟电视向数字电视全面过渡的新时期。为适应当前家电产品的发展，本书根据我国劳动和社会保障部 2003 年重新颁布的《家用电子产品职业技能鉴定国家标准》中相关要求编写，融入了当前新的电视机产品，如液晶电视机、等离子电视机、数字电视机顶盒、高清晰度电视机、3D 立体电视机等。

本课程是中等职业学校电类专业——家电维修专门化方向的必修课，也是电类其他专业的选修课。通过本课程的学习，使学生掌握家用电子产品维修工（中级）电视机维修技能与生产技能，能看懂简单的信号流程图，熟悉集成电路内部功能，识读复杂的电路原理图，掌握电路中主要器件的作用与功能，达到国家职业技能标准《家用电子产品维修工》中级工水平。本书可作为五年制高职前期职业技能培训教材。

本书较全面系统地介绍了电视机原理与维修，其主要内容融合了电视基础理论知识、黑白电视机、彩色电视机、液晶平板电视机、等离子平板电视机、数字电视机顶盒及电视新技术等方面的基本内容，主要讲授彩色电视机、液晶平板电视机、等离子平板电视机、数字电视机顶盒的工作原理、主要参数的检测与维修技术，内容涵盖中职电类专业家电维修。

电视机的原理部分力求简明易懂，维修内容力求与行业标准一致。对学生在了解和理解彩色电视机原理的基础上培养其观察故障现象、分析故障原因、测量和检修故障的能力，重点培养动手能力强的技能型人才。

全书设两个单元，共分 12 个项目。第一单元为模拟彩色电视机，有 8 个项目，第二单元为数字彩色电视机，有 4 个项目。本书按项目（模块）编写，通过问题导读来驱动教学，通过技师引领（维修）、知识链接、知识拓展等来丰富学生的感性知识，通过学生拆装、维修的技能训练，教师的指导，学生的自学去充分体现理实一体化教学与学生的自主性学习、研究性学习的新理念。本书将新的维修技术与实际紧密联系，项目教材特征明显，既便于学生自学，也便于教师授课。

本书在编写时，力求通俗易懂，深入浅出，精简了理论论证与推导过程，建议课时为 120学时，其中理实一体教学 72 课时、技能训练 48 课时。教学安排可参照下表，具体课题的课时数以课程内容的重要性和容量来确定。

教学时间安排表

序　号	项　目	课　　时	
		理实一体教学课时	技能训练课时
1	项目 1　彩色电视机维修入门	6	4
2	项目 2　高频调谐器与频道预置电路	6	4
3	项目 3　图像中频通道和伴音通道	6	4
4	项目 4　彩色解码电路	6	4

序 号	项 目	课 时	
		理实一体教学课时	技能训练课时
5	项目5 彩色显像管及附属电路	6	4
6	项目6 行、场扫描电路	8	4
7	项目7 开关式稳压电源	4	4
8	项目8 遥控电路	4	4
9	项目9 液晶平板电视机	6	4
10	项目10 等离子（PDP）平板电视机	6	4
11	项目11 数字电视机顶盒	6	4
12	项目12 彩色电视机新技术	6	4
13	机动	2	

我国家电维修行业已推行等级考核和持证上岗的制度，各大家电企业在招聘售后服务维修人员时要求具备相应资格方可就业，以规范家电维修行业，提高从业人员的技术水平。

为此，我们尽可能地把相关的知识点包含在教科书中，并在每个维修项目上选登一些维修和理论范例，供学生熟悉理论知识及检验自己的水平；同时借助多媒体演示了很多用语言和文字难以表达的技能、技巧，如设备的拆装，单元电路和零部件的检测，整机和电路故障的判别、维修调整、调试方法及工具的使用等，帮助学生快速提高实际操作技能。

本书由方立鹤、刘崑、潘昌义担任主编。在本书编写过程中，还组织了一批长期从事电视机生产和维修第一线有经验的技术人员和技师参与，他们是熊猫电子集团公司电视事业部王建良、南京夏普公司陈程、南京 LG 同创公司李和玲。同时，熊猫电子集团公司培训处李耀荣副教授对本书的编写提供了大量的帮助，特此表示感谢。

由于编者水平有限，时间紧迫，书中难免存在一些缺点和错误，敬请广大读者批评指正。

编 者
2014 年 2 月

<<<<< CONTENTS

第一单元 模拟彩色电视机

项目1 彩色电视机维修入门 ··· (2)

任务 1.1 彩色电视机基本原理 ··· (2)

技能训练一 用万用表测 TA7680AP 各引脚电压与电阻值 ················ (3)

技能训练二 用万用表测 TA7698AP 各引脚不在路对地电阻值 ·········· (3)

知识拓展 集成电路 TA7680AP 与 TA7698AP 简介 ······················ (4)

知识链接一 彩色电视机基本原理 ··· (7)

知识链接二 彩色电视机的整机结构及功能 ································· (12)

知识链接三 彩电整机故障查找及要领 ······································ (14)

项目工作练习 1-1 彩色电视机故障特点与维修方法 ······················ (20)

项目2 高频调谐器与频道预置电路 ··· (21)

任务 2.1 高频调谐器 ·· (21)

技能训练一 学习高频调谐器的检测和拆卸方法 ··························· (23)

知识链接一 高频调谐器的组成与电路分析 ································· (23)

项目工作练习 2-1 高频调谐器（自动搜索收不到信号故障）的维修 ······· (38)

任务 2.2 频道预选装置电路 ·· (39)

技能训练一 频道预置电路常见故障的检修 ································· (39)

知识拓展 频道预选装置的工作原理 ··· (40)

项目工作练习 2-2 频道预置电路（某频段故障）的维修 ·················· (44)

项目3 图像中频通道和伴音通道 ··· (45)

任务 3.1 图像中频通道 ·· (45)

技能训练一 图像中频通道故障的检测与维修 ······························ (46)

知识链接一 图像中频通道的信号流程 ······································ (47)

知识链接二 图像清晰度提高电路 ·· (49)

知识链接三 梳状滤波器 Y/C 分离电路、画中画电视技术 ··············· (51)

项目工作练习 3-1 图像中频通道（有光栅、无图无声故障）的维修 ······· (53)

任务 3.2 伴音通道 ··· (54)

知识链接一 伴音通道的信号流程框图 ······································ (55)

知识链接二 集成电路伴音通道、丽音技术 ································· (55)

技能训练二 伴音通道测试 ··· (58)

技能训练三　伴音通道常见故障的维修·······························（58）

项目工作练习 3-2　伴音通道（有图像无伴音故障）的维修·······（59）

项目4　彩色解码电路 ·····························（61）

任务 4.1　普通彩色解码电路···（61）

技能训练一　对色度和亮度进行测试·································（62）

知识链接一　可见光谱带与色度通道相关信号·····················（63）

任务 4.2　TA7698AP 电路测试及常见故障的维修···················（69）

知识链接二　PAL 制解码电路···（70）

技能训练二　TA7698AP 电路测试及常见故障的维修···············（76）

项目工作练习 4-1　彩色解码电路（彩色色调失真故障）的维修···（77）

项目工作练习 4-2　彩色解码电路（彩色不同步故障）的维修·····（78）

任务 4.3　多制式彩色解码电路··（79）

知识链接三　电视制式的切换与解码电路分析······················（80）

技能训练三　PAL/NTSC 切换测试·····································（84）

项目工作练习 4-3　多制式解码电路（NTSC 有彩色 PAL 无彩色故障）的维修·······（85）

项目5　彩色显像管及附属电路 ·················（87）

任务 5.1　彩色显像管···（87）

技能训练一　显像管的更换与测试····································（88）

知识链接一　彩色显像管··（90）

任务 5.2　彩色显像管的调试与常见故障判断·························（95）

知识链接二　光栅失真分析··（96）

知识拓展一　球面、直角平面、超平面直角、全平面电视···········（98）

技能训练二　显像管的调试与常见故障判断·························（99）

项目工作练习 5-1　彩色显像管（亮度失控伴有回扫亮线故障）的维修·······（101）

任务 5.3　彩色显像管白平衡调试与附属电路故障的维修·············（101）

知识链接三　彩色显像管附属电路····································（102）

知识链接四　彩色显像管附属电路常见故障的分析··················（107）

技能训练三　彩色显像管白平衡调试与附属电路故障的维修·········（109）

项目工作练习 5-2　彩色显像管附属电路（光栅呈现某一补色）维修···（110）

项目6　行、场扫描电路 ·······················（112）

任务 6.1　行、场小信号处理电路·······································（112）

技能训练一　学习行、场小信号处理电路的拆装与维修·············（114）

知识链接一　行、场小信号电路的组成与电路分析··················（114）

项目工作练习 6-1　行、场小信号处理电路（一条水平亮线故障）维修···（123）

项目工作练习 6-2　行、场小信号处理电路（一条垂直亮线故障）维修···（124）

任务 6.2　行、场扫描电路··（124）

技能训练二　行、场扫描电路常见故障的检修······················（126）

知识链接二　行、场扫描电路的组成与电路分析·············（127）

项目工作练习 6-3　行、场扫描电路（有伴音、无光栅故障）的维修·············（138）

项目工作练习 6-4　行、场扫描电路（一条水平亮线故障）的维修·············（138）

项目7　开关式稳压电源·············（139）

任务 7.1　开关式稳压电源的检测和拆卸·············（139）

技能训练一　学习开关式稳压电源的检测和拆卸·············（140）

知识链接一　开关式稳压电源的组成与电路分析·············（142）

知识链接二　彩色电视机用开关稳压电源·············（144）

技能训练二　开关式稳压电源故障的检修·············（151）

项目工作练习 7-1　开关式稳压电源（无图像、无伴音、无光栅）维修·············（154）

项目8　遥控电路·············（155）

任务 8.1　遥控发射电路·············（155）

技能训练一　学习遥控发射器的检测和拆卸·············（158）

知识链接一　遥控发射器的组成与电路分析·············（159）

任务 8.2　遥控接收电路·············（161）

技能训练二　遥控接收电路常见故障的检修·············（161）

知识拓展一　遥控的工作原理·············（163）

项目工作练习 8-1　遥控彩电（面板按键和遥控器均不能开机故障）的维修·············（173）

项目工作练习 8-2　遥控彩电（本机键盘正常遥控功能失效故障）的维修·············（173）

项目工作练习 8-3　遥控彩电（遥控和本机控制音量失效故障）的维修·············（174）

第二单元　数字彩色电视机

项目9　液晶平板电视机·············（176）

任务 9.1　液晶平板电视机的拆卸和装配·············（176）

知识链接一　液晶平板电视机的结构、原理与组成·············（179）

知识拓展一　典型液晶平板电视机的电路·············（186）

任务 9.2　液晶平板电视机常见故障的检修·············（189）

技能训练一　液晶平板电视的液晶显示屏的拆卸和重新组装·············（190）

知识链接二　液晶平板电视机电路分析·············（192）

知识拓展二　液晶平板电视机的电源电路·············（194）

技能训练二　液晶平板电视机的故障检查与维修·············（197）

知识链接三　液晶平板电视机的背光源及其驱动电路·············（199）

项目工作练习 9-1　满屏幕雪花，播放 VCD 或 DVD 均正常故障的维修·············（203）

项目工作练习 9-2　屏幕上无光栅，待机红色指示灯不亮故障的维修·············（204）

项目10　等离子（PDP）平板电视机·············（205）

任务 10.1　等离子（PDP）平板电视机电源电路·············（205）

技能训练一　等离子（PDP）平板电视机的电源电路分析和检修·············（206）

知识链接一　等离子（PDP）平板电视机的电源电路原理 ·· （206）
　　知识拓展一　等离子（PDP）平板电视机的彩色 PDP 显示屏 ·· （209）
　任务 10.2　等离子（PDP）平板电视机的图像处理电路与整机电路 ···································· （214）
　　技能训练二　等离子（PDP）平板电视机图像处理电路常见故障分析和检修 ················ （215）
　　知识链接二　学习等离子（PDP）平板电视机信号处理电路和显示屏驱动电路 ············ （215）
　　知识拓展二　典型等离子（PDP）平板电视机的结构和组成 ·· （216）
　　项目工作练习 10-1　指示灯亮，但显示屏不亮的故障 ·· （218）
　　项目工作练习 10-2　无彩色但有黑白图像、有伴音的故障 ·· （219）

项目 11　数字电视机顶盒 ·· （220）

　任务 11.1　数字电视机顶盒的维修 ·· （220）
　　技能训练一　数字电视机顶盒的拆卸和检测 ··· （221）
　　项目工作练习 11-1　数字电视机顶盒的拆卸与检测 ··· （227）
　　知识链接一　数字电视机顶盒基本功能与种类 ··· （228）
　　知识拓展一　DVB/MPEG—2 技术标准 ··· （231）
　任务 11.2　数字电视机顶盒的故障分析和检修 ·· （232）
　　技能训练二　数字电视机顶盒的故障分析和检修 ·· （232）
　　知识链接二　创维 C6000 有线数字电视机顶盒（DVB—C） ······································· （235）
　　知识拓展二　QAMi5516 解调解码单芯片和音频解码 ·· （238）
　　知识链接三　数字电视显示技术与加解扰技术 ··· （238）
　　知识拓展三　数字电视机顶盒的产业现状与发展趋势 ·· （239）
　　项目工作练习 11-2　数字电视机顶盒（有图像无声音故障）的检修 ···························· （240）
　　项目工作练习 11-3　数字电视机顶盒（有光栅无图像无伴音故障）的检修 ················· （241）

项目 12　彩色电视机新技术 ·· （242）

　任务 12.1　数字高清电视机 ··· （242）
　　知识链接一　数字电视与数字高清电视 ·· （245）
　任务 12.2　3D 立体彩色电视机 ··· （249）
　　知识链接二　三维立体影像电视 ·· （249）
　任务 12.3　投影电视 ··· （253）
　　知识链接三　投影电视与背投电视 ··· （254）
　　知识拓展一　LCD 与 PDP 的比较 ··· （264）
　　项目工作练习 12-1　数字高清晰度电视机（满屏幕雪花且无图像）故障的维修 ············ （265）
　　项目工作练习 12-2　数字高清晰度电视机（数字输入端口 HDMI 无图像）故障的维修 ··· （266）

附录一　彩色电视机有关词语英汉对照 ·· （267）
附录二　家用电子产品维修工国家职业标准（中级） ·· （280）
参考文献 ··· （285）
夏普 94cm 液晶平板彩色电视机电源部分原理图 ····································· 见附页
熊猫牌 2138B 型 54cm 多制式遥控彩色电视机电路原理图 ··························· 见附页

第一单元　模拟彩色电视机

接收和解调模拟信号的彩色电视机称为模拟彩色电视机。

模拟彩色电视机可以接收电视发射台发射的 PAL 制、NTSC 制、SECAM 制模拟制式的彩色电视信号，通过模拟彩色电视机内部电路处理，还原出活动图像和声音。

模拟彩色电视系统经历了 50 多年的发展历史，图像质量与伴音效果均技术成熟。但是，随着科学技术的不断发展，人们对视听产品质量的追求日益增高，模拟彩色电视机仍存在着清晰度不高，行间闪烁现象，垂直边缘锯齿化，PAL 制爬行现象等不足之处。

虽然模拟彩色电视机还有些彩电原理性造成的问题，但模拟彩色电视的技术成熟，性能稳定，价格低廉，老百姓已经接受模拟彩色电视机。再加上目前播放的模拟彩色电视信号覆盖全国，遍布城乡，因此模拟彩色电视还不会退出市场。

➜ 本单元综合教学目标

（1）通过本单元的教学，全面了解模拟彩色电视机的信号传输的基本原理。

（2）熟悉模拟彩色电视机的整机结构和各单元电路的功能。

（3）了解各单元电路的组成框图和信号流程。

（4）学会用万用表、示波器、信号源等仪器测量相关电路的电阻、电压、电流、波形、频率等电参数及工作状态。

（5）掌握彩色电视机故障分析与检修方法。

➜ 岗位技能综合职业素质要求

通过学生拆装彩色电视机、电路检测、故障分析、实践维修的技能训练，在教师的细心指导下，结合学生的自学，形成自主性学习、研究性学习的新理念。

1. 理论方面

学生应具有较强的计算与分析能力，同时推理和故障分析能力也得以提高。

2. 技能方面

学生的形体感与空间感增强，手指和手臂动作灵活，协调性完好。

项目1

彩色电视机维修入门

教学要求

（1）了解彩色电视机信号传输的基本原理及制式类型。

（2）熟悉彩色电视机的整机结构和各单元电路功能。

（3）学会使用万用表的检测集成电路各功能引脚对地电压与电阻。

（4）了解集成电路的构成框图和信号变换过程等工作原理。

（5）掌握彩色电视机故障分析和检修常用方法与要领。

（6）熟悉彩色电视机故障检修的注意事项。

任务 1.1　彩色电视机基本原理

 问题导读一

技师引领一

客户赵先生："我的熊猫 C54L1 彩色电视机开机后，没有图像，没有声音，屏幕也不亮，调节亮度与音量按钮，没有任何反应。"

严技师检测电视机插座电源，确定正常后，观察熊猫 C54L1 彩色电视机故障现象后，分析道：这种"三无"（无光栅、无图像、无伴音）故障的原因，主要是开关电源无输出，可能发生在电源整流输入回路，也可能是开关电源未起振。

严技师维修

维修步骤如下：

（1）拆下彩电后盖，移出主板，检查电源整流电路中二极管、电容等元器件有无烧蚀、崩裂、鼓爆等现象，熔丝管有无熔断。经查以上各元件无明显变化。

（2）用万用表直流电压挡检查电源滤波电容 C706 正负极是否有约 280V 直流电压，这可区分是整流输入回路故障还是开关电源未起振故障。若有则说明开关电源未起振，若没有则整流输入回路存在故障。经查输入电压正常。

（3）检查开关电源有无 115V 电压输出。经查没有电压输出，说明开关电源的确未起振。

（4）断开电源，检测电源模块 IC701（IX0689CE）的⑫、⑬、⑮脚之间的正、反向电阻，其内部为电源开关管。若电阻几乎为零，则说明开关管已击穿。经检查，三脚间正反向电阻正常（阻值见表 1-1），进一步检查电源启动电阻 R706 和启动电容 C735，经查 R706 断路。

（5）更换同型号电阻 R706 后，装后主板，开机试用，故障排除，彩电恢复正常工作。

表 1-1　电源模块 IC701（IX0689CE）各引脚在路电压、电阻值（R×1kΩ挡）

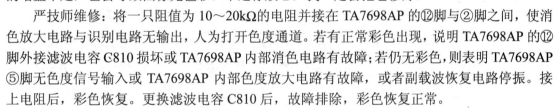

脚号 电压、阻值	1	2	3	4	5	6	7	8	9	10	11	12	13	14	15
电压/V	-19	-27	0.4	-0.3	-2.5	0.3	-2	0	-1.5	0.25	空	-1.5	-0.3	空	300
正向电阻/kΩ	4	2.5	0	1	∞	0	3.5	0	5	0		5	0		20
反向电阻/kΩ	5	3	0	1	6	0	3.5	0	5	0		5	0		150

技师引领二

客户李先生：您好，严技师，我的这台飞跃 54C2YZ 彩电最近开机后，出来的只有黑白图像，怎么调颜色都不能出现彩色图像，这到底是什么原因导致的呢？

严技师：这种故障原因的确有些复杂，主要以色处理电路的故障为主；有时，图像中放的增益不足，也会导致图像无色彩。不过你放心，我一定会把它修好。

严技师维修：将一只阻值为 10～20kΩ 的电阻并接在 TA7698AP 的⑫脚与②脚之间，使消色放大电路与识别电路无输出，人为打开色度通道。若有正常彩色出现，说明 TA7698AP 的⑫脚外接滤波电容 C810 损坏或 TA7698AP 内部消色电路有故障；若仍无彩色，则表明 TA7698AP ⑤脚无色度信号输入或 TA7698AP 内部色度放大电路有故障，或者副载波恢复电路停振。接上电阻后，彩色恢复。更换滤波电容 C810 后，故障排除，彩色恢复正常。

 ### 技能训练一　用万用表测 TA7680AP 各引脚电压与电阻值

器材：万用表 1 只/人，集成电路 TA7680AP 1 只/人，TA7680AP 与 TA7698AP 机芯的电视机 8 台。

目的：学习用万用表测 TA7680AP 各引脚不在路对地电阻值和正常工作时的电压值，为学习 TA 两片机的检测与维修做准备。

检测步骤：

（1）将万用表调至欧姆挡，用万用表的黑、红表笔测集成电路 TA7680AP 各引脚对于 4 或 12 脚的阻值，对照值见表 1-2。

（2）将万用表调至直流电压挡，用万用表的表笔测电视机电路中集成电路 TA7680AP 各引脚对地电压，对照值见表 1-2。

 ### 技能训练二　用万用表测 TA7698AP 各引脚不在路对地电阻值

器材：万用表 1 只/人，集成电路 TA7698AP 1 只/人，TA7680AP 与 TA7698AP 机芯的电视机若干台。

目的：学习用万用表测 TA7698AP 各引脚不在路对地电阻值和正常工作时的电压值，为学习 TA 两片机的检测与维修做准备。

检测步骤：

（1）将万用表调至欧姆挡，用万用表的黑、红表笔测集成电路 TA7698AP 各引脚对于 11 或 31 脚的阻值，对照值见表 1-3。

（2）断开电源，将万用表调至欧姆挡，用万用表的表笔测电视机电路中集成电路 TA7698AP 各引脚在路阻值，对照值见表 1-3。

（3）接通电源，将万用表调至直流电压挡，用万用表的表笔测电视机电路中集成电路 TA7698AP 各引脚对地电压，对照值见表 1-3。

 知识拓展　集成电路 TA7680AP 与 TA7698AP 简介

一、图像/伴音中放集成电路 TA7680AP 简介

TA7680AP 集成电路是东芝公司生产的图像/伴音中放集成电路。它包含中频放大电路、视频检波电路、视频放大电路、自动频率控制（AFT）电路、第二伴音中频放大电路、调频检波（同步鉴频器）电路 、电子音量控制电路、音频前置放大电路、中高频放大自动增益控制（AGC）电路等。它与 TA7698AP 相组合，构成东芝两片机芯。

表 1-2　TA7680AP 各引脚功能、工作电压及不在路对地电阻参考值

引脚序号	功　能	直流电压/V		不在路对地电阻/kΩ	
		动态	静态	红笔接地	黑笔接地
1	外接音量控制电位器	0	0	8.3	15
2	音频放大负反馈输入	2.2	2.5	7.3	10
3	音频信号输出	6.8	6.5	8	17
4	伴音系统接地	0	0	0	0
5	中频 AGC 滤波电容	8.7	1.0	8.4	6
6	滤波电容	4.8	4.2	6.8	5.5
7	图像中频（PIF）信号输入	3.8	4.5	7.4	8.5
8	图像中频（PIF）信号输入	3.8	4.2	7.3	8.5
9	滤波电容	3.8	4.2	6.7	5.4
10	高放 AGC 延迟	6.2	6.5	0.5	9.5
11	高放 AGC 输出	7.8	8	∞	6.2
12	图像中频系统接地端	0	0	0	0
13	自动频率微调（AFT）输出	5.8	6.6	14	7.6
14	自动频率微调（AFT）输出	6.5	6.5	14	7.6
15	全电视信号输出	3.2	4	∞	6
16	AFT 移相网络	4	4	7.7	14
17	图像中频（PIF）谐振电路	7.5	7.5	8.2	5.5
18	图像中频（PIF）谐振电路	7.5	7.5	8.2	5.5
19	AFT 移相网络	4	4	8.1	14
20	电源正端	11	11	4.9	3.6

引脚序号	功能	直流电压/V		不在路对地电阻/kΩ	
		动态	静态	红笔接地	黑笔接地
21	伴音中频信号输入	4.8	4.5	8.2	6.6
22	伴音中频鉴频线圈	4.5	4.5	7.1	7.5
23	伴音去加重电路	5.6	6	7.8	6
24	伴音中频鉴频线圈	4.5	4.6	10	∞

TA7680AP 集成度高、功能较齐全、可靠性高、性能稳定、外接元件少、中频放大增益高频带宽信杂比高。其中频放大电路为三级直接耦合放大，增益幅度高；视频检波电路采用双差分同步检波器，灵敏度高，工作稳定；AGC 检波电路采用峰值检波，控制中放电路增益；高放 AGC 电路输出反向高放 AGC 电压，适用于采用双栅场效应管的高频调谐器；AFT 电路采用双差分鉴相电路，性能稳定，控制灵敏度高；伴音中放电路采用三级直接耦合差分放大电路；伴音检波采用双差分正交鉴频电路，外接元件少，灵敏度高；电子音量控制电路可以调节音量增益；音频前置放大电路采用负反馈输入，可减小失真，以外接不同的功率放大器。

TA7680AP 内部结构原理图如图 1-1 所示，各引脚功能、工作电压（海信 SR5407 型）及不在路对地电阻参考值见表 1-2。

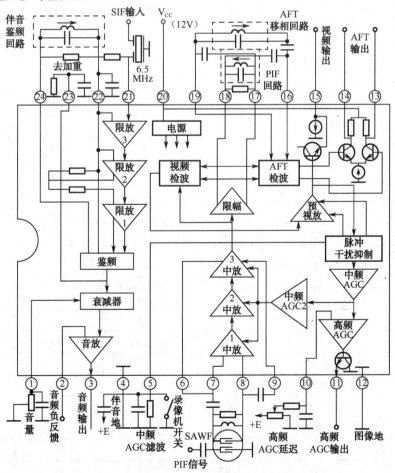

图 1-1　TA7680AP 内部结构原理图

表 1-3　TA7698AP 各引脚功能及不在路对地电阻参考值

引脚序号	功　　能	直流电压/V		在路对地电阻/Ω	
		动态	静态	红笔接地	黑笔接地
1	对比度放大器射极输出	5.7	4	300	190
2	电源色度部分	11	11	160	90
3	黑电平钳位输入端	4	3.8	400	170
4	亮度控制端	3.8	3.8	400	170
5	色度输入端	1	1	260	190
6	ACC 滤波端	8.4	8	450	190
7	色饱和度控制端	5.7	1.8	300	190
8	色度信号输出端	9	9.2	400	180
9	色相位控制端	5	5.5	400	200
10	色同步脉冲净化端	6.8	7	400	160
11	亮度和色度部分接地	0	0	0	0
12	消色识别滤波器	8.5	6	300	150
13	晶振驱动端	8.8	8.5	450	590
14	-45° 移相输入	3.2	3.2	300	150
15	0° 副载波输入	3.2	3.2	300	150
16	APC 滤波端	7.8	9	2.5k	170
17	直通色度信号输入	3.8	3.8	450	160
18	APC 滤波端	7.8	9	2.5k	170
19	延迟色度信号输入	3.8	3.8	300	165
20	G-Y 解调输出	6.8	9	400	160
21	R-Y 解调输出	6.8	7.8	350	160
22	B-Y 解调输出	6.8	7.8	300	160
23	Y 信号输出端	6.6	7.8	400	130
24	场推动输出端	0.6	0.5	250	160
25	场幅调节端	4.4	4.8	300	150
26	场负反馈输入端	7.4	7.2	2.5k	160
27	场锯齿波形成	7.4	7.2	400	135
28	场同步信号输入	0.3	0.2	350	300
29	场频调节	2.5	2.4	350	165
30	X 射线保护输入	0	0	0	0
31	扫描部分接地	0	0	0	0
32	行扫描信号输出	0.45	0.4	170	120
33	Vcc2 行扫描电源	8.2	8.2	450	∞
34	行同步 AFC 输入	4.8	4.8	750	∞
35	AFC 输出	4.9	4.5	∞	8.5k

续表

引脚序号	功　能	直流电压/V		在路对地电阻/Ω	
		动态	静态	红笔接地	黑笔接地
36	同步输出选通	3	3	350	5.5k
37	同步分离输入	-0.1	0	250	55k
38	逆程脉冲输入	0.56	0.4	350	7k
39	全电视信号输入	1.3	3.2	200	8k
40	视频信号输出	7.8	6.8	450	2.4k
41	对比度控制端	6.8	6.6	400	4.6k
42	复合视频信号输出	8.4	8.4	450	1k

二、彩色解码/行、场振荡集成电路 TA7698AP 简介

TA7698AP 集成电路是东芝公司生产的视频/色度/行场扫描处理集成电路。它包含视频信号处理电路、PAL/NTSC 制彩色解码电路、色差信号处理电路、亮度信号处理电路、对比度控制电路、行振荡、行 AFC 电路、场振荡、场推动电路和同步分离等电路。它与 TA7680AP 相组合，构成东芝两片机芯。

TA7698AP 集成电路中，视频信号处理电路由对比度控制放大器、倒相放大器、黑电平钳位电路和视频放大电路等组成，色处理电路由色度带通放大器、自动色度控制（ACC）检测电路、色饱和度控制电路、色副载波压控振荡（VCO）电路、自动相位控制（APC）检测电路、消色电路、识别电路、PAL 开关电路、PAL/NTSC 制式开关电路、PAL/TNSC 矩阵电路、R-Y 与 B-Y 解调电路及 G-Y 矩阵电路等组成，同步分离与扫描电路由同步分离电路、色同步选通脉冲发生器、AFC、二倍行频振荡、分频电路、行预推动电路、X 射线保护电路、场振荡电路、场锯齿波形成电路和场预推动电路等组成。

TA7698AP 内部分别使用两组电源线和接地线，以避免各电路间相互干扰。8V 电源由 33 脚引入，主要供给行振荡器、AFC 和行推动电路；12V 电源由 2 脚引入，主要供给同步分离电路、场扫描电路、色处理电路和视频信号处理电路。

TA7698AP 内部结构原理图如图 1-2 所示，各引脚功能、工作电压及在路对地电阻参考值（海信 SR5407）见表 1-3。

 知识链接一　彩色电视机基本原理

彩色电视是在黑白电视的基础上发展起来的，它不仅传送图像的亮度信息，还传送图像的颜色信息。要了解彩色电视的原理，首先应了解彩色的基本知识和人的视觉特性。

一、彩色与视觉特性

1. 白光与彩色光

人们所能看到的光称为可见光，这些光的波长范围为 380～780nm。我们看到的太阳光是白光，但如果让一束太阳光通过三棱镜透射到白纸上，你就会发现白纸上出现红、橙、黄、绿、青、蓝、紫七色光，这是因为太阳光是由这七种颜色构成的复色光。七色光的波长不相同，当光的波长从 780nm 向 380nm 逐渐变短，会按红、橙、黄、绿、青、蓝、紫的顺序依次变化。

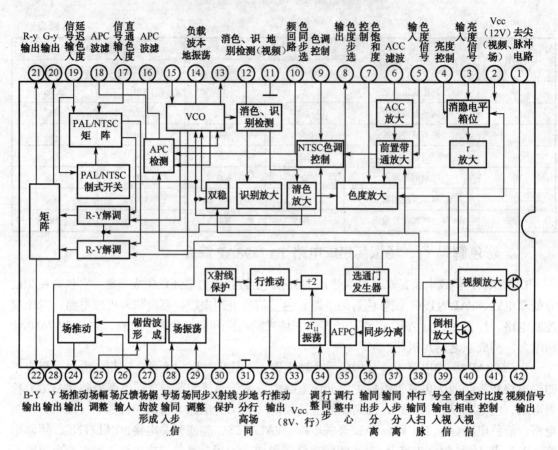

图 1-2　TA7698AP 内部结构原理图

各种颜色的物体，其颜色的来源有两种：一种是光源发出的颜色，如红灯发出红光，绿灯发出绿光；另一种是不发光的物体，其反射或透射色光。如红花是其吸收了光中其他颜色的光而反射红光的缘故，绿叶是树叶反射光中的绿色而吸收了其他颜色的光，舞台上的灯光，发出的是白光，但若用不同颜色的玻璃纸挡住光源，就会得到与玻璃纸颜色相同的色光，这是因为只有这种光透射而导致的。

由于物体的颜色是由它发射或透射的光的颜色不同而产生的，因此物体的颜色必然也与照射的光源有关。例如红衣服在太阳光下是红色，拿到绿光下就变成了黑色。这是因为红色衣服能吸收其他颜色的光，而只能反射红光。

2. 彩色三要素

任何一种颜色都可以用亮度、色调和色饱和度三个物理量来确定，它们称为彩色三要素。其中亮度用字母 Y 表示，色调与色饱和度合称色度，用字母 F 表示。

（1）亮度：是指彩色光作用于人眼时所引起的人眼视觉的明亮程度。它与光线的强弱和光线的波长有关。光线波长一定时，光线越强，亮度越亮；当光线强度一定时，不同波长的光给人眼的明亮感觉也不一样。在白天，波长为 550nm 左右的绿光给人眼的亮度感觉比其他色光要强得多，如图 1-3 所示。

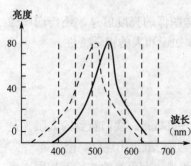

图 1-3　光强与波长关系图

（2）色调：表示彩色的颜色类别，即通常所说的红、橙、黄、绿、蓝、青、紫等。色调决定于彩色光的组成成分。

（3）色饱和度：表示颜色的深浅程度。对同一色调的彩色其饱和度越高，颜色越深。在某一色调的彩色光中掺入白光，会使其色饱和度下降，掺入的白光越多，彩色光的色饱和度就越低。

3. 三基色原理

（1）混色效应：不同波长的光引起人眼的颜色感觉不同，即某一波长的光引起人眼的颜色感觉是一定的。例如，波长为 540nm 左右的光是绿光，波长为 750nm 左右的光是红光，但不同波长的光混合在一起，也会产生另一种或几种波长的颜色感觉。例如，将绿光和红光以适当比例混合，可以产生与单一波长的黄光相同的视觉效果；再例如，将红、绿、蓝三种光按一定比例混合后，可以得到白光，这种白光与由所有波长混合的太阳白光视觉效果一样。这种视觉现象称为混色效应，即：单色光可以用几种其他颜色的混合光来等效，几种颜色的混合光也可以用其他几种颜色的混合光来等效。

（2）三基色。

人们通过混色实验发现：只需要用三种特定的不同颜色的光，按一定的比例混合就能够合成自然界中的绝大部分彩色。例如，将红、绿、蓝三种单色光按不同的强度比例投射到白色屏幕的同一位置，可以在白色屏幕上看到各种不同的颜色，我们把具有这种特性的三种颜色称为三基色。彩色电视中使用的三基色就是红、绿、蓝三色。

人们通过进一步的研究，得出重要的三基色原理，它的主要内容是：

① 自然界中绝大部分彩色都可以分解为一定比例的三基色。反之，三基色按一定比例混合也可以得到自然界中的绝大部分彩色。

② 三基色混合而成的彩色，其亮度等于三种基色的亮度和。

③ 三基色的混合比例，决定了混合而成彩色的色调和色饱和度（色度）。

④ 三基色相互独立，即其中任一基色都不能用其他两种基色混合得到。

三基色原理简化了用电信号传送彩色的技术问题，只需要传送不同比例的三基色信号就可以重现自然界中的各种彩色，因此三基色原理是彩色电视的理论基础。

4. 混色法

根据三基色原理，将三基色按不同的比例混合而获得彩色的方法叫混色法。

彩色电视使用的是相加混色法。相加混色法有空间相加混色法和时间相加混色法。

① 空间相加混色法：将三基色的光点同时投射在屏幕同一表面或相邻处（三个基色光点足够小，间距足够近），当人眼离它们一定距离时，就会看到三种基色光混合后的颜色。这种方法利用了人眼对空间细节分辨能力差的特点。

② 时间相加混色法：依次让三种基色光先后放在同一表面的同一点上，只要三个基色光点间隔的时间足够小，小于人眼视觉惰性的时间，人眼就会看到三种基色光混合后的颜色。这种方法利用了人眼对图像具有暂留时间的特点。

目前绝大多数彩电运用的是空间相加混色法。

利用混色法对三基色进行混色实验，得到如下混色关系（图 1-4）：

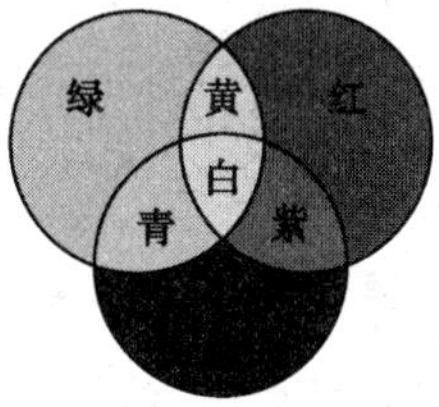

红色+绿色+蓝色→白色　　红色+绿色→黄色

红色+蓝色→紫色　　　　　绿色+蓝色→青色

黄色+蓝色→白色　　　　　青色+红色→白色

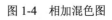

图 1-4　相加混色图

紫色+绿色→白色　　　　　　黄色+青色+紫色→白色

通常把青、紫、黄分别称为红、绿、蓝的补色。

5. 亮度方程式

通过混色试验，若将三基色按一定比例混合得到100%的白光，则红光亮度占30%，绿光亮度占59%，蓝光亮度占11%。这可用如下方程式表示：

$$Y=0.30R+0.59G+0.11B$$

该式称为亮度方程式。在彩色电视中，三基光的亮度大小可用电压大小体现，三基色电压分别用 U_R、U_G、U_B 表示。则亮度方程式也可表示为

$$U_Y=0.30U_R+0.59U_G+0.11U_B$$

二、彩色电视信号的发送与接收

1. 彩色电视信号的发送

彩色电视信号的发送过程如图1-5（a）所示。

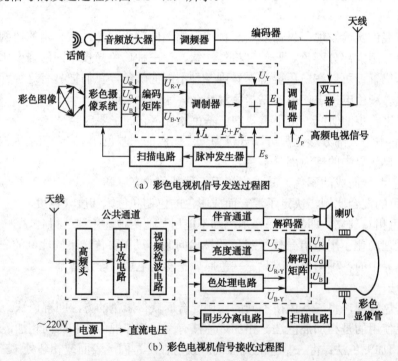

（a）彩色电视机信号发送过程图

（b）彩色电视机信号接收过程图

图1-5　彩色电视机信号发送、接收过程图

彩色图像在发送端首先被分色光学系统分解为三基色画面，并投射到摄像管的靶面上，摄像管将它们转化为三基色电信号 U_R、U_G、U_B，然后三基色电信号被送入编码矩阵电路，该矩阵电路将三基色电信号转换为一个亮度信号 U_Y 和两个色差信号 U_{R-Y}、U_{B-Y}。U_Y 只反映彩色图像的亮度信息，两个色差信号只反映彩色图像的色调和色饱和度信息。两色差信号经频带压缩后加至调制器，调制在副载波 f_s 上形成色度信号 F，同时还产生使彩色同步的色同步信号 F_b。亮度信号 U_Y 与同步消隐信号 E_s 混合后形成黑白全电视信号，再与色度信号 F、色同步信号 F_b 混合，形成彩色全电视信号 FBYS。

彩色全电视信号经高频调幅器处理后，调制到高频载波 f_p 上，再与调频的伴音信号混合，形成 8MHz 带宽的高频电视信号，由天线发射出去。

2. 彩色电视信号的接收

彩色电视信号的接收过程如图 1-5（b）所示。彩色电视机的天线接收到高频电视信号后，首先送入高频调谐器内，经过高频放大和变频处理后得到中频电视信号，再经中频放大电路放大和视频检波电路检波后，得到彩色全电视信号和第二伴音中频信号。第二伴音中频信号经伴音通道处理后还原出伴音，由喇叭发音。彩色全电视信号分别送至亮度通道、色处理电路和同步分离电路。亮度通道将彩色全电视信号中的亮度信号取出来并进行放大处理，再将亮度信号加至解码矩阵电路；色处理电路将彩色全电视信号中的色度与色同步信号取出来，并还原出两个色差信号 U_{R-Y}、U_{B-Y}，也加至解码矩阵电路；同步分离电路将彩色全电视信号中的行、场复合同步脉冲取出来，经过处理后将行同步脉冲与场同步脉冲分开，并分别送入行、场扫描电路，以确保扫描电路的工作始终与发射器同步；解码矩阵电路将亮度信号 U_Y、U_{R-Y}、U_{B-Y} 还原成三基色电信号 U_R、U_G、U_B，再经末级释放电路放大后加至彩色显像管三个阴极，从而重现彩色图像。

3. 高频电视信号的组成

高频电视信号主要包括伴音信号和彩色全电视信号两部分。彩色电视信号中的全电视信号波形如图 1-6 所示。彩色全电视信号中又包含亮度信号、色度信号、色同步信号、行场复合同步信号和行场消隐信号等。

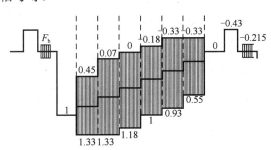

图 1-6 彩色电视机信号中的全电视信号波形

（1）亮度信号：亮度信号是表示彩色图像亮暗信息的信号，其大小决定了电视图像的明亮程度。

（2）色度信号：色度信号是表示彩色图像色彩信息的信号，其大小决定了彩色图像色彩的浓淡。

（3）色同步信号：色同步信号是用以保证色度处理中副载波发生器的振荡频率和相位始终与发送端的副载波相同。

（4）复合同步信号：复合同步信号包括行、场同步信号，用以保证彩色电视接收机中的行、场扫描频率与发送端的行、场扫描频率相同。在遥控彩电中它也是搜索存台的主要信号。

（5）行、场消隐信号：当一行（或一场）电子束扫描结束后，在回到第二行（或第二场）开头的过程（也叫扫描逆程）中，利用行、场消隐信号以使电子束不扫描在荧屏上，从而不产生回扫亮线。

三、彩色电视的制式

目前世界各国都采用兼容制彩色电视制式，分为 NTSC 制、PAL 制和 SECAM 制三种。所谓兼容，是指用彩色电视机能收看黑白电视节目，而黑白电视机也能收看彩色电视节目，但收看到的是黑白图像。

1. NTSC 制

NTSC 制也称正交平衡调幅制，其特点是两个色差信号分别对频率相同、相位相差 90°的两个副载波进行正交平衡调幅，再将已调制的色差信号相加后插入在亮度信号频谱的高频空隙中。该制式的主要缺点是对信号的相位失真十分敏感，容易产生色调失真，对发射端的性能指标要求高。目前，美国、日本、加拿大等国采用该制式。

2. PAL 制（帕尔制）

PAL 制也称逐行倒相制，它是在对两色差信号正交于平衡调幅的基础上，将其中一个已调幅的红色差信号进行逐行倒相，从而使任意两相邻的红色差信号相位总相差 180°，这样可利用相邻扫描色彩的互补性来消除因相位失真而引起的色调失真。该制式的主要缺点是电视机的电路结构较复杂。目前，中国、英国等国采用该制式。

3. SECAM 制

SECAM 制也称调频逐行轮换制，它是将两色差信号逐行轮流交替传送。由于每行只传送一个色差信号，因此色度信号采用调频方式，分别用两个频率不同的制载波进行调频，并传送两组色差信号。该制式的主要特点是电视机的电路结构复杂，图像质量也比以上两种制式差。目前，法国、俄罗斯、东欧等国采用该制式。

以上三种制式，由于传送色差信号的方法不同，所以三种制式之间不能相互兼容收看。

知识链接二　彩色电视机的整机结构及功能

一、彩色电视机的构成

彩色电视机主要由高频调谐器、中频放大电路、视频检波电路、视频放大电路、彩色解码电路、伴音电路电路、逐行扫描电路、彩色显像管及附属电路、电源电路等几部分组成。图 1-7 是 PAL 制彩色电视机结构框图。

中频放大、视频检波、视频放大、中放 AGC、高放 AGC、自动噪声抑制（ANC）和自动频率控制（AFT）等电路可被集成在一片集成电路中，例如 TA706TAP 等。伴音中放、鉴频和音频放大等电路可用一片集成电路来完成，例如 TA7176APT 等。上述两片集成电路的大部分功能也可用一片集成电路来代替，例如 TA7680AP、M515354AP 等。

亮度放大、色度放大、解码矩阵、同步分离、行/场振荡、行/场激励、AFC、X 射线保护等电路也常常被集成在一片集成电路中，例如 TA7698AP、μPC1403CA 等。

二、彩色电视机单元电路功能

1. 高频调谐器

高频调谐器俗称高频头，它的作用是将接收到的高频电视信号进行放大，并通过混频电路将高频图像信号转换成固定的 38MHz 的中频信号，将高频伴音信号转换成 31.5MHz 的第一伴音中频信号。

2. 中频放大电路

中频放大电路又称中放通道，它由预中放电路、声表面滤波器、中放电路、视频检波电路和前置预视放电路组成，它的作用是将高频头传送来的中频图像信号和第一伴音中频信号进行放大，再通过检波将图像信号、伴音信号与载频信号分开，得到彩色全电视信号和载频信号为 6.5MHz 的第二伴音中频信号并进行放大。

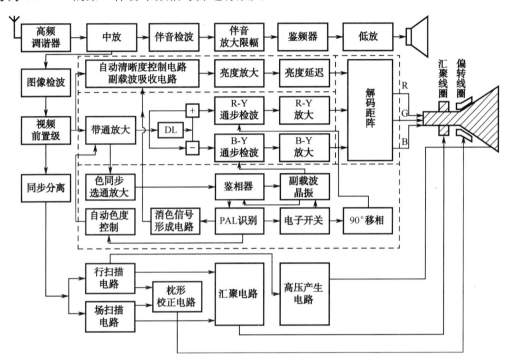

图 1-7　彩色电视机结构框图

3. 伴音电路

伴音电路又称伴音通道，它的作用是将 6.5MHz 的第二伴音中频信号进行放大，然后通过鉴频还原出音频信号，再通过音频放大推动喇叭发出声音。

4. 亮度信号处理电路

亮度信号处理电路又称亮度通道，它的作用是从中放电路传送来的彩色全电视信号中取出亮度信号、滤除色度信号，并对亮度信号进行放大和处理。

5. 彩色解码电路

彩色解码电路包括色度通道和解码矩阵电路。它的作用是从中放电路送来的彩色全电视信号中取出色度信号，经处理后，将两色差信号 U_{R-Y}、U_{B-Y} 和亮度信号 U_Y 转换为三基色信号电信号 U_R、U_G、U_B。

6. 行、场扫描电路

行、场扫描电路的作用是给显像管的行、场偏转线圈分别提供线性良好、幅度足够、与发射端同频同相的锯齿波扫描电流，同时还给末级视放电路分别提供行、场逆程脉冲。行扫描电路还给显像管电路和其他电路提供工作电压。

7．电源电路

电源电路的作用是为整机相关电路和行扫描电路提供必需的直流工作电压。

8．显像管电路与末级视放电路

显像管电路与末级视放电路的作用是向显像管各电极提供工作电压，以保证显像管能出现光栅并正常显示图像。

三、彩电机芯简介

我们经常会发现许多电视机牌号、型号不同，但其整机电路基本相同，这是由于生产厂家通常根据机芯来设计整机电路的缘故。当我们掌握了某种机芯彩色电视机电路的构造和工作原理后，就等于掌握了同机芯其他品牌电视机的工作原理。

彩电机芯的命名方法通常有两种：一种是根据原设计厂家的名称命名，如飞利浦系列机芯、东芝系列机芯等；另一种是根据彩电所使用的主要集成电路的名称及数量命名，如东芝系列中的 TA 两片机芯，飞利浦系列中的 TDA 单片机芯等。

目前常见机芯如下。

（1）东芝系列：如 TA 两片（TA7680+TA7698）机芯、TA X53P 机芯，TB1240 单片机芯等。

（2）松下系列：如 M11 机芯（AN 五片机芯）、AN5095K 单片机芯等。

（3）三洋系列：如 LA7687/7688 单片机芯（A36 机芯）、LA 两片机芯等。

（4）飞利浦系列：如 TDA8361/8362 单片机芯、TDA 两片（TDA8305+TDA3566）机芯等。

（5）日立系列：如 NP6C 机芯、NP82C 机芯等。

（6）夏普系列：如 NC-IT 机芯、NC-ⅢK 机芯等。

 知识链接三　彩电整机故障查找及要领

电视机元件众多，结构复杂，有时即使是同一种故障现象，产生故障的原因和故障点也各不相同，这让初学者往往难以下手。其实，故障查找也是有规律可循、有方法可依的，只要我们掌握了基本检修方法并灵活运用，就能很快地上手，有信心将故障原因查找出来并排除故障。

一、彩色电视机故障特点

彩色电视机接收图像信号和伴音信号并加以处理，最后显现图像、色彩和声音。因此处理图像信号、色度信号和伴音信号的电路是彩色电视机的主要部分。

电视机在接收和处理图像信号、色度信号和伴音信号的过程中，有同时对三种信号进行处理的公共通道，也有专门处理某种信号的专用电路，因此，根据图像信号、色度信号和伴音信号的正常与否可判断故障的大致部位。

彩色电视机的故障内容一般可分为光、电、声、色、控五方面。光主要指光栅正常与否，电主要指电源有无故障，声是指伴音是否正常，色主要指图像色彩是否正常，控指控制调节系统（主要是遥控系统）工作是否正常。

彩电各单元电路主要故障表现如下。

1. 电源电路

彩电开关电源包括两大部分：一是 220V 市电的输入、整流和滤波，二是开关振荡稳压输出电路。开关电源出现故障，通常会导致整机不工作。开关电源故障还分为烧熔丝管和不烧熔丝管两种。这也可进一步缩小电源故障的产生原因和部位。

2. 高频调谐器（高频头）

高频调谐器的故障主要表现为：收不到台（有光栅，无图，无声）、灵敏度低（图像不清晰，雪花，噪波明显）、某一频段收不到台。

3. 图像中放电路

图像中放电路主要是放大中频信号。该电路出现故障后的现象主要表现为：图像、色彩、伴音信号质量都较差，同时噪波点（雪花）稀少，动搜台后不能存储等。

4. 伴音通道

伴音通道主要是将 6.5MHz 第二伴音信号进行放大、解调和功率放大，以推动喇叭发声，其故障主要表现为：图像、色彩均正常但伴音不正常。

5. 行扫描电路

行扫描电路不仅为行偏转线圈提供符合要求的锯齿波扫描电路，也为显像管和整机其他电路提供工作电压，其故障主要表现为光栅黑暗、图像变窄或一条竖直亮线、行不同步（图像呈斜条纹或扭曲），有时也会表现为"三无"（无光标，无图，无伴音）现象，与电源电路故障现象相似。

6. 场扫描电路

行、场扫描电路是相互关联的，只有扫描电路工作正常，场扫描电路才可以工作。场扫描电路故障主要表现为场不同步（图像上下翻滚）、场幅不足或一条水平亮线等。

7. 亮度通道电路

亮度通道主要对亮度信号进行处理以及对亮度、对比度进行调节，其故障主要表现为有伴音、有光栅但无图像或图像暗淡，严重时光栅过暗或过亮。

8. 彩色解码电路

彩色解码电路的故障主要表现为无彩色或彩色失真。但需要注意的是消磁电路，彩色显像管及其附属电路等出现故障也会导致彩色失真。

9. 彩色显像管及其附属电路

其常见故障主要表现为光栅过亮或过暗、聚焦不良、图像偏色等。

10. 遥控系统

遥控系统故障主要表现为所有功能失效或部分功能失效，不能很好地对电视机进行遥控调节。

导致彩色电视机出现故障的原因很多，但究其原因不外乎是元件损坏、性能变化、接触不良和电路失调等。一般我们将因元器件损坏而产生的故障称为硬故障，将元件性能变化、接触不良、电路失调等故障称为软故障。

只要我们掌握了各种电路的主要功能、工作原理和典型故障特征就可以大致确定故障所在的区域，然后通过一定的检修方法和程序可进一步明确故障所在部位，进而进行维修、排除故障。

二、彩色电视机故障检修的基本程序和基本方法

1．故障检修基本程序

检修彩色电视机的故障时，切不可毫无章法地乱检修，可按以下基本程序，有条理地进行检修。

（1）应询问用户电视机出现故障前后时出现过哪些现象以及当时使用环境，了解基本状况，做到心中有数，并判断故障产生原因和大致范围。

（2）直观检查电视机的光栅、图像、颜色、声音、遥控（光、电、声、控、色）等现象，并调节各种旋钮来判断故障的真伪，排除因外接电源、输入信号故障而导致的故障现象，进一步确定故障的大致部位。

（3）根据电视机各电路的工作原理、信号流通和处理的过程，借助各种检测仪器和检修方法，由表及里进行检测，逐步缩小故障范围，找出故障点。

（4）更换故障元件。

（5）对有关电路进行调整，尽量恢复原性能指标。

2．故障检修基本方法

1）直观检查法

直观检查法是指不使用任何仪器，直接依靠观察进行检查，确定故障的方法。直观检查法有：望、闻、问、摸等。

① 望：就是眼看。看各种开关、按键、旋钮是否完好或在正常状态，相关信号传输线是否松脱，熔丝管有无熔断，电阻有无烧蚀变色，二极管有无崩裂，电解电容有无胀裂、鼓爆、变形、漏液，显像管高压帽有无打火，看光栅、图像、颜色的变化现象等，从而判断故障元件或故障部位。

② 闻：就是在通电状态下，闻电视机内有无元件烧焦及打火后的臭味，从而判断故障元件或故障部位。

③ 听：就是在通电状态下，听电视机内有无异常响声，如扬声器有无交流声、啸叫声、高压打火声、行频过低的"吱吱"声等。

④ 问：就是询问电视机出现故障前后的现象及使用环境，了解电视机使用年限，以及电视机的以往维修史等，以帮助我们确立故障原因。

⑤ 摸：就是对所怀疑可能产生故障的元件进行触摸或拨动。在通电一段时间后关断电源，用手触摸电源开关管、行激励管、行输出管、行输出变压器或其他晶体管、电阻器等元件的温度，判断是否存在电流、功耗过大或不工作的情况。在通电状态下，拨动一些元器件，观察图像、颜色、声音等有无变化，可帮助我们迅速查找虚焊等接触不良的故障。

2）仪器检测法

利用万用表、示波器等仪器对电视机电路或元件工作时的电压、电流、波形进行检测，对不工作时的在路电阻和不在路电阻进行测量，再与正常时的标准值进行比较，判断故障所在。检测的主要内容如下。

① 直流电压测量：电视机很多元件的关键点都有典型电压，用万用表直流挡测量这些关键点的电压，可了解电路的工作状态，帮助我们判断某电路或元件是否正常工作，尤其是晶体管和集成电路。电视机电路的主要关键点有：高频头各引脚、中放集成块引脚中的中放 AGC 端引脚、高放 AGC 端引脚、全电视信号输出端、行输出管的基极与集电极、各类开关管、功

放管的输出端、显像管的各极引出脚等。

② 交流电压测量：利用万用的交流电压挡，可准确测量 220V 交流电压，电源变压器抽头的电压及显示器灯丝电压等。如需要测量叠加在直流电压上的交流分量，可在任一表笔中串接一个 $0.1\mu F$ 的电容器，以隔离直流分量。

③ 电阻测量：电阻测量是电视机检修中最常用的方法之一。利用万用表的电阻挡，可测量集成电路、晶体管、电阻、电容、电感线圈、变压器偏转线圈等元器件是否短路或开路。

电阻测量有两种：一是在路测量，二是不在路测量。在路测量是被测元器件在电路中不用拆下，直接测量其电阻值，这种方法对局部电路的短路或断路判断非常有效；不在路测量也称开路测量，它是指将被测元器件的一端或整体从电路板上拆下后，再测量其电阻，以判断该元器件是否损坏，这种方法对元器件的判断比较准确。在维修过程下，可将两种方法有机结合，一般进行在路测量发现异常后，再进行开路测量。

④ 电流测量：利用万用表的电流挡，将万用表串入电路中，测量电路的工作电流，可判断电路是否正常工作。例如，将万用表串入直流熔丝中，就可测量整机直流工作电流。

⑤ 波形检测：利用示波器检测各部位信号的波形、幅度、周期和相位，再与正常信号的标准波形进行比较，可以直观准确地判断故障部位。波形检测是彩电检修的有效方法之一，尤其是对一些软故障的检修。在检修时常常利用示波器测量和观察视频信号、音频信号、行场同步信号、扫描信号、亮度信号和色度信号等。维修者应熟悉各信号的波形与相关数据，在电路图中，一般也会标出信号测量的关键位置和标准波形，以方便我们对照图纸查找故障。

3）信号注入法

信号注入法是将信号注入信号处理电路的各级输入端，通过屏幕上图像或色彩的反应以及喇叭发出声音的变化来判断故障部位。信号可采用专用信号发生器（如电视信号发生器、彩条测试信号发生器等）输出的信号，也可采用自制信号或人体感应的信号。这种方法对公共通道、伴音通道、视频通道、色度通道和行扫描电路的故障判断比较有效。例如无伴音故障，可将万用表置于电阻挡，用红、黑表笔先分别断续碰接喇叭的信号输入线，将万用表的电信号注入，若有"咔咔"的响声，表明喇叭良好（否则喇叭有故障）；再用表笔断续碰接音频功放管的信号输入脚，如有"咔咔"的响声，则说明功放管能正常工作；以此法逐级向前检测，若碰接某一电源信号输入端时无响声出现，则表明该处电路有故障。

使用信号注入法时，常采用人体感应信号，即用手直接拿螺丝刀（或其他细长状金属物）的金属部分，再用其尖端去接触某电路的信号输入端，注入人体干扰信号，观察屏幕或喇叭的输出变化。

使用信号注入法检测时，一般应从后级开始向前级逐一检查，并且越往前，注入信号后的反应越明显。例如用信号注入法检测图像中放电路时，可先从预视放电路输出端开始注入信号，然后是图像中放电路、滤波器，最后是前置中放电路。

4）替换法

当缺乏检测仪器或标准参数时，或者对某些元件不容易判断其是否损坏或性能是否已发生变化时，可用性能良好的同型元件替换后开机观察，以判断元件是否有问题。

5）对比检修法

对无原理图或经多次检查未能确定故障的电视机，可用同型号性能良好的电视机同时通电工作，再通过对两机同部位的相关数据或波形进行比较，找出不同点，确定故障部件。

6）敲击、摇晃法

对接触不良的故障进行检修时，敲击、摇晃法是最常用的方法。接触不良是指电视机工作时故障现象时有时无，并且没有规律性，移动或敲击电视机，这种现象特别容易出现。可用一绝缘物体对所怀疑的电路板部位轻轻敲击，根据故障变化现象确定故障所存在的范围。若某一部位受敲击时，故障变化最灵敏，则故障很可能就在这个部位，然后用手轻轻摇晃该部位的元器件，找到接触不良的元器件。

7）局部加温或降温法

当电视机使用一段时间后才能正常工作或出现故障，则可采用局部加温或降温法进行检测、判断。加温法是利用电烙铁或电吹风对可疑元件进行迅速加温，如果加温后故障现象迅速产生成消失，则说明该元件热稳定性变差或已损坏，为故障元件。

降温法是对开机一段时间后才能正常工作或出现故障的电视，用无水酒精对可疑元件进行擦拭降温，如果对某个元件降温后故障出现或排除，则该元件为故障元件。使用降温法时，应先对集成电路进行降温，其次是大功率晶体管和电容等。

8）短路法

短路法是将电路中某一元件或某一部分短路，然后观察图像声音或电压的变化来判断故障部位的方法。短路法可分为直流短路法和交流短路法。

直流短路法是直接用导线或接有电阻的导线接入电路进行短路测试。如在修理彩电无彩色故障时，可用一只 10～50kΩ电阻接在解码集成电路的消色滤波端与 12V 电源之间，人为打开消色门，使消色器不工作，从而判断故障部位。

交流短路法是用接有电容的导线接入电路进行短路测试。如在修理无图像无伴音故障时，可用一只 0.01μF 的电容器将声表面滤波器（SAWF）或预中频电路的输入与输出端短路，若短路后出现图像和伴音，则表明被短接元件为故障元件。

短路法对预视放、6.5MHz 带通滤波、6.5MHz 滤波、色解码电路、亮度延时电路、振荡器及电源稳压电路的检修都可运用。

9）断路法

断路法常用于检修直流供电电源短路或负载过重等故障现象，它是将一些元器件逐一断开，检查供电电源的输出电压和变化情况，从而判断故障所在的方法。

电视机故障检修的方法很多，同一种故障也可采用多种方法进行检修。在实际修理过程中，要根据具体情况灵活运用、综合运用，才能准确迅速地找到故障、排除故障。在进行维修的过程中，我们还应当经常总结整理自己维修彩电的经验资料，收集他人的经验并进行研究和借鉴，尤其是对一些疑难杂症的学习、分析、研究，不断积累，总结出更多更好的方法，提高自己的维修水平。

三、检修注意事项

1. 检修前注意事项

（1）检修前要了解被检修电视机的基本电路结构、基本工作原理、信号流通变化情况，准备好被修机的电路原理图和印制图。

（2）了解各部分电路的供电情况和各关键检测点的电压值与波形，掌握各集成电路与晶体管的内部结构、各引脚功能及相关电压、电阻值。

（3）准备好常用的检测仪器、维修工具和易损备用元件。通常必备的有万用表（内阻应不小于 20kΩ/V）、电烙铁（含松香、焊锡丝）、尖嘴钳、镊子、大小长短不同的十字螺丝刀和一字螺丝刀、带夹子的连接线、吸锡器、毛刷、吹气球、无水酒精等，有条件的可准备示波器、信号发生器等。

（4）拆卸电视机后盖前应了解其结构特点、装配方式，切忌盲目拆卸、强拆强拽，以防损坏外壳和内部元器件。

（5）准备一个 1:1 的隔离变压器，接在交流电网与电视机电源输入端间，以免因电视机底板与火线相连而导电，导致触电事故。

2. 检修中注意事项

（1）拆卸后盖和更换元件时，应断开电源。

（2）使用万用表时，应按要求操作，以免损坏万用表和电路元件。

（3）熔丝（或保险电阻）熔断后，在未查明原因前，不要随意加大熔丝（或保险电阻）额定值通电测试，以免烧坏其他元器件，导致故障扩大。切忌用其他金属丝强行通电试验。

（4）通电实验后，不能将开关电源的负载全部断开，以免开关调整管击穿。

（5）不能用金属或手接触电视机主电源开关管和具有较高电压的高压嘴、行输出管、视放管等部件，以防触电、电击和损坏元件、机器。

（6）检修行输出电路时，行逆程电容和开关放大电路的阻尼电阻不要断开，以防行输出管击穿或损坏行输出变压器（高压包）。

（7）高压帽拔取之前，一定要关断电源，并将高压嘴对机器地线放电。

（8）不能在荧光屏为一个亮斑或一条亮线时，高亮度、长时间地进行检修，应立即关小亮度或关机以防止荧光屏灼伤。

（9）测量元件引脚电压或用信号注入法检测故障时，应该注意将表笔或金属物对准元件的测量部位，不要造成相邻引脚短路，损坏元器件。

用无水酒精擦拭元件时，也要注意避免因酒精过多溢流到电路板上造成短路。

（10）在更换 IC（集成电路）之前，一定要先确认 IC 外围元件正常，才能更换 IC。因为 IC 外围电路某元件不良或损坏时，将直接影响 IC 相关引脚的电压。

（11）拆卸元件和连线时，应做好标记，以防复原时出错。

（12）拆卸显像管时，应小心谨慎，均匀用力。不可用力摇晃，边摇晃边拔取，以避免造成管颈破裂致使显像管漏气报废。

（13）对电视机内的可微调元件，如可变电阻、谐振线圈等，因在出厂时已校准，故在维修过程中不要随意调节，以免造成新的故障。

（14）更换元器件时，应尽可能地使用同型号元器件。如果没有，也可用性能参数相同或相近的元器件代替。

（15）对多故障的电视机修理，应按照光栅、黑白图像、彩色图像、伴音的顺序进行。

3. 修复后安装注意事项

（1）故障修复后，应检查各种接线是否接好，有无工具或脱落的焊锡在电路板中。如有，应接好连线，清除杂物，确定无疏漏后，开机测试，并调节相关电位器，检查信号控制状况。

（2）经测试正常后，关断电源，将电路板安放到正确位置上，把相关导线理好固定，然后安装电视机后盖。

（3）安装时，应按照拆卸时的位置，后盖壳对准前壳盖推入，推入过程不能用力过大或强行推入，以免损坏显像管和电路板。前后盖靠上后，可先将所有的连接螺钉部分拧入进行定位，然后再依次拧紧固定。

项目工作练习 1-1 彩色电视机故障特点与维修方法

班　级		姓　名		学　号		得　分	
实训器材							
实训目的							

工作步骤：

（1）彩电各单元电路主要故障表现，观察故障现象（由教师设置不同的故障）。

（2）彩电故障检修的基本程序和基本方法，说明有哪些基本程序和基本方法。

（3）检修前注意事项，制定维修方案，说明检测方法。

（4）检修中注意事项，记录检测过程，找到故障器件、部位。

（5）修复后安装注意事项，说明维修或更换器件的原因。

工作小结	

项目2

高频调谐器与频道预置电路

教学要求

（1）了解高频调谐器的作用与组成。

（2）掌握高频调谐器的检测和拆卸方法。

（3）了解常用高频调谐器的型号与工作参数。

（4）熟悉高频调谐器的结构与全频道电调式高频调谐器的方框图。

（5）理解高频调谐器的工作原理。

（6）掌握高频调谐器故障的分析和检修方法。

（7）了解频道预选装置电路的工作原理。

（8）掌握频道预选装置电路的故障分析和检修方法。

任务2.1　高频调谐器

 问题导读一

技师引领一

客户赵先生：我家一台熊猫C64P88彩色电视机使用多年了，一直都很好，昨天突然坏了，插上电源插头打开电源开关后，有蓝背景光栅及字符显示，无图像、无伴音，但是从AV端子输入声、像均正常。

唐技师观察故障彩电现象后说：赵先生，根据彩电原理与此故障现象分析，这个故障出在图像通道或高频调谐器，我很快就能修好。现有蓝背景光栅及字符显示，说明这台机器电源没问题，可能是图像通道或高频调谐器部分某元件的故障。

唐技师维修

关闭电源开关，拔掉彩色电视机电源插头，用十字起子拆下彩色电视机后盖（图2-1）。

维修步骤如下：

（1）把主板上的挂钩松脱，慢慢移出主板。

（2）如图2-2所示，用万用表表笔触碰中放集成电路TA7680AP（N1001）信号输入端⑦、⑧（IF IN）时，屏幕上有噪点和噪波出现，说明图像中频放大电路基本正常。继续用万用表表笔触碰声表面滤波器（Z1001）输入、预中放晶体三极管基极（V1011），屏幕上均有噪点

和噪波出现，由此可以判断上面用"干扰法"检查的电路基本正常。再测量高频调谐器（U1001）各端子电压，BM 为 11.6V、AGC 为 8.4V、AFT 为 4.9V、BT 在 0～10V 范围内变化，以上测量的电压与图纸上电压基本相符，再测量 BL、BH、BU 各频段的电压均为 0V，据此判断故障原因是缺少频段电压。测量电压调谐集成电路（AN5071）⑨脚电压为 11.6V，正常，而⑥脚电压只有 9.4V，正常值应为 30V，说明该集成电路损坏或⑥脚外围电路元件有问题。测主电源 140V 输出电压和 R115 等元件均正常，而⑥脚电压降到 9.4V，说明电压调谐集成电路（AN5071）内部损坏造成电压跌落，更换电压调谐集成电路故障排除。

图 2-1　用十字起子拆下彩色电视机后盖　　　图 2-2　高频调谐器在主板上的位置

（3）更换电压调谐集成电路后，重新安装好主板，用挂钩挂好各种导线，再将彩色电视机后盖合上。经过开机观看图像，熊猫 C64P88 彩色电视机的图像、声音等功能恢复正常。

技师引领二

唐技师：您好，赵先生，此台熊猫 3636 型彩色电视机接通电源后，彩电光栅正常，但无图像、无伴音，是吗？

客户赵先生：是的，接通电源后，熊猫 3636 型彩色电视机开机光栅正常，但无图像、无伴音，自动搜索时收不到信号，且节目号始终固定不变，无法收看电视节目。

唐技师接通电源，观察熊猫 3636 型彩色电视机现象后分析：根据彩电有光栅，说明扫描电路和视放等电路均正常，故障可能发生在公共通道，也可能是遥控系统输出的调谐控制信号异常所致。

唐技师维修：首先在预置搜索状态下测量高频调谐器 VT 端子电压，观察电压只能在 0～10V 变化，上升到 10V 后又回到 0V，由此可推断调谐电压控制形成电路有故障（图 2-3），N1101①脚输出的脉宽调制信号由 V1101 放大，经 R1103、C1103、R1104、C1104 积分后得到 0～30V 平滑直流电压。在预置搜索状态下测①脚电压在 0～5V 变化，属于正常。而 V1101 的 C 极电压只能在 0～10V 变化，查 V1101 周围元件，发现 R108 电阻一端有 105V 电压，而另一端电压仅为 10V。如图 2-3 所示，焊下 R108（10kΩ）电阻，经检测已经开路，更换此电阻。重新安装好主板，经开机试用，故障排除，熊猫 3636 型彩色电视机恢复正常。

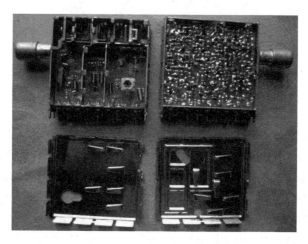

图 2-3 高频调谐器的结构图

 技能训练一 学习高频调谐器的检测和拆卸方法

器材：万用电笔一支，示波器一台，全频道彩色电视信号发生器一台，电工工具一套，彩色电视机一台，高频调谐器一只。

目的：学习高频调谐器的检测和拆装方法，为学习高频调谐器的检测与维修做准备。

一、高频调谐器的检测和拆卸

（1）关闭电源开关，拔掉彩色电视机电源插头，用十字起子拆下彩色电视机后盖螺钉，取下彩色电视机后盖。

（2）把主板上的挂钩松脱，慢慢移出主板。

（3）根据电路原理图万用表表笔触碰有关信号脚。

（4）用万用表测量彩色电视机相关测试点。

（5）拆卸故障元器件，重新安装好主板，恢复初始状态。

二、高频调谐器的装配

在拆卸高频调谐器时，要记好拆卸顺序与各元器件的位置，尤其是有方向的二极管、电解电容、晶体三极管和集成电路的引脚不能错。安装是拆卸的逆过程。

 知识链接一 高频调谐器的组成与电路分析

一、高频调谐器的作用与组成

1. 高频调谐器的作用

高频调谐器又称高频头，高频调谐器的作用是从传输线传送来的各种频率信号中，选出所要收看频道的电信号，再经高频放大器放大，在混频器中与本机振荡器产生的本振信号产生差频，形成图像和伴音的中频信号。其基本电路有输入回路、高频调谐放大级、混频器和本机振荡器四大部分，如图 2-4 所示。

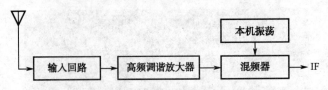

图 2-4 高频调谐器的方框图

彩色电视机用高频调谐器比黑白电视机多设一个自动频率微调 AFC。根据转换频道和调谐方法的不同，高频调谐器可分为机械式和电子调谐两种。机械式高调谐器的 VHF 频段是利用机械转动的转换开关来切换频段的，UHF 频段是利用多连空气可变电容器来调谐电视频道的。这种高频调谐器，不仅机械结构复杂，而且容易造成磨损和接触不良。电子调谐式高频调谐器是通过改变和调节开关二极管和变容二极管的直流电压来达到转换频率调谐的，所以它具有机械式调谐器所没有的优点。目前，绝大部分电视机都使用电子调谐式高频调谐器，而且是包括 VHF 和 UHF 的全频道电子调谐式高频调谐器。因此，本项目中只述电子调谐式全频道高频调谐器。

2. 高频调谐器的主要组成部件及其作用

1）外壳

外壳通常用镀锌板冲压成型，常见的高频调谐器的结构如图 2-3 所示，也有老式的大镀锌外壳。其作用是安装高频调谐器的带元件的 PCB 板（双面铜箔印制电路板），固定高频调谐器的各外接引脚，另一个重要作用是有效屏蔽外界干扰。

2）变容二极管

变容二极管是电子调谐式全频道高频调谐器中的重要器件。变容二极管和电调谐的频率覆盖范围起到了关键作用，我们先来了解变容二极管的 C-V 特性曲线。变容二极管的 C-V 特性曲线如图 2-5 所示。图中 C 为变容二极管极电容，Q 为品质因素。

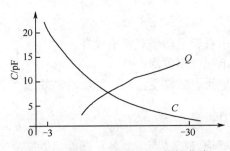

图 2-5 变容二极管的 C-V 特性曲线

当变容二极管间所加反向电压变化时，其结电容随之改变。如将它作为调谐元件，就可以实现回路的调谐。一般，变容二极管的反向电压在 3～30V 变化时，其结电容 C 在 3～18pF 变化。显然，电容覆盖系数为

$$K_C = C_{max}/C_{min} = 18/3 = 6$$

我国电视标准规定：1 频道的图像载频为 49.75MHz，12 频道的图像载频为 216.25MHz。若要从 1 频道调到 12 频道，其频率覆盖系数应为

$$K_f = f_{max}/f_{min} = 216.25/49.75 = 4.4$$

要实现良好的接收，则要求调谐电容的覆盖系数应等于或大于频率覆盖系数的平方，即

$$K_C \geq K_f^2 = 4.4^2 = 19$$

显然变容二极管无法直接覆盖 12 个频道。

考虑到我国 VHF 的频率范围，将其划分为两段。低频段（常用 VL 表示）为 1～5 段道，其载频范围为 49.75～85.25MHz；高频段（常用 VH 表示）为 6～12 频道，其载频范围为 168.25～216.25MHz。电子调谐器的频率覆盖系数也应分两段。这样，VL 和 VH 的频率覆盖系数及相应的电容覆盖系数为：

① 高频段，K_f=216.25/168.25=1.3，$K_f^2 \approx 1.69$；变容二极管可以满足 $K_C \geqslant K_f^2$ 的条件。
② 低频段，K_f=85.25/49.75=1.7，$K_f^2 \approx 2.93$；用变容二极管也可以满足 $K_C \geqslant K_f^2$ 的条件。

可见，划分两段之后，对变容二极管电容覆盖系数的要求大为降低。也就是说，变容二极管电容量变化范围可以不要求那么宽了，因此变容二极管满足要求。

UHF 的波段频道数从 13～68 共有 56 个频道，频率范围为 470～958MHz，13 频道的中心频率是 474MHz，68 频道的中心频率是 954MHz，其中心频率的覆盖系数为 K_f=954/474≈2。用一个变容二极管就可覆盖整个 UHF 波段。

3）开关二极管与频段

用开关二极管做开关、改变电感量的办法，就可以实现分段。不论机械式和电子调谐式高频调谐器都包括输入回路、高频调谐放大级、混频器和本机振荡器四大部分。只要把这四部分电路中的谐振回路调谐在所接收的频道的中心频率上，即可收到该台的节目。机械式高频调谐器中，VHF 段依靠人工旋转机械式滚动开关来改变调谐回路的电感，UHF 段依靠旋转电容的极片角度（改变其电容量）来调谐谐振频率，以选择频道。电调式高频调谐器则采用开关二极管的通断来代替机械开关，用改变变容二极管上所加直流反向电压值，改变其极间电容量，从而改变谐振频率，以实现选择频道的目的。

如图 2-6 所示，图 2-6（a）示出了用变容二极管 VD_C 做可变电容的调谐回路。用于改变结电容的可调直流电压 V_T，经隔离电阻 R（常取几十 kΩ 到几 MΩ）加到变容二极管上。这里，电感 L 为回路电感，C 用于隔直流，对交流相当于短路。图 2-6（b）为等效电路。

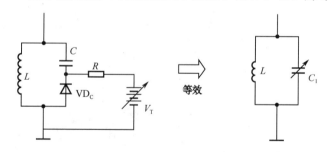

图 2-6　用变容二极管做可变电容

用开关二极管切换电视频段的原理如图 2-7 所示。图中，C_1～C_3 的电容量很大，对交流信号可视为短路；L_3 为高频阻流圈，对交流可视为开路；R_1 和 R_2 是沟通直流通路的电阻；R_3 是变容二极管隔离电阻；VD_{S1} 和 VD_{S2} 是开关二极管；VD_C 是变容二极管；V_T 为调谐电压；V_S 是频段切换电压。

当开关 S 拨至 VH 位置时，开关电压 V_S 通路为：L_3→开关管 VD_{S1}→L_1→L_2→R_2→地，使 VD_{S1} 导通。与此同时，V_S 电压全部降在 R_1 上，使另一开关管 VD_{S2} 反偏而截止。由于 VD_{S1} 导通内阻很小，C_2 对交流而言阻抗可忽略，故电感 L_1 被短路。显然，开关 S 在 VH 位置时，图 2-7（a）所示电路的等效电路如图 2-7（b）所示。这是一个较简单的调谐回路，感性支路为 L_2，容性支路是由 C_4//C_j 组成。当调谐电压 V_T 改变到某定值时，C_j 为某确定值，回路可按此设定频率得到调谐。

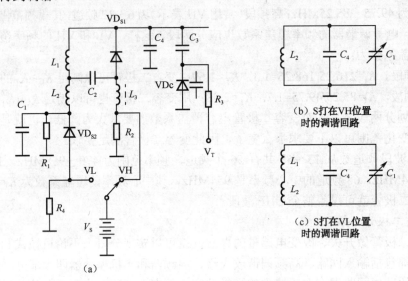

图 2-7　用开关二极管切换电视频段

当开关拨至 VL 位置时，V_S 通过开关二极管 VD_{S2} 和 R_1，VD_{S2} 导通，同时通过 VD_{S2}、L_2、L_1、L_3 和 R_2 对 VD_{S1} 加反偏压，使 VD_{S1} 截止。显然，开关 S 在 VL 位置时的等效电路如图 2-7（c）所示，此时调谐回路中的电感，使回路工作在不同的频段。电压 V_S 可使开关二极管切换频段，故又称波段切换电压。

如果将开关二极管、变容二极管与电路元件（电感、电容和电路）合理配合，便可形成无机械波段开关的电子调谐式高频调谐器，其等效示意图如图 2-8 所示。

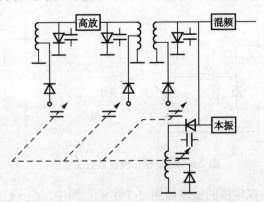

图 2-8　电子调谐式高频调谐器等效示意图

图 2-8 中，有四只变容二极管分别接在高放输入回路、高放输出回路、混频输入回路和本振回路上。在调谐电压的作用下，它们相当于一个四连可变电容，四个回路进行统调跟踪，使得在任一频道上都能在混频输出一个设定的 38MHz 的图像中频信号。

3. 高频调谐器性能要求

高频调谐器有以下几项主要性能要求。

（1）幅频特性的带宽和平坦度。高频调谐器的幅频特性主要取决于高放级和混频电路中的双调谐回路所形成的双峰特性，如图 2-9 所示。曲线中间下凹的深度，对黑白电视机要求不严，即使下凹30%，对图像质量仍无显著影响。彩色电视机则不然，由于彩色图像的色调，特别是饱和度，受亮度与色度信号的相对幅度比值的影响较显著，故该曲线下凹程度必须控制在10%以内（约-0.92dB）。

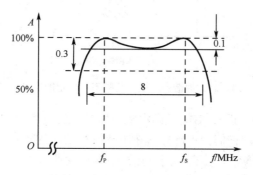

图2-9 高频调谐器的幅频特性

两峰点调在图像载频和伴音载频上。双峰曲线降到半功率点（下降30%，-3dB）之间的带宽应控制在8MHz左右。

（2）输入回路的匹配。在实际运用中，总频率特性还与天线传输线、输入回路的匹配是否良好有关。特别是在传输线较长时，匹配不良将产生驻波和反射现象，导致频率特性凹凸不平。这种现象将使黑白电视机图像产生重影，使彩色电视机产生色调失真。

（3）本机振荡频率的稳定度。本振频率不稳定将导致中频漂移。漂移的影响如图2-10所示。对中放的频率特性曲线形状是有特殊要求的（见项目3）。

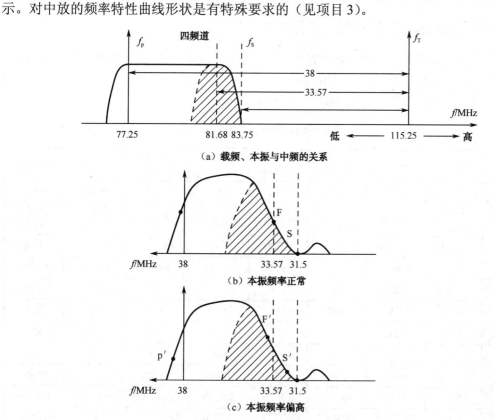

图2-10 高频调谐器本机振荡频率不稳定的影响

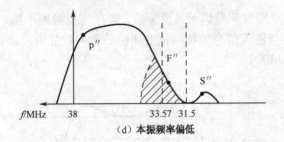

（d）本振频率偏低

图 2-10　高频调谐器本机振荡频率不稳定的影响（续）

如果本振频稳定准确（正常状态），则混频后所产生的图像中频、色度中频和伴音中频分别为 38MHz、33.57MHz，它们会正确地落在中放特性曲线的规定位置 P、F、S 三点上，如图 2-10（b）所示。如本振频率偏高，则三点在中放特性曲线上向左移，如图 2-10（c）所示的 P、F、S 三点。这就使图像亮度信号的低频分量增益降低，色浓度偏大，副载波干扰增大，以及声色差拍干扰图像等一系列问题。若本振频率偏低，如图 2-10（d）所示，则情况刚好相反，P、F、S 向右移，图像亮度的低频分量加强（画面增亮柔和，但清晰度降低），色饱和度减退，伴音加强而声色干扰严重。彩色电视机中增设自动频率微调 AFC，以克服上述缺点。除此之外，本振辐射要小，以免影响邻近的其他电视机的收看。

（4）干扰调制要小。高频调谐器对邻近频道的干扰应给予尽可能大的衰减。

（5）高放级应具有足够的自动增益控制作用。当天线输入信号有强弱变化时，高放 AG 制电路应按规定对高放级增益进行延迟自动调整，与中频通道配合后，使视频输出电压稳定。

二、常用高频调谐器的型号与工作参数

国内各彩色电视机所用电调式高频调谐器型号各异，大部分采用 TDQ-3 型高频调谐器，经过改进后，能够接收增补频道，常用的见表 2-1，表中可看出电压绝大部分为 12V，AFT 电压绝大部分是 6.5V，AGC 基本上都是负向 AGC。

表 2-1　常用高频调谐器的型号与工作参数

型号	ET543	EC411	TNS-1831A 型	TUS-2730B 型	TNS-2868C 型	VTS-7ZH7 型	TS-7ZH	ET-17C
制造商	日立	ALPS	NEC	NEC	NEC	SHARP	SHARP	松下
应用机芯	日立 NP82C3	东芝 56P	金星 C56-402	松下 M11、M12	东芝 56 型	夏普 NC-IIT	夏普 NC-1	松下 M11、M12
AGC	0.5～0.1V	7～0.5V	7～0.5V	8～0.5V	8～0.5V	7.5～0.1V	7.5～0V	7.5～0V
AFT		6.5±5V		6.5±4V	6.5±4V	6.5±4V	6.5±4V	6.5±4V
BL	12V	12V	12V	12V	12V	12V	12V	12V
BH	12V	12V	12V	12V	12V	12V	12V	12V
BU	12V	12V	12V	12V	12V	12V	12V	12V
BM	12V	12V	12V	12V	12V	12V	12V	12V
IF	37MHz	38MHz	37MHz	37MHz	37MHz	38MHz	37MHz	37MHz
VT/V	1.2～28	1～27	0.5～30	0.8～29	0.5～29	0.6～25.5	0.5～29	0.5～30
尺寸/cm （长×宽×高）		58×21.5×54	96×26.6×80.3	80.1×17.8×70.5	58×21.5×54.5	53.6×13×45.6	53.6×13×45.6	80.1×17.8×70.5

高频调谐器共有 8 个接线端子和 4 个外壳接地端子，由表 2-1 可知，8 个接线端子的作用如下。

（1）BU（或 UB）为 UHF 波段的电源电压端。在接收 UHF 波段时，为 12V，在接收其他波段时，此电压为 0V。

（2）VT（或 TV，TU）为调谐电压输入端。在调谐时，此电压在 0～30V 范围内变化。当调谐结束时，固定于某一个电压值。在接收同一个波段内，若此电压高，则接收的频道也高；若此电压低，则接收的频道也低。

（3）BH（或 HB，V_H）为 V_H 波段的电源电压端。在接收 V_H 波段时，为 12V，在接收其他波段时，此电压为 0V。

（4）AGC（或 U_{AGC}）为反向高放 AGC 控制电压输入端。在无信号或接收信号较弱时，此电压在 7V 左右。高放级的增益最大。接收的信号越强，此电压越低，高放级的增益也越小。当接收信号最强时，比如接收有线电视信号时，此电压在 0.5V 左右。

（5）BL（或 LB，V_L）为 V_L 波段的电源电压端。在接收 V_L 波段时，为 12V，在接收其他波段时，此电压为 0V。

（6）AFT（或 U_{AFT}）为自动微调电压输入端。来自中频通道的自动微调电压由此输入高频调谐器的本机振荡级的变容二极管上，控制本机振荡频率，以保证中频频率的稳定。在无信号时或调台准确时，此电压为 7V 左右。在调台过程中，此电压在 10～4V 范围内变化。

（7）BM（或 MB，+B）为 VHF 混频兼 UHF 中放级的电源电压输入端。无论接收任何波段，此电压都为 12V。

（8）IF（或 IF OUT）为中频信号输出端。高频调谐器将输入的高频信号变频成中频信号后，由此输出端送往中频通道。此输出端无直流成分，直流电压为 0V。

三、高频调谐器的电路分析

1. 高频调谐器的方框图

国产全频道电调式高频调谐器的方框图如图 2-11 所示。它由 VHF 和 UHF 两部分组成，频道预选电路不包括在内，两者由线路连接。

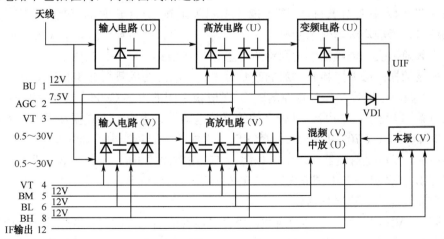

图 2-11　全频道电调式高频调谐器的方框图

如图 2-11 所示，UHF 部分由输入电路、高放变频和中放电路组成；VHF 部分由输入电路、高放、本振和混频组成。UHF 和 VHF 频段使用同一个 75Ω 与频道预置连接。频道预置器有 8 个按键，能收到该按键所预置的节目，不再需要进行任何调谐。

（1）收看 UHF 频段节目。按预选装置的按键，频道预选装置向调谐器提供下列电压。

① 向端子 1 提供 +12V 直流电压，供 UHF 各部分电路（高放、变频等）正常工作，并使开关二极管 VD_{S1} 导通，变频输出的中频信号经此二极管送至中放（U）放大再输出。

② 向端子 3 提供接收频道所需的调谐电压 V_{T0}，端子 6 和 8 处于高阻状态（即开路），使 VHF 电路的高放管、本振管都因无直流电压而停止工作。由于本振停振，VHF 电路中的混频器变成了中频放大器，将来自变频电路的中频信号 UIF 进行放大，再由端子 12 输出。

（2）收看 VHF 频段节目。按预选装置的按键，频道预选装置向调谐器提供下列电压。

① 频道预选装置使端子 1 呈开路状态，UHF 电路停止工作。

② 如果收看 VHF 的低频段频道，端子 6 得到 +12V 直流电压，端子 8 呈开路状态。此时 VHF 高频段的频道端子 8 上得到 +12V 电压，端子 6 呈开路状态，通过端子 4 向调谐器提供高频段中某一频段的调谐电压 V_T。

2. 高频调谐器中的信号流程

国产全频道电调式高频调谐器简化电路如图 2-12 所示。为便于掌握整体概念，先介绍它的信号流程。

电视信号进入高频调谐器后，让 13～56 频道的信号通过 450～870MHz 的高通滤波器（图 2-12 中 A 处），到达 UHF 部分。同时，低于 250MHz 的 1～12 频道的信号通过 250MHz 低通滤波器（图 2-12 中 B 处），到达 VHF 部分。从低通滤波器输出的信号通过中频滤波器后送到 VHF 输入回路（图 2-12 中 C 处）。中频滤波器的作用是抑制中频干扰信号，只允许 45MHz 以上的信号通过，从而减少干扰和本振泄漏。

（1）VHF 频段。VHF 部分的高频放大器由单调谐输入电路（图 2-12 中 C 处）、高放管 VT_3，以及双调谐输出电路（图 2-12 中 D 处）组成。该电路提供了选择性好、频带宽的 VHF 综合带通特性。高放管采用双栅场效应晶体管，与高频三极管比，具有增益高、噪声低和工作线性范围大等特点。

通过 VHF 部分的输入回路、高放管及其输出回路的选频和放大，甚高频段的电视信号送到混频级（图 2-12 中 K 处），同（图 2-12 中 E 处）通过 C701 送来的等幅本振信号混频后，变成中频信号，再经混频器输出回路（图 2-12 中 F 处），由中频输出端子（高频头端子 12）输出送到中频通道去。混频器输出回路的带宽为 6.5MHz（31.5～38MHz）。

本机振荡的振荡频率随接收频道的改变而改变。总比图像载频高 38MHz，比伴音载频高 31.5MHz。本振由三极管 VT_6 和接在集电极-发射极之间的电容 C705、接在发射极-基极之间的电容 C704，以及接在集电极-基极之间的等效电感组成电容三点式振荡器。等效电路是由 C703、C707、C701、C702 和变容二极管 VD_{C14} 组成的。混频器由晶体管 VT_4、VT_5 和它们的外围元件组成。VT_4 是射随器，起隔离作用。VT_5 在 VHF 频段，工作于非线性状态完成混频作用，在 UHF 频段是一个中频放大器。VT_5 的工作点可以调节，以便工作在最佳状态。这种混频器的隔离性能比单管混频器好。

（2）VL 和 VH 段的切换。如前所述，变容二极管的结电容的容量变化范围不能覆盖整个 VHF 的 1～12 频道，故分成 VL（1～5 频道）和 VH（5～12 频道）。这两频段的切换是依靠改变高放输入回路、高放输出回路和本振谐振回路的电感来实现的，并且这三个回路电感应同时切换。

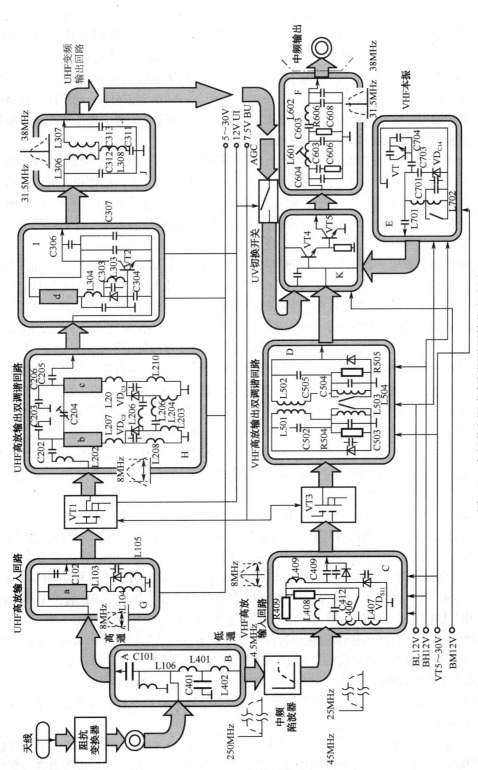

图2-12　全频道电调式高频调谐器简化电路图

　　高频放大器输入回路是一个单调谐回路，如图 2-12 中 C 处。在 VHF 的低频段 1～5 频道时，在频道预选器中开关拨至 BL，电路中开关二极管 VD_{S11} 得不到+12V 电压而处于截止状态，即图 2-12 中 C 处的 VD_{S11} 断路。这时输入回路是一个串并联谐振回路，其中 R409、R412 是调整回路品质因数用的，C412、C409 是调谐振频率用的，数值在调机时决定。在 VHF 的高频段 6～12 频道，把开关 S 拨到 BH（图 2-13），此时+12V 电压加到 VD_{S11} 的正极，相当于图 2-12 中 C 处开关 VD_{S11} 接通，把 L406、L408、C412、R409 和 C413 全部短路，显然回路电感缩小而使谐振频率升高。VL 和 VH 都靠调节调谐电压 VT 的高低，来改变变容二极管的极电容，使输入回路调谐在所要接收的频道的中心频率上。

　　（3）UHF 频段。由图 2-12 中 A 处看出，从高通滤波器输出的电视信号送到 UHF 部分。经高放输入回路（图 2-12 中 C 处）进行选频，送到 UHF 高放管 VT_1 的栅极，放大后的电视信号通过高放输出通道（图 2-12 中 H 处），送到变频管 VT_2 的发射极。变频管 VT_2 有两个功能，其一是组成三点式振荡电路产生本振信号；同时把电视信号和本振信号变频获得中频信号进行预放，输出到中频放大通道。UHF 段的变容二极管起缩短电容的作用。

　　UHF 频段输入调谐回路由短路 a 和变容二极管 VD_{C1} 等组成。图 2-12 中 G 处，加入 L103、L104 是为增大频率覆盖比。图 2-12 中 H 处，高放输出双调谐回路的初级回路通过短路线 b 与 c 之间电磁耦合和电容 C204 耦合，使双调谐回路有足够的带宽。变频器电路由 VT_2 管、振荡调谐回路和中频双调谐回路组成。振荡调谐回路的等效电感由短路线 d、C319、L303、L304 和变容二极管 VD_{C4} 的电容量决定，使调谐回路谐振在所要接收频道的中心频率上。

　　（4）AFC 电路。在彩色电视机中，本振频率稳定度比黑白电视机要求高得多，否则会使中频信号的频率漂移而造成色饱和度变化或消色。为确保本振频率稳定度，除严格要求本振电路元件有好的质量外，还增设了 AFC 自动频率微调电路。AFC 电路把随本振频率的变化而变化的直流电压反馈到本振调谐回路的变容二极管上，使其结电容量有相应的变化，从而校正本振频率的变化。在上述电调式高频调谐器中，AFC 电路输出的直流电压在频道预选装置中与调谐电压叠加在一起，加到每一个变容二极管上，有更好的频率跟踪效果，从而保证良好的接收。

　　（5）UHF/VHF 频段转换和供电。UHF 频段和 VHF 频段是通过频段转换开关和开关二极管 VD_{S1} 来进行转换的，如图 2-13 所示，即要求哪部分工作就供给它电源，否则就停止供电。图 2-13 中，BU、BL、BH 分别为 UHF、VL 和 VH 频段的工作电压端子。转动开关 S，使 BU 接上+12V 电源时，UHF 部分工作，VD_{S1} 导通。这时，UHF 部分输出的信号经 VD_{S1} 和 C512 送到 VT_4 管的基极，此时 VT_4 和 VT_5 组成 UHF 部分的中频放大器。当 BL 和 BH 接上+12V 电源时，BU 上电压断开，VD_{S1} 截止，且 UHF 部分停止工作，VHF 部分开始工作。这时 VT_4 和 VT_5 管组成 VHF 部分的混频器。频段转换开关是频道预选装置的一个组成部分。以上所需的各种电压都是频道预选器提供的，关于它的电路组成和原理后面将详细介绍。

3．几个重要单元电路

　　掌握了上述信号流程后，要看懂电调谐式高频调谐器电路是不会有困难的。下面介绍几个重要单元电路。

　　（1）一些辅助元器件的作用　高频头输入端加入了一正相、一反相并接的两只二极管 VD_{S18}、VD_{S19}，它们的作用是对高电压脉冲干扰信号进行双向限幅，以免进入电路击穿高放管而对微弱的接收信号没有影响。

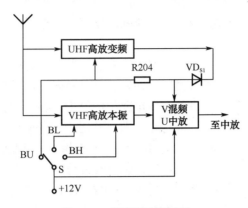

图 2-13　频道的电压转换

　　高频调谐器的工作频率很高，放大器的增益也高，对电源供电应有严格的退耦措施，不然会产生自激而破坏正常性能。为此，进出入高频调谐器的电流都要经过高频滤波，C801～C808 及 C813 都是穿心电容，作高频旁路。同时为防止高频调谐器本身经电源泄漏而使几台电视机互相串扰。电路中，其他还有一些起隔离作用的元器件。电阻 R705 和 R706 作为开关二极管的电源隔离电阻；每一个变容二极管都加入一个调谐电压的隔离电阻，如 R105、R202、R303、R402、R410、R501、R503、R701；电源进线也加了退耦电路，如 R201、R203、C314、R304、C313 和 C801～C811。

　　（2）几个滤波器，L401、L402、C401 组成 T 形低通滤波器，12 频道以下（225MHz 以下）的全部信号都无衰减地通过；L403、C402 和 L404 组成 T 形 m 式高通滤波器，让 1 频道以上的全部信号无衰减地通过它；L411、C404 和 L405 与前述 T 形滤波器组合起来形成一个 1～12 频道信号能够通过的带通滤波器，并把 38MHz 的中频干扰较好地阻挡住，其带通滤波特性如图 2-14 所示。

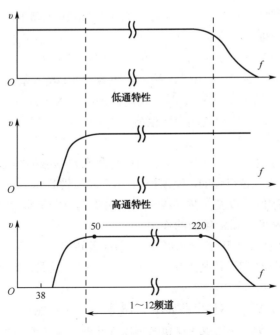

图 2-14　带通滤波器特性

L108 和 C101 组成 T 形高通滤波器，让 450MHz 以上的信号（即 13 频道以上的所有频道）通过 UHF 部分。

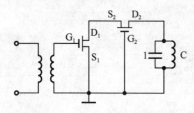

图 2-15   共源-共栅级联放大电路

（3）双栅场效应管高放的基本电路电子技术中常采用晶体管共发射-共基放大电路和场效应管共源-共栅级联放大电路。后者的基本电路如图 2-15 所示。这种电路的内反馈极小，工作性能稳定，因此常用于高频调谐放大器。源极 S 相当于晶体管的发射极，栅极 G 相当于基极，漏极 D 相当于集电极。

在早期，这种电路用两只场效应管连接而成。现在，集成电路技术提高了，可在 MOS 集成电路上做成双栅 N 沟道 MOS 场效应管。管中有两个串联的沟道，两个栅极都能控制沟道电流。栅极 G_1 靠近源极为信号栅，加信号电压；栅极 G_2 靠近漏极交流接地，加固定直流电压。

由双栅场效应管的静态特性曲线可以看出，栅极电压在 $-1V<V_{G1S}<+1V$ 范围内的转移特性不仅斜率大（放大能力强），并且线性好（失真小）。如在小信号工作状态下，V_{G1S} 可用负栅压。特别是改变二栅电压 V_{G2S} 可以改变转移特性的斜率；也就是说，可改变增益用于自动增益控制 AGC。在此，双栅场效应管作为调谐高放级，G_1 栅极作为信号输入极，G_2 栅极作为 AGC 控制极。因 V_{G2S} 电压愈高，放大倍数愈大，称这种 AGC 方式为反向 AGC 控制。此外，双栅场效应管具有良好的抗交叉调制特性，并且在很大的增益控制范围内，都能保持良好的抗交叉调制特性，并且在很大的增益控制范围内，都能保持良好的特性，这是晶体管高频放大所不能比拟的。VHF 频段高放级，其电路相当复杂。如根据不同频段（1～5 或 6～12 频段）化简，输入回路总是单调谐回路，就比较简单了，如图 2-16 所示。

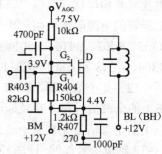

图 2-16   场效应管高放电路

（4）VHF 频段混频器/UHF 频段中放电路。有关 VHF 混频器/UHF 中放的电路如图 2-17 所示。电路中，VT4 是射随器，作为隔离和缓冲级。基极共有三路输入端。一路来自 VHF 高放，经电容 C508 输入基极；一路来自 VHF 本振，经电容 C701 输入基极（还有一路来自 UIF，经电容 C512 输入基极）；一路来自 VHF 本振，经电容 C701 输入基极（还有一路来自 UIF，经电容 C512 输入基极）。当工作于 VHF 时，这两路同时输入 VT4 基极。当工作于 UHF 时，两路信号切断，而只有特高频转换成的中频信号 UIF 经电容 C512 输入 VT4 基极。

图 2-17 中 VT5 的作用如下。

① 工作在 VHF 频段时，来自 VHF 高放的信号和来自本振的等幅信号经 VT4 射随器同时送入 VT5 基极。本振信号是很强的，使 VT5 工作于非线性状态，集电极电流中存在两个输入信号的差频信号、和频信号以及高频。集电极电路中的频带通调谐回路把差频信号（即中频信号）选出并输出，从而完成混频器的作用。

② 工作在 UHF 频段时，UIF 信号也经 VT4 射随器进入 VT4 基极。调节 VT5 管的工作点（图 2-17 中可变电阻 R607）使其工作于线性放大状态。这种弱输入时，该电路相当于一个带通放大器，随后也从端子输出。

（5）VHF 本振电路。VHF 本振电路如图 2-18 所示。本振频率随接收频道而改变的，保持比接收信号载频大 38MHz。在频段 VL 和高频段 VH 时，经开关二极管转换不同的电感量，再经调谐电压调节变容以改变本振频率。这里，VD_{S17} 和 VD_{S19} 是切换频段的开关二极管，

VD$_{C14}$ 是变容二极管。

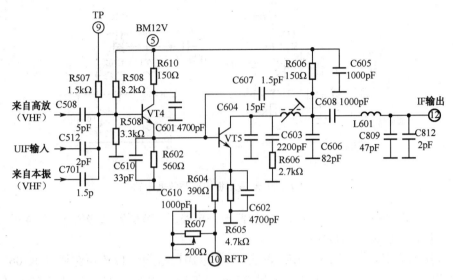

图 2-17　VHF 混频器/UHF 中放的电路

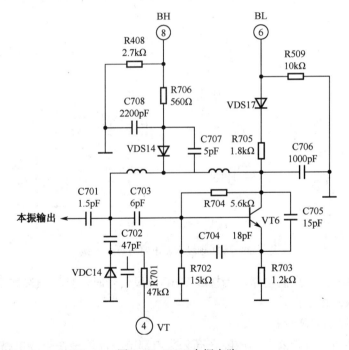

图 2-18　VHF 本振电路

　　接收 VL 时，频道预选装置向端子 BL 提供 12V 电源，并使端子 BH 开路。BL 的电压通过 VDS17、R705 给振荡管 VT6 馈送直流工作电压，开关管处于导通状态。端子 BL 上电压也通过 VDS17、R705、L702、VDS14、R706 和 R408，使 VDS14 截止。C708 和 C706 对于本振频率相当于短路。对应 VL 频段的本振电路如图 2-19（a）所示，此电路可简化为图 2-19（b）所示电路，晶体管基极与发射极之间的元件，即 C702、L701、L702 和 VDC14 对本振振荡频率相当于一个等效电感。

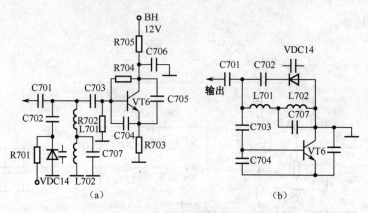

图 2-19　VL 频段本振电路与等效电路

不难看出，该电路是一个电容三点式自激振荡电路。调节变容二极管 VDC14 可改变等效电感的电感量，从而调节本振频率。

接收 VH 频段时，BH=12V，BL 呈开路状态，BH 端子的 12V 电源通过 R706、VDS14 向 VT6 提供电流工作电压，此电压也通过 R706、VDS14、R705、VDS17 和 R509，使开关二极管 VDS17 截止。对应于 VH 频段的本振电路如图 2-20（a）所示。其交流等效电路如图 2-20（b）所示。

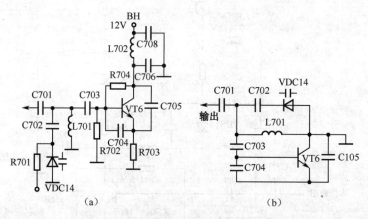

图 2-20　VH 频段本振电路与等效电路

这是一个电容三点式振荡电路。当接收 UHF 频段信号时，频道预选装置对 BL 和 BH 端子不供电，故本振停止工作。

4. 高频调谐器的故障分析

查高频头故障时，首先要查明故障在高频头内部电路，还是在外接电路；然后，再深入查出故障的具体部位。高频头内部电路是指 VL、VH、UHF 三频段的高放、混频、本振和特高频的变频与中放等电路。外接电路是指频道预选装置等，有无故障主要表现在各种电压供给是否正常。

1）高频头电压供给

供给高频头的外来电压有：

① 直流电源电压；

② AFC 电压；

③ 调谐电压；

④ 开关电压（即频段切换电压）；

⑤ 高放 AGC 电压。

以上 5 种电压中断或量值不正常都会呈现出相应的故障。

（1）直流电源电压.

此电压是高频头内晶体三极管、双栅场效应管的直流供给电压。只要电视机接通，不论哪个频道都应有这个电压，而且数值不变。如用电压表测量为零伏或偏低，会导致有频道无图像，屏幕上只有噪声粒子点。将此电压线与高频头切断，再测量其数值。如恢复正常，说明高频头内部有短路或漏电的故障；如仍然不正常，则故障在外接电路上。

（2）AFC 电压。

AFC 电压来自图像中放，如 AFC 电压有故障，会使图像失常，甚至无图像。因彩色电视机都装有 AFC 通断开关。所以，检查比较方便。将 AFC 开关拨到关（OFF）的位置，进行手动频道选择的调节，如果出现满意的彩色图像，则合上 AFC 开关。如果一合上 AFC 开关就使图像不正常，那么可肯定 AFC 电路失常。如果断开 AFC 开关进行手动频道选择调节时，不出现图像，应检查其他外接电路。

（3）调谐电压。

调谐电压是供给各变容二极管反向电压，从而调节其结电容的，也就是选择频道（选台）。所以该电压是不固定的，常在 0.1～30V。因为电压表的内阻不可能是无穷大，电压表接上后，会引起调谐电压微小的变化，每影响 1mV 会导致振荡频率产生几千赫兹到几十千赫兹不等的变化。所以，电压表一接上去图像就会发生一些变化，这是正常现象。

先测量各个频段上是否有调谐电压，电压值是否随频道选择旋钮的调节而变化，不应有跳动现象。在测量时，如发现调谐电压不符合要求，可将调谐电压与高频头连接处切断再测量。若还是不符合要求，说明问题在电压供给电路；若正常说明调谐器内有问题。

如果调谐电压变化范围不正常，就会造成某些频道收不到。如果调谐电压不稳定，就会出现逃台（调好某频道节目后，过一会色彩、图像、伴音逐步消失）。

（4）开关电压。

开关电压供给开关二极管用，控制它通或断，达到切换谐振回路中的电感从而改变频段的目的。频段转换不好，就要检查开关电压。

（5）高放 AGC 电压。

高放 AGC 电压是用以自动控制高频调谐器中高放增益大小的。它的电压大小是随着外来电视信号的强弱而变化的，近年来，电子调谐器都采用双栅场效应管做高放，AGC 电压动态范围较大，并且都是反向 AGC，即外来信号电压越大，AGC 电压越低，高放增益也随之降低。一般高放 AGC 在起控前约为 8V，接受信号最强时下降到零点几伏。高放 AGC 电压失常时，轻则灵敏度降低，引起屏幕上有雪噪点或图像扭曲，重则无图像。

2）高频头内部电路

高频头内部电路，主要由晶体管（包括双栅场效应管）、变容二极管、开关二极管、P、L、C 等组成。常见的故障是焊接不可靠、虚焊，以及晶体管、变容管、开关管损坏。下面就其常见故障简单介绍。

（1）变容二极管。

变容二极管的常见故障是反向漏电，只要有漏电现象就会使调谐电压下降。检查时，先将调谐电压调到最高，测量。如比正常最高值低，再将调谐电压线与变容管的连接处焊下来测量，如电压上升，说明有漏电。当然还要分清是变容二极管漏电，还是电路板漏电。电容二极管击穿的故障虽不多，也可能发生。测量方法是用万用表电阻挡直接测量其正、反向电阻。

（2）开关二极管。

如果频段切换正常，则表明开关二极管没有问题，也不必去测量。检查时，只要切换两个频段（如 VL 和 VH），测量开关二极管两端的直流电压。正向导通时的管压降应在 0.2～0.7V。

其他元器件的检查方法均可以使用常规的测试，参考相关资料，在此就不介绍了。

5. 天线、传输线、阻抗变换器的常见故障分析

（1）由于天线、传输线、阻抗变换器部分内部设有复杂的电路，阻抗变换器内部电路常被封固起来，比较坚固，故它们的故障常在连接部分，如断线，塑料皮里的导体折断或接触不良。故障比较简单，也易于查出来。如果是断线，使天线上接收的节目无法进入机内，就出现无图像、无伴音的现象。如果是接触不良，使送入中频通道的信号变弱、灵敏度低，就出现图像暗淡（彩色电视机可能会彩色淡，甚至消色呈黑白图像），伴音轻，屏幕上雪花增多等现象。如果是接触时通时断，那么图像与伴音会时有时无。

（2）图像重影是收看电视节目时常有而且头疼的现象。产生重影的原因可分成机外和机内两种。机外原因是因为附近有高大建筑产生反射，天线上除收到直接传播来的直射波外，还有经过一次或多次反射后到天线的反射波，两者时间上有差异，造成重影。这不属于故障，可从调整天线架设地点和方向来解决。如果天线与传输线或传输线与高频头电路不匹配，造成信号在传输过程中的反射现象，也会出现重影。所以，必须检查匹配是否良好。

项目工作练习 2-1　高频调谐器（自动搜索收不到信号故障）的维修

班　级		姓　名		学　号		得　分	
实训器材							
实训目的							

工作步骤：

（1）开启彩色电视机，观察故障现象，光栅正常，但无图像、无伴音。自动搜索时收不到信号，且节目号始终固定不变，无法收看电视节目（由教师设置不同的故障）。

（2）分析故障，说明哪些原因会造成电视机自动搜索时收不到信号，且节目号始终固定不变。

（3）制定维修方案，说明检测方法。

（4）记录检测过程，找到故障器件、部位。

（5）确定维修方法，说明维修或更换器件的原因。

工作小结

任务 2.2　频道预选装置电路

 问题导读二

 技能训练一　频道预置电路常见故障的检修

器材：万用电笔一只，示波器一台，电工工具一套，彩色电视机若干台。

目的：学习频道预置电路的故障检测与维修技能。

情境设计

以四台彩色电视机为一组，全班视人数分为若干组。对照电原理图将频道预置电路中的VL波段、VH波段、U波段或调谐电压提供电路中某一个单元电路，包括每个单元电路由哪些元件组成，了解相关元件在电路中的作用，用万用表测试主要元件的工作电压，并做好记录。四台彩色电视机频道预置电路的可能故障是：

① VL（1～5频道）和VH（6～12频道）有信号，而（13～57频道）收不到台；

② VL（1～5频道）和U（13～57频道）有信号，但是VH（6～12频道）收不到台；

③ U（13～57频道）和VH（6～12频道）有信号，但是VL（1～5频道）收不到台；

④ VL（1～5频道）、VH（6～12频道）和（13～57频道）均收不到台。

根据以上故障研究讨论故障的现象和检测方法（参考答案见表2-2）。

由讨论出的故障原因与研究的检测方法，检修并更换损坏的器件，修理完毕后，进行试用。检测自己的维修成果。完成任务后恢复故障，同组内的学生交换频道预置电路故障再次进行维修。

表 2-2　频道预置电路常见故障及检测方法

故障现象	可能原因	检修方法
VL（1～5频道）和VH（6～12频道）有信号，而（13～57频道）收不到台	（1）VL（1～5频道）和VH（6～12频道）有信号说明LB、HB电压正常，UB电压可能出问题 （2）VL（1～5频道）和VH（6～12频道）有信号说明调谐电压正常。若UB仍无电压则查VTA03晶体管是否损坏	（1）检查频道预置电路LB、HB电压和UB电压 （2）若UB仍无电压则查VTA03晶体管的发射极与基极电压是否正常，若VTA03晶体管损坏，更换元件
VL（1～5频道）和U（13～57频道）有信号，但是VH（6～12频道）收不到台	（1）VL（1～5频道）和U（13～57频道）有信号说明LB、UB电压正常，HB电压可能出问题 （2）VL（1～5频道）和UH（13～57频道）有信号说明调谐电压正常。若HB仍无电压则查VTA04晶体管是否损坏	（1）检查频道预置电路LB、HB电压和UB电压 （2）若HB仍无电压则查VTA04晶体管的发射极与基极电压是否正常，若VTA04晶体管损坏，更换元件
U（13～57频道）和VH（6～12频道）有信号，但是VL（1～5频道）收不到台	（1）H（6～12频道）和U（13～57频道）有信号说明HB、UB电压正常，LB电压可能出问题 （2）H（6～12频道）和UH（13～57频道）有信号说明调谐电压正常。若LB仍无电压则查VTA05晶体管是否损坏	（1）查频道预置电路LB、HB电压和UB电压 （2）若LB仍无电压则查VTA05晶体管的发射极与基极电压是否正常，若VTA05晶体管损坏，更换元件

续表

故 障 现 象	可 能 原 因	检 修 方 法
VL（1～5 频道）、VH（6～12 频道）和（13～57 频道）均收不到台	（1）VL（1～5 频道）、VH（6～12 频道）和（13～57 频道）均收不到台。可能 LB、HB、UB 电压均无电压，同时出问题的情况较少 （2）调谐电压+30V 是否正常？若 TU 仍无电压则查μPC574JC 晶体管是否坏	（1）查频道预置电路 LB、HB 电压和 UB 电压是否均无电压 （2）用万用表检测调谐电压+30V 是否正常，若+30V 不正常则测量 R8.2kΩ电阻另一端是否有 114V 电压 （3）如 R8.2kΩ电阻另一端有 114V 电压而 TU 无电压，则检测μPC574JC 晶体管是否损坏，若损坏则更换元件

知识拓展 频道预选装置的工作原理

一、频道预选装置的功能

典型的频道预选装置电路（北京牌 837 型彩色电视机等机型均采用该电路）如图 2-21 所示。它的作用是选台、频道切换和调谐。图中，SA01 为频道开关，可选 8 个频道。SA30 为频段选择开关，可转换三个频段，即 VL（1～5 频道）、VH（6～12 频道）和 U（13～57 频道）。电位器 RA51 共有 8 个做选台调谐之用，VDA01～VDA08 为频道预选开关指示发光二极管，S501 为自动频率微调 AFT 控制开关，VTA03、VTA04、VTA05、RA05、RA06 和 RA07 等组成控制电路。

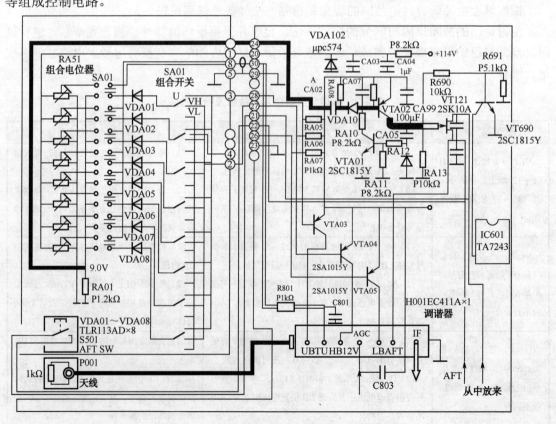

图 2-21 频道预选装置电路

二、频道预选装置的控制电路

下面，以预选一个频道为例，简述其工作原理。

设定预选 VL 频段中的 2 频道电视节目。首先，按下开关 SA01 第一个键（当然，其他键亦可），同时将对应的 SA30 拨向 VL 位置。此时+12V 电压经 RA07 和 SA30 加到发光二极管 VDA01，并通过 RA07 和 RA01 分压加到 A05 的基极，使 VTA05 管导通，让+12V 电压经过它加到调谐器的 LB 端子上，作为高频调谐器在 VL 频段工作所需电压。主电源+114V 电压经过 RA02、CA04、CA03 和稳压管 VDA12 稳压后，取得+30V 调节电压，经调谐电位器 RA51 和开关 SA01，加到高频调谐器的调谐电压输入端子 TU，供高频调协器中变容二极管所需的调谐电压 V_T 改变电位器 RA51 的中心滑动点可改变调谐电压值，直到选出 2 频道的电视节目为止。

当频道开关 SA30 拨到 VH 或 U 挡时，由以上分析可知，VTA04 或 VTA03 将导通，+12V 电压通过相应的管子加到高频调谐器的电压输入端子 HB 或 UB，用做高频调谐器在 VH 或 U 频段工作时所需的电压，此时调电位器 RA51 就可把需要预选出来的频道选出来。

三、AFT 消除电路和伴音消声电路（瞬间消声电路）

如前所述，如有本振频率漂移，必将导致中频偏移，造成自动消色等不允许出现的现象。为此，彩色电视机中都有自动频率微调 AFT 电路自动克服上述漂移。然而，频道预选器在切换频道时，高频调谐器中变容二极管的调谐电压要建立一个过渡时间，即一个由低到高（或由高到低）的上升（或下降）时间。在这个过程中，如果遇到较强的广播信号或其他干扰信号进入电视机时，会使 AFT 电路发生作用而不能立即回到所需要的调谐位置，严重时会选错频道。为避免这种现象，特设置 AFT 消除电路。在调谐电压建立过程中暂时把 AFT 电压钳位在一个固定电压上，通常为 6V。调谐电压建立好后，再让 AFT 电路恢复正常。在此期间使伴音电路也停止工作，以避免噪声干扰。电路中设置一个 AFT 开关 S501，在调节调谐电压过程中将此开关合上，把 AFT 电压钳位到 6.4V，调好后再打开这个开关。

由图 2-21 所示，晶体管 VTA01、VTA02、VT171、VT690 以及周围元件组成消除 AFT 和伴音电路。正常收看时，电路处于稳定状态，VTA01、VTA02 和 VT690 都因无基极偏置电压而截止。这时 VT171 也因无栅极偏压而截止。当切换频道，按动预选装置开关 SA01，将 SA30 调到某一挡时，由于瞬时空挡（即开关的刀片悬空未能和任何接点连接），使图中 A 点（RA08 上端）产生一瞬时向下突变的阶梯电压，经电容 CA02 和电阻 RA08 微分电路，得到一个负脉冲，通过二极管 VDA10 加到 VTA02 管的基极，它瞬时导通，在 VTA02 的集电极输出一个正脉冲，加到 VT171 管的栅极使它导通，源漏极之间近似于短路，这样就把 AFT 电压钳位在 6.4V 左右，使本机振荡失去 AFT 电压控制。VTA02 输出的正脉冲的另一路通过 CA05 和 RA12 加到 VTA01 的基极，使它导通。因 RA10 通过 VTA01 到地，构成 VTA02 的基极上偏电阻，使它的基极得到偏置而继续导通。由于 CA05、RA12 和 RA11 的延时作用（延时的时间比调谐电压的建立时间稍长些），使 VTA01 经过一段时间由导通变为截止。这时，VTA02 基极因失去偏置电压而截止，同时 VT171 也因失去栅极电压而截止，AFT 电路恢复工作而把 AFT 电压继续加到高频调谐器去。VTA02 输出脉冲的第三路，经 R690 和 R691 分压，加到 VT690 的基极，使它导通，在 VT690 的集电极（即伴音集成块 IC601 的功放输入端）产生一个负脉冲，使 IC601 在这个过程中截止而消除噪声干扰。当 VTA02 截止后，VT690 也由导通变截止，伴音电路又恢复正常工作。消除电路工作时间的长短由 CA05、RA12 和 RA11 的数值决定。

消除电路中 VT171 采用场效应管，可提高控制灵敏度，并减少噪声。另外，AFT 控制电压是图像中放电路提供的，随着选台频率的偏高和偏低，中放输出的 AFT 控制电压也随着变化。这样 VT171 的源极电压有时可能高于漏极电压，但场效应管的特点是源极和漏极可以互换而输出特性不变。这样就保障了消除电路的作用，从而保证了电路工作的稳定性。

四、频道预选装置电路的工作原理与故障分析

全班按电路的组成分成 4 个组（可 6×n 组），每个组重点学习研究总电路中的 VL 波段、VH 波段、U 波段或调谐电压提供电路中某一个单元电路，包括每个单元电路由哪些元件组成，这些元件在电路中的作用，用万用表测试主要元件的工作电压，研究主要元件损坏后对整个电路会有什么影响。

电路工作原理的参考知识如下。

1. 频道预选装置切换时的供电电压

表 2-3 给出了频道预选装置切换电路时的供电电压，由表可以看出中频信号 IF 统一有一个引脚输出，VL 频段（1~5 频道）、VH 频段（6~12 频道）和 U 频段（13~57 频道）切换通过改变供电电压来完成。

2. 接收 U 频段（13~57 频道）

UHF 高频调谐器电源供电电路中，由图 2-21 可以看出+12V 电压经晶体管 VTA03 控制。

3. 接收 VL 频段（1~5 频道）

VHF 高频调谐器电源供电 VL 频段电路中，由图 2-21 可以看出+12V 电压经晶体管 VTA04 控制导通，BV=11.8V，此时 BU 端悬空。

表 2-3　频道预选装置切换电路时的供电电压

名称	UB	AGC	LB	HB	TU	AFT	MB	IF
作用	UHF 高频调谐器电源供电	自动增益控制电压	VH 频段与 VL 频段切换电压	VHF 高频调谐器电源供电	调谐电压	本振电路的 AFT 控制电压	VHF 混频电路电源供电	中频信号输出
接收 U 频段	11.8V	9~0.5V	0V	0V	0.7~30V	6.4V	11.8V	
接收 VH 频段	0V	9~0.5V	30V	11.8V	0.7~30V	6.4V	11.8V	
接收 VL 频段	0V	9~0.5V	0V	11.8V	0.7~30V	6.4V	11.8V	

4. 接收 VH 频段（6~12 频道）

VHF 高频调谐器电源供电 VH 频段电路中，由图 2-21 可以看出+12V 电压经晶体管 VTA04 控制导通，BV=11.8V，晶体管 VTA05 导通，此时 BU 端悬空。

5. 调谐电压电路

在图 2-21 中+114V 经限流电阻 R8.2kΩ、CA04、CA05 与μPC574JC 组成的稳压滤波电路后，得到+33V 的调谐电压。

五、频道自动预选电路

在彩色电视机中采用各种各样的微处理集成电路（简称 CPU），它们自动选台的原理基本

上是相同的。

图 2-22 给出了频道自动预选的简要电路图，以日本三菱公司生产的 M50436-560 集成电路为主组成的频道自动预选的电路原理为例，它能存储 30 套电视节目。

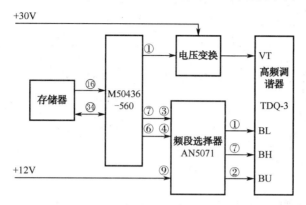

图 2-22　频道自动预选的简要电路图

M50436-560 集成电路只有两个波段切换端⑥脚与⑦脚，而我国电视频道有三个波段，为此在高频调谐器与 M50436-560 集成电路之间加上一个频段选择器 AN5071，这里将 AN5071 集成电路的③脚与④脚分别接 M50436-560 集成电路⑥脚与⑦脚，AN5071 集成电路的①脚、②脚与⑦脚分别接高频调谐器的 BL、BU、BH 的电源电压输出端。

在识别信号与 AFC 信号共同作用下，CPU 将预选器号、波段、调谐电压数据传给存储器，然后，在调谐电压输出端继续输出调谐电压，进行下一个选台过程，直至将所有的电视节目都存储完毕，或者存储器预选信号全部存满为止。

频段选择器 AN5071 的引脚排列如图 2-23 所示，引脚功能见表 2-4。

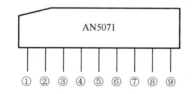

图 2-23　频段选择器 AN5071 的引脚排列图

表 2-4　频段选择器 AN5071 的引脚功能表

引脚	①	②	③	④	⑤	⑥	⑦	⑧	⑨
符号	BL	BU	BAND1	BAND2	GND	Reg	BH	OUT4	V_{CC}
功能	输出 1	输出 2	输入 1	输入 2	地	稳压源	输出 3	输出 4	电源
备注								未用	

M50436-560 集成电路的①脚是调谐电压输出端，自动选台时输出频率固定的调宽脉冲信号，选择到要接收的电视信号后，在识别信号和自动频率微调（AFT）信号的共同作用下，M50436-560 集成电路将预选器号、波段、调谐电压数据传送给存储器，存储器将这些数据保存下来。然后，在调谐电压输出端继续输出调谐电压，进行下一个自动选台过程，直至存储器预选信号存满为止。

项目工作练习 2-2 频道预置电路（某频段故障）的维修

班　级		姓　名		学　号		得　分	
实训器材							
实训目的							

工作步骤：

（1）开启彩色电视机，观察某频段无电视信号故障现象（由教师设置不同的故障）。

（2）分析故障，说明哪些原因会造成某频段无电视信号。

（3）制定维修方案，说明故障检测方法与维修技能。

（4）记录检测过程，找到故障器件、部位。

（5）确定维修方法，说明维修或更换器件的原因。

工作小结

项目 3

图像中频通道和伴音通道

教学要求

（1）了解图像中频通道和伴音通道的功能。
（2）掌握图像信号与伴音信号传递流程。
（3）掌握图像中频通道和伴音通道的检测方法。
（4）了解提升图像效果的相关技术。
（5）了解提升伴音品质的相关技术。

任务 3.1　图像中频通道

 问题导读一

技师引领一

客户王先生："我家电视机是康佳 KK-953P 型，现在出问题了，打开电视机，荧屏能发光。但是没有声音，没有图像。"

刘技师："不要急，这种故障是比较麻烦。不过也可以很快检测出故障原因，将它修好。"

刘技师检测：将电视机通电，观察光栅和伴音情况。如果有细密的噪波点（雪花和噪声同时出现），则说明中放电路基本正常，故障多数在声表面滤波器（SAWF）以前的电路，应重点检查外接信号线是否断路或短路，高频调谐器有无信号输出；如果有稀疏的噪波点或没有噪波点，则多为中放集成电路损坏。经检测，屏幕上有细密的噪波点，用起子触碰高频头电线端子注入人体干扰信号，屏幕上几乎没有反应，初步判定故障在图像预中放通道。

刘技师维修：拆开电视机后盖，用起子尖端接触高频头的 IF 端子，观察荧光屏反应，荧光屏无噪波反应；再用起子分别触碰预中管的基极和集电极，观察荧光屏反应，结果荧光屏仍无噪波反应；继续用起子分别触碰声表面滤波器（SAWF）的输入端和输出端，发现触碰输入端时无反应，而触碰输出端时有反应，初步判定声表面滤波器损坏。用接有 0.01μF 电容的导线短接声表面滤波器的输入端与输出端后，图像、伴音出现，此时可明确为声表面滤波器已损坏。更换声表面滤波器后试机，图像、伴音出现，故障排除。

技能训练一　图像中频通道故障的检测与维修

器材：万用表 8 只，TA7680AP 与 TA7698AP 机芯的电视机 8 台，稳压电源 8 台，示波器 8 台，电工工具 1 套/人。

目的：学习 TA 两片机中放电路的故障检测与维修技能。

情境设计

以 1 台彩色电视机的场扫描电路故障为一组，全班视人数分为 8 组。8 台彩色电视机的故障部位可能是预视放电路部分或者中放集成电路部分，首先应区分故障是在预视放电路还是在中放集成电路部分。

维修步骤如下：

（1）用十字起子拆下彩色电视机后盖，把主板上的挂钩松脱，慢慢移出主板，将电视机原理图的图像中频通道电路在主板上的位置找到，然后打开电视机电源，电视机有光栅，无图无声，则说明图像公共通道电路故障。观察屏幕噪波点状况，有浓密的噪波点，说明中放通道正常，故障在高频头；噪波点稀少、淡薄，说明中放通道有故障。

（2）可在开机状态下，在中放集成电路（TA7680AP）的⑮脚注入干扰信号，观察屏幕，若有明显的噪波变化，说明视放输出脚之后的外围元件与电路部分正常；若无变化，说明故障在视放输出脚之后的外围元件中。

（3）在中放集成电路（TA7680AP）的⑦脚或⑧脚注入干扰信号，观察屏幕，若有明显的噪波变化，说明中放集成电路工作正常；若无变化，说明中放集成电路电路或其外围元件损坏，用示波器、万用表进一步检查故障所在地，一般可先测量集成电路 TA7680AP⑳脚的工作电压，再测量各脚工作电压，初步判断故障点，再依次查找故障的元器件，集成电路外围的分立元件均正常后，再检查 TA7680AP 集成电路。TA7680AP 电路方框图如图 1-1 所示，各引脚功能及正常工作电压见表 1-2 所示。

（4）TA7680AP 正常，则在声表面滤波器的输入输出脚分别注入干扰信号，观察屏幕，若有明显的噪波变化，说明声表面滤波器及其后电路工作正常；若无变化，说明故障在声表面滤波器及其后电路元件。

（5）若声表面滤波器及其后电路元件无故障，则重点检查前置视放电路的元件。

根据以上故障研究讨论故障的现象和检测方法（参考答案见表 3-1，所列元件如图 3-1 所示）。

由讨论出的故障原因与研究的检测方法，检修并更换损坏的器件，修理完毕后，进行试用。检测自己的维修成果。完成任务后恢复故障，同组内的同学交换有光栅、无图无声的电路故障，再次进行维修。

表 3-1　中放电路常见故障及检测方法

故 障 现 象	故 障 分 析	检 修 方 法
有光栅、无图无声	（1）有光栅、无图无声，说明公共信号通道有故障 （2）L401 损坏	（1）首先应分清是中放通道还是高频头部分故障。观察屏幕噪波点，若噪波点稀少、淡薄，说明故障在中放通道部分 （2）在 TA7680AP⑮脚注入干扰信号，屏幕无变化，L401 损坏，更换元件

故 障 现 象	故 障 分 析	检 修 方 法
有光栅、无图无声	(1) 有光栅、无图无声，说明公共信号通道有故障 (2) 中放集成电路损坏	(1) 在 TA7680AP⑮脚注入干扰信号，屏幕有变化，在⑦、⑧脚注入干扰信号，屏幕无变化 (2) 万用表电压挡测量 TA7698AP 各脚电压，检查电压不正常引脚外围电路，外围电路元件正常，调节选频回路中周 T204，无变化，TA7698AP 损坏，更换 TA7698AP
	(1) 有光栅、无图无声，说明公共信号通道有故障 (2) 声表面滤波器 SF201 损坏	(1) 在声表面滤波器的输出脚注入干扰信号，屏幕发生变化；在输入脚分别注入干扰信号，屏幕无变化 (2) 声表面滤波器 SF201 损坏，更换 SF201
	(1) 有光栅、无图无声，说明公共信号通道有故障 (2) 预中放管 V201 损坏	(1) 在声表面滤波器的输入脚注入干扰信号，屏幕发生变化 (2) 在预中放管 V201 的输出脚注入干扰信号，屏幕发生变化；在输入脚分别注入干扰信号，屏幕无变化 (3) 用万用表电阻挡测 V201 断路，更换 V201

知识链接一　图像中频通道的信号流程

一、信号流程

如图 3-1 所示，高频电视信号从高频调谐器的输入端子进入后，经高频调谐器处理后变为 38MHz 的中频信号，从高频调谐器的 IF 端子输出，经耦合电容 C201 传送到前置中放管（又称预中放管）V201 的基极，被 V201 放大后传送至声表面滤波器（SAWF）SF201，按所需的中频特征处理后经耦合电容 C205 加至中放集成电路 IC201（TA7680AP）的⑦脚和⑧脚内的中频放大器。该中频放大器为三级直接耦合放大器，放大后的中频信号分为两路：一路送至视频检波器进行检波，得到图像中频信号（即彩电全电视信号）和第二伴音中频（6.5MHz）信号；另一路传送至图像中频载频的中频限幅放大器电路中，经限幅放大后，取出 38MHz 等幅载波信号，并作为视频检波器的开关信号。

检波后的彩色全电视信号经视频放大器放大后送至内部消噪电路，消噪电路对彩色全电视信号中的黑白噪声干扰进行处理，将其中的的幅度干扰脉冲抑制后，将复合视频信号分别送至集成电路 TA7680AP 的⑮脚（视频信号输出脚）输出和集成电路内的 AGC 检波电路进行 AGC 控制。

二、AGC 电路

在 TA768AP 内有自动增益控制（AGC）电路。AGC 电路包括中放 AGC 电路和高放 AGC 电路。AGC 功能方框图如图 3-2 所示。

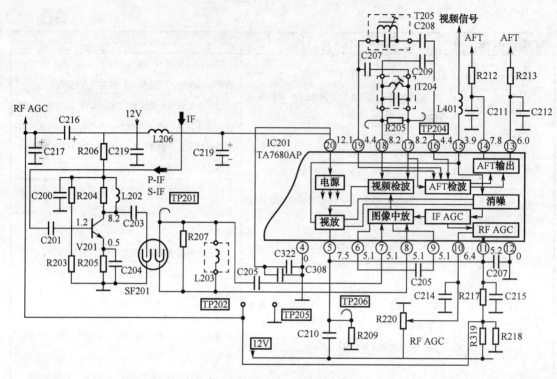

图 3-1　图像中频通道组成方框图

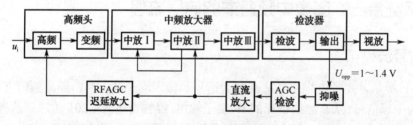

图 3-2　AGC 功能方框图

AGC 检波电路采用峰值检波，检波后的信号经中放 AGC 放大后分为两路：一路加至中频放大电路，控制中放电路的增益；另一路加至高放延迟 AGC 电路，高放 AGC 电压由 TA7680AP 的⑪脚输出，加至高频调谐器的 AGC 端子。当中放 AGC 电路的增益超过一定值时，高放 AGC 电路才开始工作，使高频调谐器内的高放管增益减少。

高放 AGC 采用反向 AGC 控制，当输入高频电视信号增强时，TA768AP⑪脚输出的 AGC 电压下降。

三、AFT 电路

在 TA7680AP 内还有自动频率微调（AFT）电路，该电路采用双差分鉴相电路，如图 3-3 所示。AFT 电路有两路输入信号：一路是直接取自视频检波电路中限幅放大器的图像中频信号；另一路是由 TA7680AP⑰、⑱脚输出视频回路移相后，从⑯、⑲脚输入的图像中频信号。两路信号在 AFT 检波器内进行相位比较，当图像中频载波频率恰好为 38MHz 时，AFT 检波器无误差电压输出；当图像中频载波频率偏离 38MHz 时，AFT 检波器将输出正或负的误差校正电压,此误差校正电压的大小与偏离标准频率的多少成正比。误差校正电压经 AFT 输出级放大后,从⑬、⑭脚输出,送至高频调谐器的 AFT 端子,调整高频调谐器内本振电路的振荡频率,以保证高频调谐器 IF 端子输出信号频率为 38MHz。

AFT 控制电压输出脚⑬、⑭外接高频滤波电容 C211、C212 以滤除 AFT 检波器输出的高频成分。

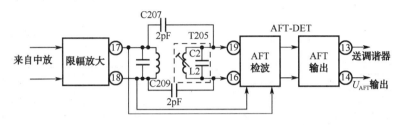

图 3-3　AFT 工作框图

 ## 知识链接二　图像清晰度提高电路

随着大屏幕彩色电视机的普及,人们对电视的图像和音质的要求越来越高。为改善和提高电视机的收视质量,达到图像清晰稳定、色彩鲜艳亮丽、音质浑厚优美、具有多种功能的收视效果,在大屏幕彩色电视机的电路设计上采用了许多新电路和新技术,如动态数字梳状滤波电路、图像清晰度提高电路、倍频扫描技术等。

目前,在大屏幕彩色电视机中提高图像清晰度的电路有延迟型水平轮廓校正电路、噪声抑制电路、动态彩色瞬态增强(DCTI)电路、扫描速度调制电路(VM)和动态景物层次控制(DSC)电路等。

一、延迟型水平轮廓校正电路

在中小型彩色电视机中,为了消除色度信号对亮度信号的串扰,通常使用色度滤波器将色度副载频及其边带分量吸收掉,造成亮度信号高频分量衰减,图像清晰度下降。为补偿这种损失,提高图像清晰度,一般采用二次微分勾边电路来提升高频分量。这种校正电路结构简单,所用元件少,但也存在一些缺陷。首先,这种勾边会导致电路幅频特性的高频端出现尖峰,如果尖峰过大会很容易引起振铃(衰减振荡),反而使图像边缘不清甚至出现重影;其次,这种勾边会使高频相移特性变差,产生附加相移,引起信号频率失真,影响图像清晰度;再次,这种电路中的随机噪声也会被取出来叠加到亮度信号中,降低信噪比;最后,亮度信号前后沿叠加的脉冲不易达到幅度对称,从而影响轮廓校正的效果。因此,在大屏幕彩色电视机中常常采用延迟型水平轮廓校正电路(图 3-4)。

图 3-4 是典型的延迟型水平轮廓校正电路,亮度信号 A 经延迟线 1 和延迟线 2 依次延迟,延迟时间都为 t,得到波形 B 和 C;B 与 A 通过减法器相减得到波形 E;B 与 C 通过减法器相减得到波形 D;D 与 E 相加得到轮廓校正波形 F;F 经锐度调整放大后与 B 相加输出校正后的亮度信号 G。图 3-5 是延迟型水平轮廓校正电路各点波形图。

延迟型水平轮廓校正电路克服了传统二次微分勾边电路存在相频特性不良的缺点,使图像的轮廓部分的跳变边缘陡直,从而使图像的轮廓界线变得清晰。目前在彩色电视机中,通常只在水平方向进行轮廓校正,若要在垂直方向进行轮廓校正,则要用到宽带的一行视频延时线。

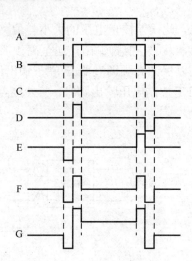

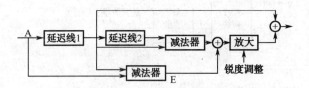

图 3-4　延迟型水平轮廓校正电路　　　　　图 3-5　延迟型水平轮廓校正电路各点波形

二、噪声抑制电路

延迟型水平轮廓校正电路的幅频特性在频率高端仍有尖峰，因而同样会将高频噪声取出叠加到亮度信号中，增加信号的杂波，降低信噪比，影响图像质量。因此，常常在校正信号叠加到原信号之前采取降噪措施，即在视频通道中加一级降噪电路。目前应用较多的是"挖心电路"，也叫"核化电路"。

挖心电路的特点是：在输入信号零点附近的一个小区域内输出信号为零，而区域之外的输出信号与输入信号呈线性关系。因此，信号零点附近区域内的输入不会产生输出，只有幅度较大、超出此范围的输入信号才能被输出。这就等效于将输入信号的"中心部分"挖掉了，故称为"挖心电路"。通常，信号中所含噪声的幅度比较小，通过合理设计的电路使噪声处于挖心范围之内，使含有噪声成分的信号，通过挖心电路之后，其输出端只有信号成分而无噪声成分，起到了静噪的作用。

三、动态彩色瞬态增强电路

在兼容制彩色电视中，由于色度信号的频带宽度远窄于亮度信号的频带宽度，故使得彩色图像的过渡边缘模糊不清。动态彩色瞬态增强电路对色差信号的上升沿和下降沿进行检测，当出现彩色信号过渡边沿时，使色差信号的边沿变陡，从而提高彩色图像的清晰度，使图像彩色更加鲜艳亮丽。

四、扫描速度调制电路

扫描速度调制电路实际也是一种轮廓增强电路。它取出亮度信号中迅速变化的边缘部分，去调制电子束水平扫描的速度，使电子束的扫描速度随亮度信号的变化而变化，从而获得清晰的图像边缘。该电路在显像管上增加一个辅助偏转线圈（VM 线圈），流经该线圈的电流由亮度信号中的高频分量的幅度决定，当电子束扫描到图像的轮廓部分（高频分量幅度大的明暗跳变处）时，VM 线圈产生的附加磁场将使电子束的水平扫描速度发生变化：在白的部分扫描减速使屏幕变得更亮，在黑的部分扫描加速使屏幕变得更暗，从而使重现图像的轮廓更加清晰、界线分明。用 VM 电路进行轮廓校正的优点是电子束流在校正时不会变大，因而可消除在校正时因光点太亮而造成的散焦。

五、动态景物层次控制（DSC）电路

动态景物层次控制（DSC）电路包括黑电平扩展、动态白峰限幅和动态γ校正电路。

（1）黑色电平扩展电路。检测图像信号的浅黑部分电平，并将该部分信号向黑电平扩展（但不超过消隐电平），使图像的黑白对比更明显。黑色电平扩展电路通常设置在亮色分离电路之后、对比度控制电路之前，因此该电路只对亮度信号的"浅黑"电平作用，而不影响色度信号。它的工作原理是：对亮度信号中的"浅黑"部分的电平进行检测，并与消隐电平相比较，如果该电平小于消隐电平，则向消隐电平方向扩展，使图像"浅黑"部分扩展为"深黑"；如果已达到消隐电平，则停止扩展，使之不会超过消隐电平。

（2）动态白峰限幅电路实际上是亮电平的γ校正电路，它根据图像白信号幅度的变化自动改变限幅特性，使在白峰值限幅时信号也不会产生明显的失真。动态即动态灰度补偿，它对每场图像信号做高精度的亮度检测，实时计算出图像中的最小亮度电平、平均亮度电平（APL）、输入图像中暗画面部分与亮画面部分的比例（B/W）、暗画面中最暗部分与较暗部分的比例以及接近黑色的最暗部分在图像中的分布数据，采用模糊逻辑，确定图像中须做灰度补偿的部分及其补偿量。这种电路能根据不断变化的图像内容自动对亮度和色信号信号做相应的补偿，保证图像有丰富的灰度层次，彩色鲜明自然，景深感强，得到适合于人眼的最佳图像。动态γ校正的参数不同，可得到不同的校正效果，通常都设有动态、标准、柔和以及个人设定等几种模式以供选择。

 ## 知识链接三　梳状滤波器 Y/C 分离电路、画中画电视技术

一、梳状滤波器

梳状滤波器又称延时解调器，它由超声延时线、加法器、减法器组成。在对色度信号进行同步检波前，梳状滤波器采用超声波延时线将红、蓝两色度分量从色度信号中分离，以防止检波产生串色和爬行，致使色差信号出现失真。因延时解调器的隔频特性是梳状的，故又称梳状滤波器。

在 PAL 制彩色色度电路中，色度延时线利用压电陶瓷将电信号转变为超声波，并在玻璃介质中传播。由于信号在玻璃介质中传播速度变慢，因此可达到延时一个行周期（63.943μs）的目的。

在色度电路中，色度信号分为两路：一路是直通信号，它送至 PAL 矩阵电路；另一路是延时信号，它加至色度延迟线延时后再送至 PAL 矩阵电路。矩阵电路的加法器将直通信号与延时信号相加后输出逐行倒相的 F_V 色度分量信号；而矩阵电路的减法器将直通信号与延时信号相减后，输出 F_U 色度分量信号，从而实现色度信号中 F_U 与 F_V 分量的分离。F_U 色度分量信号与压控振荡器输出的副载波信号一起送到 B-Y 解调器进行解调，解出色差信号 U_{B-Y}；F_V 色度分量信号与压控振荡器经 PAL 开关输出的逐行倒相副载波信号一起送到 R-Y 解调器进行解调，解出色差信号 U_{R-Y}；然后 U_{B-Y} 与 U_{R-Y} 加至 G-Y 解调电路，解出色差信号 U_{G-Y}。三个色差信号 U_{G-Y}、U_{R-Y}、U_{B-Y} 分别送至基色矩阵电路还原出 R、G、B 三基色信号加至末级放大管的基极。

PAL 矩阵电路、R-Y、G-Y、B-Y 解调电路和基色矩阵电路一般都可集成在一起，如图 3-6（TA7698AP）所示。色度信号从 TA7698AP 的⑧脚输入后分为两路，一路直通信号，直接送至⑰脚进入 PAL/NTSC 矩阵电路；另一路是延时信号，它加至色度延迟线延时后再送至⑲脚进入 PAL/NTSC 矩阵电路。经处理后的 R、G、B 三基色信号分别从⑳、㉑和㉒脚输出。

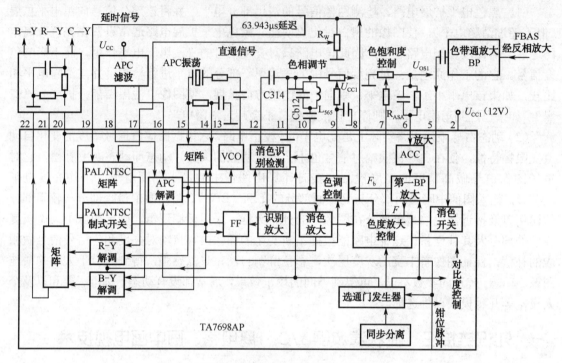

图 3-6　色度通道信号处理方框图

二、梳状滤波器亮色（Y/C）分离电路

普通彩电在分离彩色全电视信号中的亮度信号与色度信号时，是通过在亮度通道中加一个色度滤波器吸收色度信号，提取亮度信号；在色度通道中加一个色度带通滤波器取出色度信号，抑制亮度信号。虽然这种方法简单可行，但在提取亮度信号时，会把色度信号频率范围内的亮度信号高频分量与色度信号同时吸收，影响图像清晰度；在取出色度信号的同时，也会将其频率范围内的亮度信号的高频分量取出，送至色度解调器并被解调输出，从而使图像的细节处出现闪烁彩色干扰。这样的分离方法并不能将亮色（Y/C）信号彻底分离，从而影响图像质量。

利用梳状滤波器的梳齿状滤波器特性和视频信号频谱交织的工作原理，以频谱分离的方法可使色度信号与亮度信号很好地分离。

PAL 制式梳状滤波器亮色（Y/C）分离电路由两行（2H）延迟线、加法器、减法器等组成，如图 3-7 所示。

由亮度信号 Y 与色度信号 C 组成的彩色电视信号，一路作为直通信号分别直接加至加法器与减法器；另一路作为延时信号，经 2H 延时线延时两个行周期后，也分别加至加法器与减法器。输入信号 Y+C 延时两个行周期后，Y 信号保持不变，而色度副载波与原色度信号的相位相反，因此可得到延时信号 Y-C。加法器将直通信号 Y+C 与延时信号 Y-C 相加后，只输出亮度信号 2Y；减法器将直通信号 Y+C 与延时信号 Y-C 相减后，只输出色度信号 2C，从而使亮、色信号很好地分离。

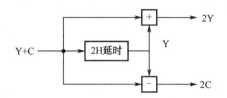

图 3-7 梳状滤波器亮色（Y/C）分离电路框图

三、画中画电视技术

画中画（PIP）是指在同一屏幕上收看大画面（主画面）的同时，在屏幕适当位置插入并显示一个或几个小画面（次画面）。小画面主要用来显示其他频道或 AV 输入的信号。主画面与次画面可以对调，一些彩电小画面的位置和大小也可以调整。

要实现画中画功能，首先要选出某一频道的视频信号，在水平和垂直方向上分别压缩为原来的 $1/K$（K 为压缩率），压缩后的图像画面作为小画面，然后将压缩后的小画面图像按预先设定的位置插入大画面图像中。画中画功能一般由画中画处理电路和控制电路共同实现。

画中画彩电可分为两类：一类具有两个高频调谐器和两个中放解调电路，主画面和子画面的信号分别由各自的高频调谐器接收，称为射频画中画；另一类只有一个高频调谐器和中放解调电路，主画面由高频调谐器接收，子画面只能由 AV 端口输入，称为视频画中画。

画中画主要技术问题有两个：一是子画面图像的压缩，二是子画面图像的稳定。

子画面的压缩处理过程是在子画面信源视频信号的垂直方向每 K 行选取一行，在水平方向每 K 个像素选取一个像素，这样在水平和垂直方向都分别压缩为原来的 $1/K$，通常 K 取 3 或 4。为减少容限并突出小画面的中心部分，对压缩后的小画面还要进行剪辑处理，切去小画面图像四周无关紧要的边缘，经过处理后的小画面信号送入存储器存储。存储器可以是模拟存储器，也可以是数字存储器。由于数字存储器具有稳定性好、信噪比高、可随机随意存取的特性，故被广泛使用。

数字存储器对小画面的处理过程是：先将未经压缩的小画面视频信号经 A/D 转换器进行取样、量化、编码后，转换为小画面数字信号，再经存储器处理后，得到压缩的小画面数字信号，最后经 D/A 转换器转换为压缩的小画面模拟信号加至 R、G、B 矩阵。

虽然画中画信号输入的高频调谐器与中放解调电路有两套，但扫描与现实系统只有一套，要使小画面的亮度、色度与主画面尽量保持一致，必须保证主、子画面视频同步信号良好，能给画中画系统提供精确的足够大的行、场同步信号。

项目工作练习 3-1 图像中频通道（有光栅、无图无声故障）的维修

班 级		姓 名		学 号		得 分	
实训器材							
实训目的							
工作步骤： （1）开启彩色电视机，观察图像中频通道有光栅、无图无声故障现象（由教师设置不同的故障）。							

续表

（2）分析故障，说明哪些原因会造成图像中频通道有光栅、无图无声故障。

（3）制定图像中频通道有光栅、无图无声故障维修方案，说明检测方法。

（4）记录图像中频通道检测过程，找到故障器件、部位。

（5）确定维修方法，说明维修或更换器件的原因。

工作小结	

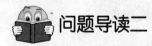

任务 3.2　伴音通道

问题导读二

技师引领一

客户刘先生："张技师，我家电视机突然没声音了，怎么调也调不出声来。图像正常没有问题，我们现在只能看"哑剧"了。请你帮帮忙把它修好，否则真的太不方便了，谢谢你！"

张技师："有图像、无声音属于典型的伴音通道故障。这种故障范围小，元件也不太多。应该很快就能修好，请您放心。"

张技师维修：打开电视机，调节音量旋钮。扬声器有交流"嗡嗡"声，无伴音，可判断扬声器正常。打开电视机后盖，接通电源，使电视机处于工作状态，用万用表测伴音集成电路 AN5250 的⑦脚对地电压，该电压为 15V，正常；再测③脚对地电压，该电压约 11V，也正常。将万用表置于 R×1 电阻挡，将一支表笔接地，另一支表笔轻触 AN5250 的⑧脚，扬声器有"咔咔"声，再将表笔分别触碰⑫脚、⑬脚，均无声，检测⑫、⑬脚所接外围元件 C204，C205，也均正常，最后用起子将人体干扰信号注入 AN5250 的⑭脚和⑮脚，扬声器均无反应，因此判定是集成电路 AN5250 损坏。更换 AN5250，开机复查，图像伴音均正常，故障排除。

 ## 知识链接一 伴音通道的信号流程框图

我国电视信号中，图像信号采用调幅制，伴音信号采用调频制，伴音载波频率比图像载波频率高 6.5MHz。

图 3-8 是电视机伴音通道的信号流程框图。

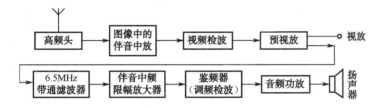

图 3-8 伴音通道的信号流程框图

电视机的天线接收到高频图像信号和高频伴音信号以后，经高频调谐器变频，输出 38MHz 的中频图像信号和 31.5MHz 的伴音中频信号，经中频放大电路放大后，送到视频检波电路，解调出视频图像信号和载波为 6.5MHz 的第二伴音中频信号，加至预视放电路，再经 6.5MHz 带通滤波器，滤去视频图像信号，获得第二伴音中频信号。伴音中频限幅电路对第二伴音信号进行放大限幅，送至鉴频器解调，得到低频伴音信号，最后经音频功率放大电路放大后，驱动扬声器发出伴音。

一般的伴音通道是指自预视放之后对第二伴音中频信号进行处理，直到输出伴音的扬声器等一系列电路。伴音通道的作用是将从预视放电路中分离出第二伴音信号加以放大，解调后得到音频信号，再将音频信号进行功率放大，通过扬声器发出声音。

知识链接二 集成电路伴音通道、丽音技术

一、集成电路伴音通道

图 3-9 是 TA 两片机彩电中的集成电路伴音通道。

由图 3-9 可知，从 IC201（TA7680AP）⑮脚输出的视频图像信号及 6.5MHz 第二伴音中频信号，经 C301 耦合到 CF301（6.5MHz 带通滤波器），由 CF301 取出 6.5MHz 的第二伴音中频信号，送至 IC201 的第㉑脚伴音中频输入端，由集成电路内的伴音中频限幅放大器进行三级限幅放大，再送至鉴频器进行解调。鉴频器有两路输入信号：一路是伴音中频限幅放大器输送来的信号，另一路是㉒脚、㉔脚间 T302 构成的移相网络输送来的移相后的信号，利用鉴频器的鉴相特性获得伴音音频信号。音频信号加至电子音量控制电路，通过 IC201①脚的直流电压变化，达到控制音量的目的。音频信号经电子音量控制，再经伴音前置放大后，从 IC201 的②脚输出，传送至伴音功放电路。

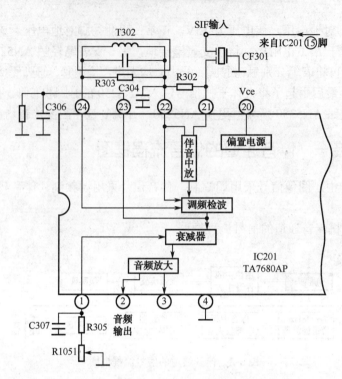

图 3-9　伴音通道电路

伴音功放电路采用集成电路 IC301（IX0365CE），该集成电路内部包含前置放大级、推动放大级和功率放大级，如图 3-10 所示。

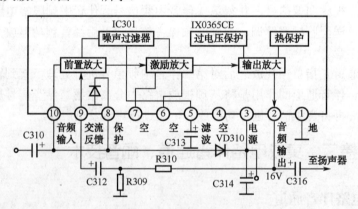

图 3-10　伴音功放电路

因 IC301 内含有前置放大级，故鉴频后的音频信号可以不用通过 IC201（TA7680AP）内的前置放大级而直接从 IC201 的②脚输出音频信号。音频信号从 IC301 的⑩脚进入，经各级放大后由 IC301 的②脚输出。输出信号分两路：一路经 C316 耦合推动扬声器发音；另一路经 R310、C312 反馈至 IC301⑨脚，以减小失真，改善音质。

本机还设有静噪电路。电视机在开关电源或切换频道时，扬声器中会因为有电流冲击而发出"扑扑"声。静噪电路能使电视机在开、关机或切换频道时，音量控制电路无伴音信号输出，有效地实现伴音静噪。

二、丽音技术

"丽音"（NICAM）应用的核心技术是英国 BBC 广播公司开发研制的 NICAM728 技术，即"准瞬时压扩多伴音系统"，俗称"丽音"。"丽音"技术可用于地面广播，也可用于卫星电视广播。它具有模拟电视声音不可比拟的优点，在 NICAM 通道中，可传送立体声，也可以传送双语音，还可以传送数字信息等，充分利用了电视频带资源，丽音传送的声音动态范围大、音质好、信噪比高、高音清晰、低音浑厚、串音小，接近直接聆听 CD 激光唱盘的声音质量。

"丽音"电视广播系统在传送电视图像和模拟单声信号的基础上，还同时传送两路数字编码的声音信号。采用丽音技术传送的电视伴音，在信噪比、动态范围和声道隔离度等指标方面，都比传统的调频伴音好。不仅提高了节目声音质量，而且增加了电视节目的多伴音和立体声功能，大大提高了欣赏电视节目的乐趣。

目前"丽音"应用了三种工作方式：双语言方式、立体声方式和单声道方式。"丽音"的工作方式完全由电视台在播出时设定，通过节目信号发送不同的"控制字"数据码流，彩电接收时根据"控制字"显示当前的"丽音"工作方式，由用户通过面板或遥控器加以选择。

我国的"丽音"地面电视广播系统是 PAL—D 制式下的一种特殊应用。此前，已有欧洲的 PAL－B/G 制式和中国香港地区的 PAL－I 制式"丽音"系统。中国 PAL—D 制式丽音与 PAL－B/G 制和 PAL－I 制的差别在于传输参数不同，由于各种制式丽音系统的参数不同，因此只有 PAL－D 制式的丽音电视机才能良好地接收中国丽音。与 PAL－B/G 和 PAL－I 制丽音电视广播相比，我国的 PAL—D 制丽音不仅可以直接用于宽频有线电视系统，而且传输特性更加稳定可靠。

PAL－D 制丽音主要技术特点是：数字载波中心频率为 5.85MHz，即比图像载频高 5.85MHz，数字载频比图像载频电平低 25dB，总码率为 728kb/s。

在中国丽音中，FM 伴音电平比图像载波电平低 12dB，NICAM 信号的电平比 FM 伴音电平低 13dB。这样设置既保证了 NICAM 的接收灵敏度，又将图像、FM 伴音及 NICAM 之间的相互影响减至最小。

从天线接收带有丽音的射频信号，通过调谐器进行高放及混频，并输出 38MHz 的电视中频信号。该中频信号一方面通过 32～38MHz 的声表面滤波器滤出图像中频，另一方面通过 30～33MHz 的声表面滤波器滤出伴音第一中频信号，两个声表面滤波器组合在一起封装，完成伴音中频与图像中频的完全分离，有效地减少图像与伴音的相互干扰，提高 FM、NICAM 伴音的信噪比。

经过声表面滤波器后的图像中频信号，放大后与本振的 38MHz 混频解调出视频信号，为避免伴音（FM 伴音与丽音）干扰图像，还要对残留在视频信号里的伴音第二中频信号进行滤波，以进一步减少伴音对图像的干扰，然后输出视频信号。

经过声表面滤波器后的伴音第一中频信号经过放大后与本振 38MHz 混频，并输出伴音第二中频信号，该伴音第二中频信号通过 5～8MHz 带通滤波器滤除带外无用信号后，送入多伴音处理集成电路进行 FM 伴音及 NICAM 伴音的解调。

中放输出的第二伴音中频信号，进入多伴音处理集成电路内置 AGC 电路调整输入幅度，使其达到 A/D（模/数）转换所需要的电压，内部 AGC 电路均可进行自动增益控制。A/D 转换电路对 FM 中频或 NICAM 的调制信号进行模拟到数字信号的转换。A/D 转换后的数字信号输入有限脉冲数字滤波器，将 NICAM 的 DQPSK 调制信号选出，并滤除 FM 及其他干扰信号，该滤波器的参数可由电视机的 CPU 改变，不同的 NICAM 制式对应不同的参数。经过滤波后的 NICAM 解调信号送入 DQPSK 调制电路，恢复出基带的丽音编码串行数据和时钟，并送入丽音解码电路解调出原始的数字基带左和右声道（立体声时）或 A、B 声道（双语时）信号。

 技能训练二　伴音通道测试

器材：万用表 8 只，TA7680 AP 与 TA7698AP 机芯的电视机 8 台，稳压电源 8 台，信号发生器 1 台，示波器 8 台，电工工具一套/人。

目的：学习 TA 两片机伴音通道电路的测试。

测试步骤：

（1）用十字起子拆下彩色电视机后盖，把主板上的挂钩松脱，慢慢移出主板，将电视机原理图的伴音通道电路在主板上的位置找到，然后打开电视机电源。

（2）调节音量控制旋钮，改变音量大小，测量 TA7698AP①脚电位变化。

（3）将万用表笔调至电阻挡，用万用表笔在伴音功放电路集成电路 IC301（IX0365CE）的②和⑩脚依次注入干扰信号，比较两次输出音量的变化。

 技能训练三　伴音通道常见故障的维修

器材：万用表 8 只，TA7680 AP 与 TA7698AP 机芯的电视机 8 台，稳压电源 8 台，信号发生器 1 台，示波器 8 台，电工工具一套/人。

目的：学习 TA 两片机的故障检测与维修技能。

情境设计

以 1 台彩色电视机的场扫描电路故障为一组，全班视人数分为 8 组。8 台彩色电视机的故障在伴音通道部分，伴音故障主要表现为有图像、无伴音或伴音失真。

检修步骤①，用十字起子拆下彩色电视机后盖，把主板上的挂钩松脱，慢慢移出主板，将电视机原理图的伴音通道电路在主板上的位置找到，然后打开电视机电源，听扬声器输出的声音，无伴音，调节音量控制旋钮，依然无伴音。

检修步骤②：可在开机状态下，在中放集成电路（TA7680AP）的③脚注入干扰信号，观察扬声器，若有明显的"咔咔"声，说明音频信号输出脚的外围元件与伴音电路正常，则检查 6.5MHz 伴音滤波器及 TA7680AP；若无"咔咔"响声，则先检查 TA7680AP①脚电位是否正常变化，再检查后续电路。

检修步骤③：在伴音功放集成电路 IC301（IX0365CE）的⑩脚或⑧脚注入干扰信号，观察扬声器，若有明显的"咔咔"声变化，说明伴音功放集成电路工作正常，故障在中放集成电路（TA7680AP）的③脚与伴音功放集成电路 IX0365CE 的⑩脚之间的元件，如 C310 等；若无变化，再在伴音功放集成电路 IX0365CE 的②脚注入干扰信号检测。

检修步骤④：若伴音功放集成电路 IX0365CE 的②脚注入干扰信号后，有"咔咔"声出现，说明伴音功放集成电路或其外围元件损坏，用示波器、万用表进一步检查故障所在地，一般可先测量集成电路各脚工作电压，初步判断故障点，再依次查找故障元器件，在集成电路外围的分立元件均正常后，再检查 IX0365CE 集成电路。

检修步骤⑤：IX0365CE 正常，则把万用表设在电阻挡，用表笔在扬声器的引线端注入干扰信号，若扬声器有响声变化，说明扬声器正常，故障在伴音功放输出脚②与扬声器间的耦合电容 C316；若无变化，说明故障在扬声器。

根据以上故障研究讨论故障的现象和检测方法（参考答案见表 3-2）。

由讨论出的故障原因与研究的检测方法，检修并更换损坏的器件，修理完毕后，进行试用。检测自己的维修成果。完成任务后恢复故障，同组内的学生交换有图无声的电路故障，再次进行维修。

表 3-2　伴音通道电路常见故障及检测方法

故 障 现 象	故 障 分 析	检 修 方 法
有图像无伴音	（1）有图像无伴音，说明伴音通道有故障 （2）6.5MHz 伴音滤波器 Z204 损坏	（1）首先应分清是中放集成电路部分还是伴音通道部分故障 （2）在 TA7680AP③脚注入干扰信号，扬声器有响声，检查 6.5MHz 伴音滤波器 Z204 损坏，更换元件
有图无声	（1）有图像无伴音，说明伴音通道有故障 （2）耦合电容 C310 损坏	（1）在 TA7680AP③脚注入干扰信号，扬声器无响声，在 IX0365CE⑩脚注入干扰信号，扬声器有响声 （2）万用表测量上述两脚间电阻与电容，C310 损坏，更换 C310
	（1）有图像无伴音，说明伴音通道有故障 （2）伴音功放集成电路损坏	（1）在 IX0365CE⑩脚注入干扰信号，扬声器无响声，在 IX0365CE②脚注入干扰信号，扬声器有响声 （2）检查 IX0365CE 各脚电压及外围元件 （3）伴音功放集成电路损坏，更换集成电路
	（1）有图像无伴音，说明伴音通道有故障 （2）耦合电容 C316 损坏	（1）在 IX0365CE②脚注入干扰信号，扬声器无响声，在扬声器引线端注入干扰信号，扬声器有响声 （2）耦合电容 C316 断路，更换 C316
	（1）有图像无伴音，说明伴音通道有故障 （2）扬声器损坏	（1）在扬声器引线端注入干扰信号，扬声器无响声 （2）用万用表电阻挡测扬声器断路，更换扬声器

项目工作练习 3-2　伴音通道（有图像无伴音故障）的维修

班　级		姓　名		学　号		得　分	
实训器材							
实训目的							

工作步骤：

（1）开启彩色电视机，观察电视机屏幕有图像，但无伴音故障现象（由教师设置不同的故障）。

（2）分析故障，说明哪些原因会造成彩色电视机有图像无伴音故障。

（3）制定有图像无伴音故障维修方案，说明检测方法。

（4）记录检测过程，找到故障器件、部位。

（5）确定维修方法，说明维修或更换器件的原因。

| 工作小结 | |

彩色解码电路

（1）了解彩色解码电路的工作原理。
（2）掌握色度通道中相关信号概念的意义。
（3）理解 PAL—D 制解码电路的工作信号流程。
（4）了解 TA7698AP 解码电路的工作原理。
（5）掌握彩色电视机解码电路故障的分析和检修方法。
（6）了解多制式彩色解码电路的切换原理。

任务 4.1　普通彩色解码电路

 问题导读一

技师引领一

客户一："我家电视机买了近两年，最近一段时间色彩一直不太好，颜色越来越弱，昨晚再次收看电视节目时一点颜色都没有了。"

技师分析：能正常显示黑白图像和声音，说明图像通道与伴音通道没有问题，仅仅是没有彩色，这个故障问题出现在色度信号通道中。

技师维修

康佳 T2101 型电视机是典型的 TA 两片机结构，一片为 TA7680AP，主要处理图像与伴音信号；另一片为 TA7698AP，主要处理彩色解码和行、场振荡信号。TA7698AP 彩色解码中常检测到的引脚为⑤、⑥、⑦、⑧、⑨、⑩、⑫、⑬、⑭、⑮、⑯、⑰、⑱、⑲、⑳、㉑、㉒、㊵。

维修步骤如下：

（1）判断故障是否在消色电路。如图 4-1 所示，检测消色识别滤波端⑫脚，测得为 6.3V，电压不正常。将 12V 电源与⑫脚之间跨接 10kΩ电阻，将 9V 电压加载到消色识别滤波端⑫脚，强行使消色电路不工作。经检测加载 9V 电压后，画面仍无彩色。这说明无彩色故障的原因是没有色度信号输入，与消色电路无关。

色度信号不仅受色同步信号的控制，同时还受消色电压的控制。当彩色信号很弱或接收黑白电视信号时，消色识别检波器会送出消色电压，自动关闭色饱和度控制电路，造成色度信号输出端⑧脚电压为 0V，即无色度信号输出，图像中也就不能显示出色彩。若强行关断消色电路后彩色正常，则大多是 LA7698AP 的⑫脚的外围电路故障，可能为⑫脚开路或 C221 漏电。

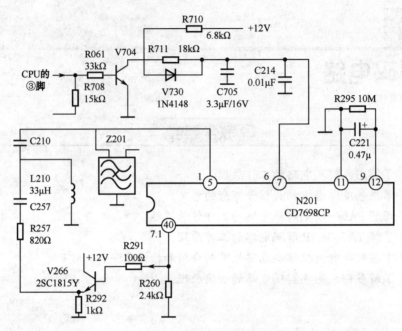

图 4-1　色度信号处理电路

（2）检测色度信号输出端⑧脚电压，判断是否有色度信号输出。经检测没有色度信号输出。再检测 TA7698AP 的色度信号输入端⑤脚，判断是否因没有色度信号输入而造成无色度信号输出的现象。经检测⑤脚有色度信号输入，说明全电视信号能将色度信号分离出来，并将色度信号成功送入集成块内，即全电视信号输出端④脚与⑤之间的电路无开路或短路现象。

TA7698AP 的④脚输出的负极性彩色全电视信号，经 V266 放大后，送入 C257、C210、L210 组成的 4.43MHz 的选通滤波器，滤除亮度信号及其他杂波得到 4.43MHz 色度信号，送至色度信号输入端⑤脚内的色度带通放大器。

色度带通放大器受 ACC（自动色度控制）电路的控制。色度信号经带通放大器后，在色同步选通脉冲的作用下，进行色度信号与色同步信号的分离，分离出的色度信号经色度放大和彩色控制从⑧脚输出。

（3）检测 TA7698AP⑦脚，电压约 2V 左右。正常有彩色再现时⑦脚电压为 0.7~8.4V 可调或在 3V 以上。本故障确定为色饱和度控制电压低于 3V 而造成的无彩色，检测⑦脚的外接电路有无开路或 C214、C705 是否短路。经检测 C705 电容 3.3μF/16V 短路。

（4）更换电容 C705 后，经过试机彩色功能恢复正常。

技能训练一　对色度和亮度进行测试

器材：彩色电视机 1 台/组（康佳 T2101）、示波器 1 台、万用表 1 个、常用电工操作工具 1 套。

目的：（1）熟悉彩色解码实际电路结构及元器件位置。

（2）掌握 TA7698AP 解码电路各引脚静态时对地电阻值及电压的测试方法。

（3）通过示波器观察 TA7698AP 解码电路各输出波形。

技能操作：

（1）准备软垫一块，清洁绝缘台面，做好前期的准备工作。

（2）将电视机倒置，放在软垫上，轻轻拆开电视机后盖。注意后盖的连接线，不可用力强拉。

（3）取走后盖将机芯小心移出，正立放置电视机。熟悉彩色解码电路结构及各元器件位置。

（4）对照电视机原理图，能够在集成电路片中找出引脚㊵、⑤、⑩、⑳、㉑、㉒、㉓。

（5）在断电状态下，用万用表测量 TA7698AP 中的㊵、⑤、⑩、⑳、㉑、㉒、㉓色度通道引脚与地之间的正、反向电阻值，测量数据见表 4-1。

（6）接通工作电源，并使电视机接收到正常的电视信号。用万用表测量 TA7698AP 中的㊵、⑤、⑩、⑳、㉑、㉒、㉓色度通道各引脚与地之间的直流电压值（实测值），测量数据见表 4-1。

（7）将彩色电视信号发生器的标准彩条信号送入电视机中，用示波器观察 TA7698AP 的⑳、㉑、②脚的 G—Y、R—Y、B—Y 三个色差信号的输出波形，输出波形如图 4-2 所示。

表 4-1　参考测量数据

引　　脚	功　　能	对地电阻/kΩ		直流电压/V	
		黑笔测量	红笔测量	有信号	无信号
40	全电视信号输出	2.2	2.2	6.9	6.1
5	色度输入端	5	5.1	1	1
10	色同步脉冲净化端	5.5	9.1	6.1	6.1
20	G—Y 色差信号输出	2.8	2.7	7.2	7.2
21	R—Y 色差信号输出	2.7	2.7	7.2	7.2
22	B—Y 色差信号输出	2.8	2.7	7	7.2
23	经对比度、亮度控制后的 Y 输出端	6.1	7.2	7.1	7.1

知识链接一　可见光谱带与色度通道相关信号

一、可见光谱带

可见光谱带按波长 λ 的减小和频率 f 的升高排序，如图 4-3 所示，依次为：红、橙、黄、绿、青、蓝、紫。可见光波长为纳米（nm）级，1 nm = 10^{-9} m。

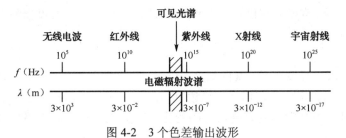

图 4-2　3 个色差输出波形

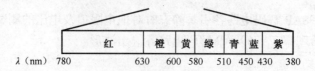

图 4-3　电磁波谱

若只含有单一波长成分的光，则称为单色光（又称谱色光）。若含有两种或两种以上波长的光，则称为复合光，呈现出混合色。太阳光又称白光，是一种特殊的混合色，通过玻璃三棱镜可折射分解成许多单色光，如图 4-4 所示。

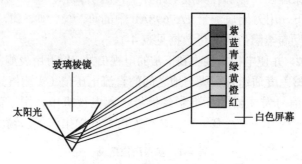

图 4-4　太阳光经折射后的光谱带

为准确描述某一种彩色光，可用亮度、色调、色饱和度 3 个物理量来表示。这 3 个物理量又称彩色三要素。色调与色饱和度又统称为色度。

亮度：明亮程度的感觉，与彩色光线的强弱有关，由光的辐射功率及人眼视敏度特性决定。

色调：是指光的颜色种类，由作用到人眼的入射光波长成分决定。

色饱和度：是指彩色的浓淡，颜色呈现出的深浅，与掺入白光的多少有关。色饱和度越高，颜色越深，掺入白色光越少；色饱和度越低，颜色越浅，掺入白色光越多。100%饱和度的某色光称为"纯色光"，表示完全没有掺入白光。"白光"的色饱和度为零。

在上述三个要素中，亮度是基础，没有亮度也就没有色饱和度。彩色电视与黑白电视相比较，黑白电视广播只传送了三要素中的亮度信号，彩色电视广播不仅要传送亮度信号，而且还要传送色度信号。

二、色度通道相关信号

1. 色度信号 C

色度信号中只包含色度信息，不再包含亮度信息。色度信号 C 由经过调制的色度信号 F（F 由两个分量 F_U、F_V 构成）和色同步信号 F_b 组成，它们叠加在亮度信号 Y 上。图 4-5 所示为全电视信号中的亮色叠加。

2. 色差信号

用三基色信号减去亮度信号，就得到色差信号，有红色差信号（R-Y）、绿色差信号（G-Y）和蓝色差信号（B-Y）。采用色差信号传送色度信息，可很好地减小亮度与色度的串扰。当色差信号受到干扰时，不会影响到亮度信号的变化。在接收端用解码电路也容易还原出三基色信号。

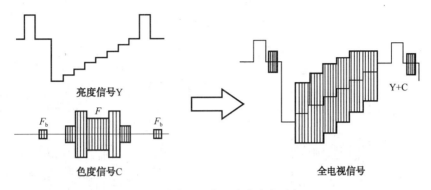

图 4-5 全电视信号中的亮色叠加

由亮度方程可以推导得出，任何一个色差信号都可以用其他两个色差信号按一定比例来混合。通常传输的色差信号是红差（R-Y）和蓝差（B-Y），而不传输绿差信号（G-Y）。因为 3 者中绿差信号的幅度相对最小，传输过程中最易受干扰。在彩色解码时，绿差是由红差和蓝差混合得到的，如图 4-6 所示。

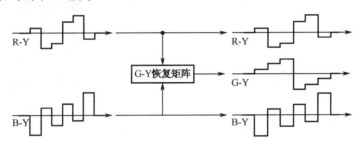

图 4-6 绿色色差信号恢复原理图

3. 压缩的色差信号

若色度信号不经过压缩，由图 4-7 可见，在红、蓝两个区间的色度信号超过了同步信号电平，它将影响同步信号的分离，这是不允许的。所以在形成彩色全电视信号时，必须将色度信号的幅度进行压缩，将压缩后的 R—Y 称为 V 信号，V=0.877（R—Y），将压缩后的 B—Y 称为 U 信号，U=0.493（B—Y）。压缩后的信号波形如图 4-8 所示，色度信号没有超过同步信号，在黄、青及红、蓝区间的色度信号幅度近似相等。

4. 逐行倒相正交平衡调幅信号

平衡调幅是一种抑制载波的调幅。载波（f_{cs}）本身不含信号，却占有大部分能量。平衡调幅时抑制掉载波后，可以节省传送所需的功率，并减少载波对亮度信号的干扰，其工作原理如图 4-9 所示。

色差信号的平衡调幅波，在解调时只能用同步检波器解调。

正交指两个信号相位相差 90°。在电视信号传输中，要同时传送红差 U_{R-Y} 和蓝差 U_{B-Y}，它们共用一个色副载波进行平衡调幅，并且不能相互干扰，这样只要产生同频、正交的两个色副载波，分别对两个色差信号进行平衡调幅就可以了，形成的色度信号的矢量图如图 4-10 所示。

将 U_{B-Y} 与相位 0° 的 $\sin\omega_{sc}t$ 进行平衡调幅，得到平衡调幅波 F_U，将 U_{R-Y} 与相位 90° 的 $\cos\omega_{sc}t$ 进行平衡调幅，得到平衡调幅波 F_V，最后再将两个信号进行混合，实现正交平衡调幅，这说明正交平衡调幅的已调色度信号既是调幅波，又是调相波，原理图如 4-11 所示。在 NTSC

制编码中常用这种方式，但它主要的缺点是相位失真敏感。

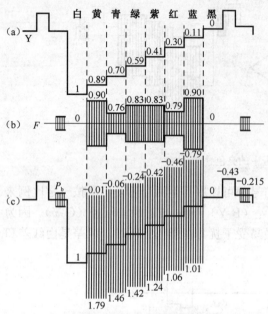

（a）含同步信号的负极性亮度信号

（b）未压缩色度信号平衡调幅波

（c）未压缩的负极性视频彩色全电视信号

图 4-7　未压缩的信号波形

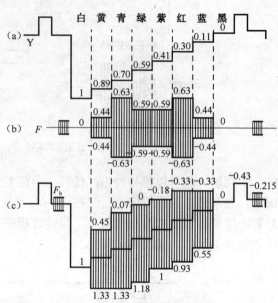

（a）含同步信号的负极性亮度信号

（b）压缩后的色度信号平衡调幅波

（c）压缩后的负极性视频彩色全电视信号

图 4-8　压缩后的信号波形

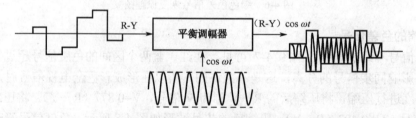

图 4-9　红差平衡调幅波框图

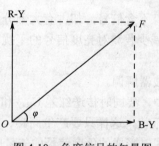

图 4-10　色度信号的矢量图

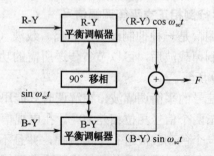

图 4-11　正交平衡调幅原理框图

　　PAL 制采用逐行倒相正交平衡调幅方式，即在正交平衡调幅制的基础上，将色度信号中的红色分量 F_V 进行逐行倒相。为了方便，将倒相的那些行称为 PAL 行，不倒相的那些行称为 NTSC 行。NTSC 行与 PAL 行的关系如图 4-12 所示。

　　若在传输过程中，两行信号产生方向相反的相位失真，就会产生相反的色调畸变，从而使色调失真互相抵消，以克服信号相位的敏感性。

5．频谱间置

　　由于亮度信号高端的能量较小，频谱的空隙较大，将已调制的色度信号插入亮度信号中一起发射，称为"频谱间置"。由图 4-13 可知，亮度与色度的频谱结构相同，为避免相互串扰，目前采用移频技术将两者错开，NTSC 制采用 1/2 行频间置法，PAL 制采用 1/4 行频间置法。

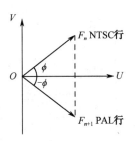

图 4-12　NTSC 行与 PAL 行的关系

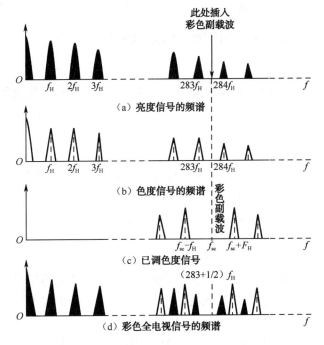

图 4-13　亮度、色度频谱间置图

　　人眼对彩色细节的分辨力比对黑白亮度的分辨力要低，所以只需要传输亮度细节，不必传输其彩色细节。彩色电视广播用 0～6.0MHz 宽带来传送亮度信号，以获得图像的轮廓和细节，用 0～1.3MHz 窄带来传送色度信号，以保证大面积着色。色副载波的频率选定要适中，调制后的色差信号的上边带不应超过亮度信号频谱的高端。图 4-14 为 PAL 制的发射电视信号的频谱图。PAL 制的色副载波选定为 f_s=4.43MHz，NTSC 制的色副载波选定为 f_s=3.58MHz。

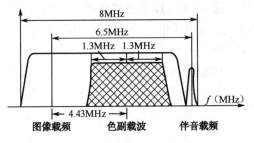

图 4-14　PAL 制的发射电视信号的频谱图

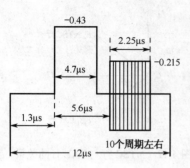

图4-15　色同步信号的波形

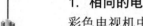

6. 色同步信号

由于发射时进行了平衡调幅，抑制了副载波，而在接收解调的时候，需要副载波才能正确解调，所以接收机内部有一个副载波振荡器来产生副载波。为了让解调时接收机副载波振荡器产生的副载波与发射时的副载波同频同相，所以发射了色同步信号。

色同步信号的波形如图4-15所示。它位于行消隐后肩，在行同步信号前沿后约5.6μs处，由10个周期的副载波构成，宽度为（2.25±0.23）μs，其幅度峰-峰值与行同步相同，其相位为180°。

三、彩色电视机电路与黑白电视机电路的异同

1. 相同的电路

彩色电视机中的图像中放，伴音通道和行、场扫描部分在信号的流程上与黑白电视机大体相同。

2. 不同的电路

1）高频调谐部分

在黑白电视机中，高频调谐器常采用机械式的"V头"和"U头"来实现全频道的接收，通常为手动调节和转换频道，因而固定在前面板上。

在彩色电视机中，高频调谐器常采用V/U一体化电子调谐器，它是用直流电压来控制电视频道的转换和选台，所以可直接安装在机芯板上。

2）稳压电源部分

黑白电视机中的稳压电源多为串联型稳压电路。主电源要求的直流电压一般比较低，为10～12V，常用体积大的电源变压器。先将220V市电降为15～18V交流电。这种电路结构简单，但稳压范围较窄，效率低。

彩色电视机中的稳压电源一般采用开关型稳压电路。主电源直流电压高，要求达到110～120V，所用的开关电源变压器体积也小得多。随着集成电路的迅速发展，稳压电源部分的相关电路元件逐步地被各种型号的集成电路所代替。

3）显像管与末级视放部分

黑白电视机中多采用单枪单束显像管。亮度信号通过末级视放电路控制阴极与栅极之间的电位大小，进而控制阴极发射的电子量，显示出图像的明暗变化。

彩色电视机中采用的必须是彩色显像管，多为精密一体化一字形三枪三束自会聚管，管内有红、绿、蓝3个电子枪，将R、G、B三个基色信号分别加到电子枪中各自的阴极上，根据3个末级视放所送出的基色信号电压的大小显示出相应的颜色。

4）独特的彩色解码电路部分

彩色解码电路是彩色电视机中特有的电路部分。它的任务是将视频检波器送出的彩色全电视信号重新分解为三基色信号，通过激励显像管呈现出彩色图像。它是能否正常显示出彩色的关键电路。

任务 4.2　TA7698AP 电路测试及常见故障的维修

 问题导读二

技师引领一

客户："我家买的长虹 C2988 彩色电视机，前几年一直收看正常，这几天在收看电路节目时，有时会出现向上移动的横条纹，就好像给屏幕挂上了个门帘，节目收看不清，比较晃眼，出现这种现象也没有什么规律，是不是显像管出了问题，要不要换一个？"

李技师："据您所说的这个情况，不是显像管出现的问题，用不着换显像管，收看电视节目时，图像、伴音均正常，色调也基本正常，只是会无规律性地出现彩色横纹干扰，说明解码电路的外围元器件有时性能不稳定，不是什么大问题。"

李技师分析：彩色"爬行"也称"百叶窗式干扰"，是指彩色色调基本不变，但在整个彩条中有明暗相间的水平条纹，自下而上地移动，并在爬行部位，行线条变粗，图像失去了细腻感。它是 PAL 制彩电电路特有的故障，因彩色解码电路中彩色信号的 U、V 分量分离不彻底，使 U、V 信号逐行改变极性，互相串色引起。当用来分离 U、V 信号的梳状滤波器失效或延时不准确时，就会出现爬行现象。

长虹 C2988 彩色电视机采用 TA7698AP 集成片进行彩色解码处理，虽都是 TA 两片机型，在设计电路时，外围元件略有不同，电路原理图如图 4-16 所示。TA7698AP 的⑧脚输出的色度信号分成两路，一路作为直通信号送入⑰脚，另一路经延迟线 DL502 延时 1 行时间并倒相送入⑲脚。直通信号与延时信号在 PAL/NTSC 矩阵电路中进行加减，得 F_U、F_V 信号。

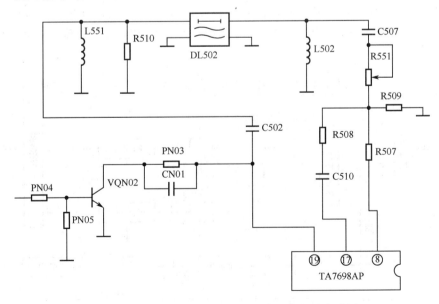

图 4-16　长虹 C2988 彩色电视机彩色解码部分电路图

维修步骤①：检测直通信号电路。在机芯上检测⑧与⑰引脚外围电路中是否有元器件损

坏。经检测各元器件良好，说明直通信号能很好地进入解码电路内。

维修步骤②：检测延时信号电路。检测⑧与⑲引脚外围电路中是否有元器件损坏。经检测延迟线 DL502 良好，电阻、电容元件无损坏。当故障出现时测⑲脚的电压，电压在 1.8V 左右摆动，发现三极管 VQN02 热稳定性变差。

维修步骤③：更换 VQN02 三极管 1 只，重新装好电视机，经过试用，显示正常，故障排除。

 知识链接二　PAL 制解码电路

一、PAL 制解码电路的工作原理

彩色解码电路的作用是把彩色全电视信号（FBYS）还原成 RGB 三基色信号。编码是将三个基色信号转换成彩色全电视信号，与"编码"的过程相反，就称为"解码"，这部分的电路就称为"解码器"。

PAL 制又称逐行倒相彩色制式，在世界上已得到较为广泛的应用，我国也采用这种制式。PAL 制解码器有许多种，其中 PAL—D 解码器是普遍使用的一种，也叫做标准解码器。它采用 1 行延迟线的梳状滤波器（延时解调器）将色度信号 F_V、F_U 两个分量进行分离，故又称延时型 PAL 解码器。

1. PAL 制解码电路的流程

由预视放送来的彩色全电视信号先进行亮色分离。亮度信号 Y 送亮度通道进行处理，获得满足条件的亮度信号送往解码矩阵。色度信号 C 分为两路送出。一路送至色度通道进行处理，解调出的红差 R-Y 信号和蓝差 B-Y 信号送往解码矩阵，与亮度信号一起进行矩阵运算，还原出红（R）、绿（G）、蓝（B）三基色信号并放大后送至彩色显像管。另一路通过色同步分离电路取出色同步信号，将其送到副载波恢复电路，恢复出与发送端同频同相的 0° 和 90° 两个副载波，送往色度通道。PAL—D 解码器的电路组成框图如图 4-17 所示。

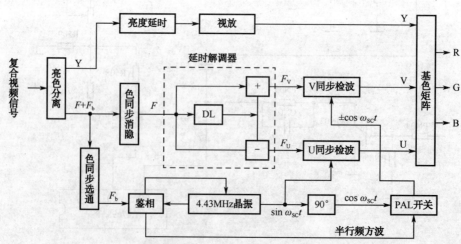

图 4-17　PAL—D 解码器的电路组成框图

2．PAL 制解码电路的各部分组及作用

1）色/亮分离电路

在彩色全电视信号中，色度信号是利用频谱间置的方法，将色度信号安插在亮度信号的高频端的频谱空隙进行传送的。传统的模拟式彩色电视机采用频率分离法，根据色度与亮度信号频率不同的特性，利用 4.43MHz 滤波器吸收色度信号通过亮度信号的主要成分，利用 4.43MHz 带通滤波器选出色度信号，实现色/亮分离。这种方法电路简单、成本低，但分离不彻底，会造成一定的亮色串扰。

新型大屏幕彩色电视采用梳状滤波器，大多由加法器、减法器和延迟线组成，原理框图如图 4-18 所示。PAL 制取两行（2H）延时，NTSC 制取 1 行（1H）延时。利用相邻行或隔行的相关性来完成亮色分离。通过实验可知，将直通信号（Y+C）与延时信号相加（Y−C）就可得两倍亮度信号 2Y，两者相减可得两倍的已调色度信号 2C，这就很好地实现了亮色分离。在实际电路中，常设计为数字式动态梳状滤波器，以实现更好的亮色分离。

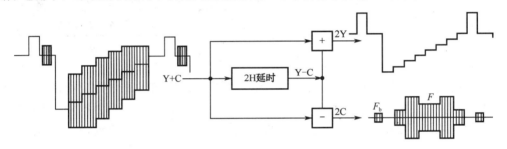

图 4-18　梳状滤波器原理框图

2）亮度通道

亮度通道主要对彩色全电视信号中的亮度信号 Y 进行放大和延时处理，把亮度信号放大到适当的数值并进行直流恢复和亮度、对比度控制，相当于黑白电视机的视放电路。亮度通道主要组成如图 4-19 所示。

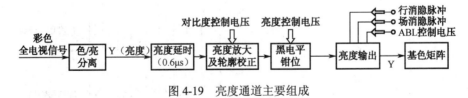

图 4-19　亮度通道主要组成

3）色度通道

色度通道的作用是从彩色全电视信号中，通过色度带通放大器把亮度信号滤掉，得到含色同步的色度信号，从中取出调幅后的 F_v、F_u 色度信号，进行放大处理，再通过梳状滤波和同步解调得到 R-Y、B-Y 色差信号，并进行色饱和度控制与消色电路控制，进入基色矩阵电路后，得到三基色信号。其组成如图 4-20 所示。

① 色度带通放大器。对色度信号进行放大，使色度信号有足够且稳定的幅度。

② 自动色饱和度控制（ACC）电路。产生一个控制信号，控制色度带通放大器增益。将色同步信号进行取样检波，产生一个与色同步信号幅度成反比的直流控制电压，该电压经 ACC 放大后送到色带通放大器去控制其增益。当色度信号增强时，对应的色同步信号幅度增大，ACC 检波输出的塔曼温度控制电压减小，经 ACC 放大输出的 ACC 电压减小，使色带通放大

器的增益下降，从而使色度信号的输出保持稳定。

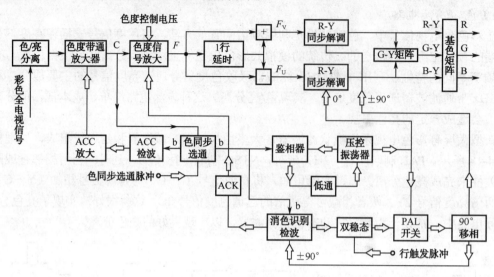

图 4-20　色度通道方框图

③ 自动消色（ACK）电路。ACK 电路的控制电压由消色识别检波电路提供。消色识别电路检测色同步信号幅度，同时将色同步信号相位与±90°副载波相位做比较，当色度信号很弱、没有副载波信号或副载波相位不正确时，送出控制电压关闭色度通道，如同一个自动开关。

④ 延时解调电路（梳状滤波器）。色度信号经延时解调电路后分离出两个色度分量 F_V、F_U，分别送到各自的同步解调器中。延时解调原理框图如图 4-21（a）所示。延时解调器对于某些特定频率成分有最大输出值，对另一些频率成分输出为零，具有梳齿形状，因此也称梳状滤波器，其频率特性如图 4-21（b）所示。这种滤波器特别适用于频谱间置的信号进行分离，工作原理基本与亮色分离电路相同。

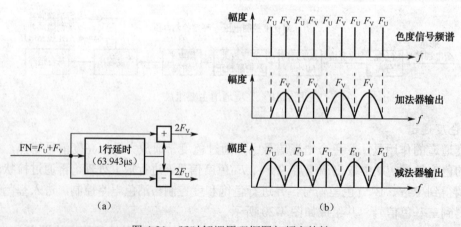

图 4-21　延时解调原理框图与频率特性

⑤ U、V 色差同步解调器。用红差和蓝差两个同步解调器，从已调色度信号 F_U、F_V 中分别还原出 U 信号（即压缩的 B—Y）和 V 信号（即压缩的 R—Y），如图 4-22 所示。同步解调器实质上是一个乘法器加上一个低通滤波器。它将梳状滤波器输出的色度分量与副载波恢

复电路送来的对应副载波进行乘法计算，再利用低通滤波器滤除掉高频成分，输出相应的 U、V 色差信号。

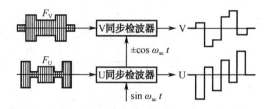

图 4-22 同步解调电路

⑥ B—Y、R—Y 色差放大器。对压缩的 U、V 信号进行放大，产生符合要求的 B—Y、R—Y 色差信号。

4）副载波恢复电路

副载波恢复电路的基本组成包括色同步选通放大器、锁相环路、晶体压控振荡器和 90° 移相电路等。它的主要作用是产生同步解调器所需要的本机色副载波，并能受色同步信号的控制，恢复出与发送端同频同相的 0° 和 90° 副载波供色度通道的同步解调使用。用色同步分离电路从色度信号中分离出色同步信号，其框图与原理如图 4-23 所示。除了需要色同步信号外，还需两个外来控制脉冲才能正常工作。一个是色同步选通脉冲，它来自同步分离电路。另一个是行触发脉冲，它由行输出电路提供。副载波恢复电路还有另一个重要的功能，就是产生 7.8 kHz 的识别信号供 PAL 开关、ACC（自动度控制）、ACK（自动消色）和 ARC（自动清晰度控制）等电路使用。

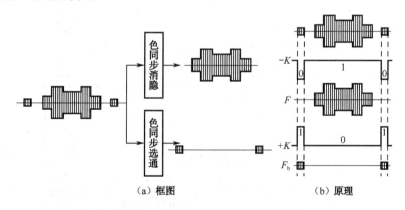

图 4-23 色同步分离电路框图与原理

5）解码矩阵电路

由色度通道输出的（R—Y）、（B—Y）色差信号，首先送到（G—Y）色差矩阵形成（G—Y）色差信号输出，在基色矩阵中由亮度信号 Y 与 3 个色差信号（R—Y）、（B—Y）、（G—Y）进行矩阵运算，解调出红（R）、绿（G）、蓝（B）三基色信号并放大，再激励彩色显像管 3 个阴极显示彩色图像。解码矩阵电路的组成包括（G—Y）矩阵电路和基色矩阵电路两部分，结构如图 4-24 所示。

二、TA7698AP 解码电路分析

彩色解码电路在目前的 PAL 制彩色电视中大多采用延时型解码器，下面以 TA7698AP 组

成的解码电路为例，分析其各部分工作原理及信号流程。

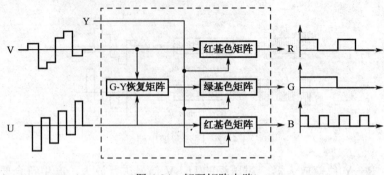

图 4-24　解码矩阵电路

1. 亮度信号处理电路

（1）对比度放大电路。TA7680AP 中的⑮脚输出信号为彩色全电视信号和 6.5MHz 第二伴音信号。该输出信号分成两路：一路选出第二伴音信号后，送入伴音通道电路进行信号处理；另一路选出彩色全电视信号，送入 TA7698AP 的㊴脚进行信号处理。输入后的信号分成两路，一路送至倒相放大器，另一路送至对比度放大器。亮度信号处理电路如图 4-25 所示。彩色全电视信号在对比度放大器中进行放大，其放大量可以通过㊶脚外接的电位器 R1027 进行调节，电压越高，对比度越强。在调节对比度的同时，还改变色饱和度，使色饱和度不因对比度增强而减弱，这样可以使调节简化。

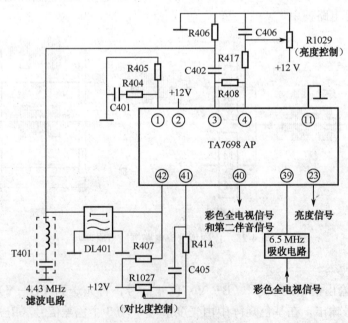

图 4-25　亮度信号处理电路

（2）亮度延时和色副载波吸收电路。彩色全电视信号从㊷脚输出，经延迟线 DL401 后，色度信号被 4.43MHz 滤波器吸收，剩余的亮度信号从 3 脚输入。

（3）黑电平钳位和 Y 放大电路。由 3 脚输入的亮度信号，经黑电平钳位电路恢复其直流分量，再经 Y 放大电路后从㉓脚输出。要调节荧光屏亮度时，只需要调节④脚外接电位器，来控制④脚电压的大小。

2．色度信号处理电路

（1）带通滤波器。从 TA7698AP 的⑩脚输出的彩色全电视信号，经外围的 4.43MHz 带通陶瓷滤波器取出色度信号，送入色度信号输入端⑤脚，如图 4-26 所示为色度信号处理电路。

（2）色度信号放大、色同步分离和 ACC 电路。由⑤脚输入的色度信号，经带通放大器放大后，在选通门发生器产生的色同步选通脉冲的作用下，进行色度和色同步信号的分离。分离出的色度信号经色度放大和彩色控制后从⑧脚输出。要调节彩色的浓淡，可通过调节⑦脚外接的色饱和度电位器 R1028 的大小来控制⑦脚电压高低，从而改变⑧脚输出的色度信号的幅度。

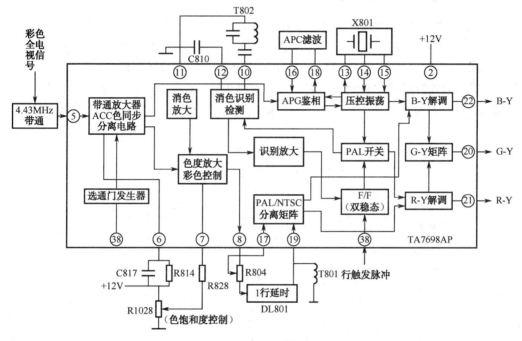

图 4-26　色度信号处理电路

（3）F_U、F_V 信号分离和同步检波电路。色度信号由⑧脚输出，一路作为直通信号送入⑰脚，另一路经 DL801 延时并倒相后作为延时信号送入⑲脚，两者一同送入矩阵电路进行加、减，得分离后的 F_U、F_V 信号。为能准确地分离出 F_U、F_V 信号。须送入幅度相等、相位相反的直通信号和延时信号，可通过调节 R804 控制延时信号的幅度，通过调节 T801 控制延时信号的相位，以达到良好的效果。

分离后的 F_U、F_V 信号进入各自的同步解调器，分别得到 U、V 信号，再经去压缩后得到 B—Y、R—Y 信号，分别从⑫、㉑脚输出送入基色矩阵电路。

（4）G—Y 矩阵电路。它是在 TA7698AP 的内部完成的，由 B—Y、R—Y 信号经 G—Y 矩阵电路还原出 G—Y 信号，并由⑳脚输出送入基色矩阵电路。

（5）副载波振荡器。它由⑬、⑭、⑮脚的外围元件和内部电路构成压控晶体振荡器，产生 4.43MHz 副载波信号。

（6）APC 电路。由内部鉴相器和⑯、⑱脚外接元件构成，它将⑩脚输入的色同步信号与副载波振荡信号进行鉴相，产生 APC 电压，控制副载波振荡器，使再生副载波与外来信号同步。

（7）消色、识别和 PAL 开关电路。消色、识别检波器共用一个电路，由⑩脚送入的同步信号和 PAL 开关送入的副载波信号进行鉴相，得到检波电压由⑫脚输出。当色同步信号微弱时，⑫脚电压降低，导致消色放大器工作，使⑧脚上无色度信号输出。当 PAL 开关动作错误时，也会造成⑫脚电压降低，这时识别放大器导通，输出一个控制电压校正双稳态触发器的工作状态，从而校正 PAL 开关的动作。

3. 色矩阵电路

分别从⑳、㉑、㉒脚输出 3 路色差信号，和亮度信号共同在基色矩阵中进行运算，得到负极性的 RGB 三基色信号，分别加到显像管的 3 个阴极。

三、数字式动态梳状滤波器

由于彩色电视信号具有行相关性，当相邻行的图像内容基本相同、相关性较强时，分离效果较好，反之效果较差，因此实用的亮度分离常采用数字式动态梳状滤波器。例如，SBX1765-01 是适用于 PAL/NTSC 制亮度信号和色度信号分离的精密数字式动态梳状滤波器。它由 CXD1176Q A/D 转换器、两片 CXK1202 1H 延迟线、CXD2011Q 数字式动态梳状滤波器和 CXD1177Q D/A 转换器等 5 片集成电路结构成，封装在一起组成厚膜电路。其组成框图如图 4-27 所示。

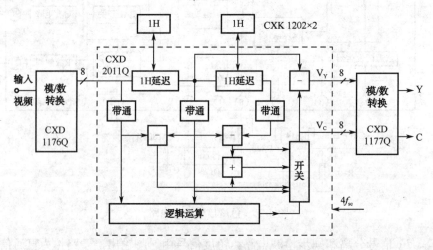

图 4-27　SBX1765-01 数字式动态梳状滤波器

将视频信号输入 CXD1176Q A/D 转换器，用取样频率 $4f_{sc}$ 对其取样，转化为 8 位数字信号，当 PAL 制时取样频率为 17.7MHz，当 NTSC 制时取样频率为 14.32MHz。数字化后的视频信号进入 CXD2011Q 数字式动态梳状滤波器，在时钟信号的控制下完成对亮度和色度数字信号的分离。分离出的 Y、C 数字信号送至 CXD1177Q D/A 转换器转换，最终输出模拟的 Y、C 信号。

 ## 技能训练二　TA7698AP 电路测试及常见故障的维修

器材：彩色电视机 1 台/组（康佳 T2101）、示波器 1 台、彩色电视信号发生器 1 台、万用表 1 个、常用电工操作工具 1 套。

目的：（1）掌握分析色度解码电路故障的方法。

（2）熟悉彩色解码实际电路结构及元器件位置。

情境设计

全班视人数分为 4 大组，每组设置 1 种典型故障，大体为：

① 无彩色显示；

② 彩色色调失真；

③ 彩色爬行；

④ 彩色不同步。

根据以上故障研究讨论故障的现象和检测方法（参考答案见表 4-2）。

由讨论得出故障原因并研究检测方法，检修并更换损坏的器件，修理完毕后，进行试用，检测维修的成果。完成任务后恢复故障，同组内的学生交换故障电视机再次进行维修。

表 4-2　TA7698AP 常见故障及检测方法

故 障 现 象	可 能 原 因	检 修 方 法
无彩色显示	（1）色度信号在色公共通道中断 （2）色副载波恢复电路故障	（1）检查滤波器、延迟线等元器件。检查 ACC、ACK 电路是否超控造成关闭 （2）检查晶体是否损坏，行触发脉冲是否失常，是否有色同步选通脉冲
彩色色调失真	（1）色副载波频率偏差大 （2）色差矩阵电路部分元件损坏	（1）更换晶体振荡器 （2）检查色差矩阵电路，更换损坏元件
彩色爬行	（1）延时解调器失调 （2）集成块内 P/N 矩阵电路损坏	（1）调整或更换 RP215 （2）调整 T232，使延时相位为 180° （3）调整 DL215 延迟线 （4）更换集成电路
彩色不同步	（1）晶振频偏过大 （2）锁相失控 （3）无色同步选通脉冲	（1）调节晶振频率为 4.43MHz （2）检测锁相环电路 （3）检测晶体振荡器

项目工作练习 4-1　彩色解码电路（彩色色调失真故障）的维修

班　级		姓　名		学　号		得　分	
实训器材							
实训目的							

工作步骤：

（1）开启彩色电视机，观察彩色色调失真故障现象（由教师设置不同的故障）。

（2）分析故障，说明哪些原因会造成彩色色调失真。

续表

（3）制定彩色色调失真维修方案，说明检测方法。

（4）记录彩色色调失真检测过程，找到故障器件和部位。

（5）确定维修方法，说明维修或更换器件的原因。

工作小结	

项目工作练习 4-2　彩色解码电路（彩色不同步故障）的维修

班　级		姓　名		学　号		得　分	
实训器材							
实训目的							

工作步骤：

（1）开启彩色电视机，观察彩色不同步故障现象（由教师设置不同的故障）。

（2）分析故障，说明哪些原因会造成彩色不同步。

（3）制定彩色不同步维修方案，说明检测方法。

（4）记录彩色不同步检测过程，找到故障器件和部位。

（5）确定维修方法，说明维修或更换器件的原因。

工作小结	

任务 4.3 多制式彩色解码电路

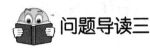问题导读三

技师引领一

客户："我家的电视机刚购买时，收看各频道节目都正常，但现在收看欧美节目时正常，而看国内或亚洲节目时就变成了黑白图像，但声音正常，用遥控器或本机进行切换操作都不起作用。"

技师分析：这台电视在收看 NTSC 制节目时有彩色，收看 PAL 制节目时无彩色，说明色饱和度控制电路、矩阵电路工作正常，故障可能在制式切换控制电路和 4.43MHz 副载波振荡电路。

由于长虹 R2111A 电视采用 A6 机芯，彩色解码集成片为 LA7688，如图 4-28 所示，它对彩色制式的控制状态有 PAL 制、NTSC 制、AUTO（自动选择）3 种，因此接收不同彩色制式节目时，电视机应处于相应的彩色制式控制状态或自动选择状态，否则将会出现无彩色现象。若放置在相应正确制式后，有彩色显示，则说明电视机是正常的，若彩色制式选择错误，有可能是人为操作不当造成的。

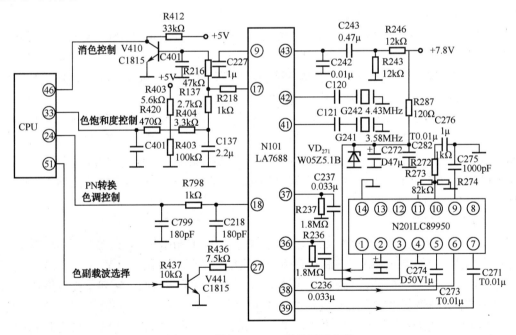

图 4-28　长虹 R2111A 彩色解码电路

技师维修

维修步骤①：检修时首先确定电视机的彩色制式控制是否正确。将电视机的彩色制式放置于 PAL 制或自动选择状态，检测图像彩色是否正常。经检测接收 PAL 制时仍无彩色，排除了人为操作不当的可能性，说明电视机确实存在故障。

维修步骤②：测 LA7688 的⑱脚电压，它是色调控制输入兼 PAL/NTSC 制式切换控制端，还应测㉗脚电压，它是色副载波晶振选择控制端。它们都受 CPU 控制。正常情况下，PAL 制时 LA7688 的⑱脚电压为 1V 以下，㉗脚电压为 4.7V。NTSC 制时 LA7688 的⑱脚电压为 1.8V 以上，㉗脚的电压为 5.2V。经检测 LA7688 的⑱、㉗脚电压正常，说明 CPU 控制电路正常。

LA7688 内设的色度开关与 V 开关同时受控于①脚的直流电压，当①脚直流电压为 2.2V 左右时，色度开关选通 TV 彩色全电视信号。当①脚直流电压为 3.2V 左右时，色度开关选通 AV 彩色全电视信号。色度开关同时还受控于⑱脚的直流电压，当为 0.3V 左右低电压时，带通滤波器谐振于 4.43MHz，彩色解码器工作于 PAL 制状态；当为 2.6V 左右的高电压时，带通滤波器谐振于 3.58MHz，彩色解码器工作于 NTSC 制状态。若⑱、㉗脚电压不正常，则说明 CPU 控制电路有故障，应检查 CPU 的㉔、㊿脚的工作电压及外接元件。

维修步骤③：检查 LA7688 的㊷脚，它通过电容 C120 外接 4.43MHz 晶体振荡器，通过示波器检测㊷脚输入波形，发现没有 4.43MHz 色副载波波形产生，电容无损坏，晶体振荡器 G242 不工作。

维修步骤④：更换 4.43MHz 晶体振荡器，重装试机，工作正常，故障排除。

知识链接三　电视制式的切换与解码电路分析

一、电视制式的切换

1. 彩色电视的三种解码制式

目前世界上的广播电视系统，按彩色制式分，有 PAL、NTSC 和 SECAM 三种。按第二伴音中频信号的频率分，有 4.5MHz（M 制）、5.5MHz（B/G 制）、6.0MHz（I 制）、6.5MHz（D/K 制）四种；按彩色副载波频率分为 4.43MHz 和 3.58MHz；按场频分为 50Hz 和 60Hz；按图像调制的极性分为正极性调制和负极性调制。

对于全制式的彩色电视机来说，就需要有较强的处理信号的能力，能够进行多制式的切换，通过改变相关电路的工作状态、特性和参数，来满足不同制式的特殊要求，能够对 PAL、NTSC、SECAM 不同的色度信号进行解码，能够准确解调出 4.5MHz（M 制）、5.5MHz（B/G 制）、6.0MHz（I 制）和 6.5MHz（D/K 制）不同频率的伴音中频信号。能稳定地工作在场频为 50Hz 或 60Hz 的状态。

1）NTSC 制解码器

NTSC 制式又称正交平衡调幅制。它是 1953 年美国研制出的一种兼容性彩色电视制式。它是最早出现的一种电视制式。该制式有两种传输色差信号的方法，为 Y、U、V 和 Y、I、Q，本节仅研究 Y、U、V 的形式。图 4-29 是 NTSC 制解码器组成框图，它包括亮度通道、色度通道、基准副载波恢复电路和解码矩阵电路 4 个部分。

经接收并处理得到的视频彩色全电视信号，先经亮色分离电路分离出 Y 信号和 C 信号。Y 信号在亮度通道内经放大、延时处理后送至基色矩阵电路。C 信号在色度通道内经色同步选通分离出色同步信号，送至色副载波恢复电路。在色副载波恢复电路中以色同步信号作为基准，产生 0° 的 $\sin\omega_{sc}t$ 作为 U 同步检波器的同步参考信号，再将 $\sin\omega_{sc}t$ 移相 $90°$ 得到 $\cos\omega_{sc}t$ 作为 V 同步检波器的同步参考信号。第二路 C 信号进入两个同步检波器，在同步参考信号的作用下，解调出 R—Y 和 B—Y，与 Y 信号一起送到基色矩阵，在基色矩阵内先完成 G—Y 的恢复，再将三基色信号还原。

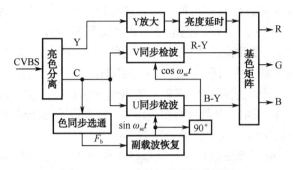

图 4-29　NTSC 制解码器组成框图

2）PAL 制解码器

PAL 制是 1962 年由前联邦德国研制成功的一种彩电制式，是 NTSC 制的改进制式，在正交平衡调幅的基础上将第二分量 F_V 逐行倒相，有效地克服了相位失真敏感的缺点，对此，本项目"知识链接二　PAL 制解码电路"中已详细分析过，这里就不再说明了。

3）SECAM 制解码器

SECAM 制是 1966 年法国研制成功的。SECAM 是"顺序传送彩色与存储"的法文缩写。对红差与蓝差信号进行逐行轮换调频，在同一时间内传送通道中只存在 1 个色差信号，从而避免了两个色差的串扰。因为采用的是调频制，所以系统传输中的彩色图像是最好的。它由亮度通道、色度通道、行轮换识别控制电路和矩阵电路组成，如图 4-30 所示，亮度通道和矩阵电路的作用原理与 PAL 制相同。

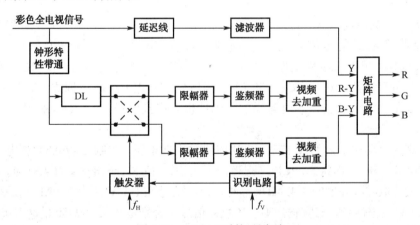

图 4-30　SECAM 制解码电路

在色度通道中，通过具有钟形副频特性的带通滤波器选出色度信号并进行去加重处理，将逐行轮换传送红、蓝色度信号送到 1 行延时 DL 和电子开关组成的存储复用电路，在行同步触发脉冲的作用下，控制行轮换识别控制电路中的电子开关，逐行更替接通位置，形成两路同时并存的红、蓝色度信号。两路色度信号分别送到各自的限幅器消除干扰信号，然后送到鉴频器解调出色差信号，再经视频加重电路衰减高频成分以恢复原来频谱结构的色差信号。

2. 3 种制式的解码电路比较

对于 3 种彩色电视制式，色度解码电路某些单元是可以共用的，如色度信号放大器、ACC

电路、ACK 电路、色差放大器和 G—Y 矩阵等。但也有不能共用的电路，必须单独设置。与此同时，其他相关电路也要进行制式转换，如在伴音通道中的第二伴音中频频率和鉴频器的鉴频频率都应做出相应的切换，3 种彩色电视制式对比见表 4-3。

NTSC 制采用“正交平衡调幅”的方法来传送两个色差信号，为克服相位失真敏感的缺点，需要加设色调控制电路，色副载波频率 f_s=3.58MHz。

PAL 制是在 NTSC 制色度解码电路基础上改进而来的，因而在色度解码电路的设计上，增加了色度延时分离电路、PAL 识别和倒相电路等，去掉了色调控制电路。它还可与 NTSC 制共用色度与色同步分离电路和同步检波电路等。

SECAM 制用两个基准副载波频率来有效地防止两个色差信号的串扰。因而在设计色度解码电路时，需要单独设计一个色度信号鉴频器和行轮换识别电路等。它可以与 PAL 制共用一个 1 行延迟线。

表 4-3 3 种彩色电视制式对比

电视制式	两色差调制方式	色度特殊电路	彩色副载波 f_s/MHz	色带通滤波器 f/MHz
NTSC 制	正交平衡调幅	色调调整电路	f_s=3.58	3.58
PAL 制	逐行倒相正交平衡调幅	PAL 识别开关和梳状滤波器等	f_s=4.43	4.43
SECAM 制	逐行轮换调频	行轮换识别电路和色度信号鉴频器	f_{SR}=4.406 f_{SB}=4.250	3.58

二、LA7688A 解码电路分析

LA7688 单片机芯也称 A6 机芯，是日本三洋电气公司对 A3（LA7680/LA7681）机芯的改进，能够接收多制式的电视信号。它内部集成有 PAL/NTSC 制色度信号解调电路、4.43MHz/3.58MHz 色副载波恢复电路、加法电路、G—Y 恢复矩阵电路及 RGB 基色矩阵电路等色度信号处理电路。它与 LC89950（1 行集成色度延迟）组成免调式 PAL/NTSC 制式解码电路，省去了烦琐的调整，同时解码的准确性也能得到保证。LA7688 解码框图如图 4-31 所示。

当彩色制式自动识别为 PAL 制时，CPU㉔脚输出低电压，控制 LA7688⑱脚电压小于 1V，从而切换到 PAL 制的工作状态。CPU(51)脚输出高电压，使 LA7688㉗脚为 4.3V 高电压，内设晶体选择开关选取㊷脚外接的 4.43MHz 晶体。色度信号在 LA7688 内按 PAL 制进行解调，从㊴脚输出 R—Y 色差信号，㊳脚输出 B—Y 色差信号，分别送入 LC89950 的⑦与⑤脚。

当彩色制式自动识别为 NTSC 制时，CPU㉔脚输出高电压，控制 LA7688⑱脚电压大于 1V，从而切换到 NTSC 制的工作状态，它还可以控制色度信号解调的相位角。CPU(51)脚输出低电压，使 LA7688㉗脚为 1.3V 低电压，内设晶体选择开关选取㊶脚外接的 3.58MHz 晶体，色度信号在 LA7688 内按 NTSC 制进行解调，R—Y 色差信号也从㊴脚输出，B—Y 色差信号从㊳脚输出，相应送入 LC89950 的⑦与⑤脚。

3 个色差信号与 Y 信号一起送入基色矩阵电路，进行运算后，得到 R、G、B 三基色信号。该部分均在集成片内部完成，经内部选择开关切换后，由 LA7688㉝、㉞和㉟脚输出，送入视频末级放大器。

由 CPU 的㉝脚输出色饱和度信号（PWM），经外围元件，送入 LA7688 的⑰脚色饱和度控制端，其电压控制范围为 1～5V，通过控制色差信号的幅度来控制色饱和度。当⑰脚电压低于 1V 时，消色电路就会起作用。

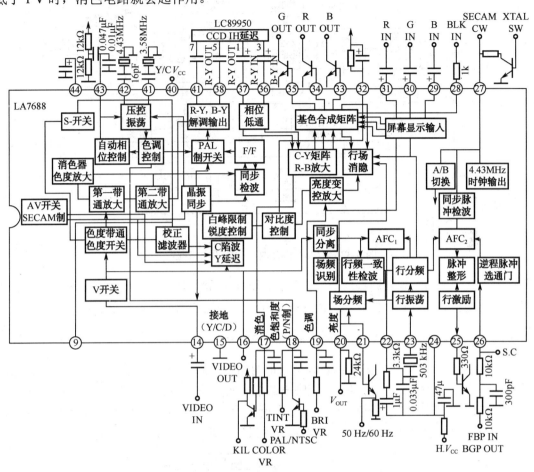

图 4-31　LA7688 解码框图

三、PAL/NTSC 双制式解码电路的切换

PAL/NTSC 双制式解码电路框图如图 4-32 所示。由于 NTSC 制解码与 PAL 制解码电路有许多相同之处，可以共用 ACC、色度/色同步分离和基准副载波恢复等电路。对于两种制式不同的部分，可通过 PAL/NTSC 制式开关进行切换。

（1）梳状滤波器中的加、减法矩阵电路的切换。在 PAL 制状态，加、减法矩阵电路正常工作，延时信号与直通信号相加相减后，输出 F_V、F_U 信号后送往同步解调电路。在 NTSC 制状态，延时信号不被采用，加减法矩阵电路仅仅把直通色度信号送往同步解调电路。

（2）双稳态电路的切换。在 PAL 制状态，双稳态电路正常工作，PAL 开关将±90°基准副载波送到 R—Y 同步解调器及识别、消色检波器。在 NTSC 制状态，双稳态电路停止工作，PAL 开关输出 90°固定相位基准副载波送到 R—Y 同步解调器及识别、消色检波器，仅起消色检波功能。

（3）色同步移相电路的切换。在 PAL 制状态，移相电路对色同步信号进行固定超前 45°的移相，作为 APC 鉴相器和消色、识别检波器的基准信号。在 NTSC 制状态，移动的相位是可调的，它受 NTSC 色调控制电压调节。

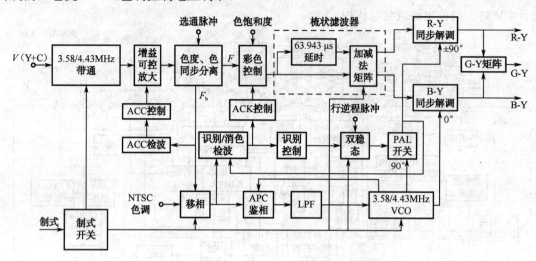

图 4-32　PAL/NTSC 双制式解码电路框图

（4）带通滤波器和副载波振荡器的切换。在 PAL 制状态，4.43MHz 带通滤波器和副载波压控振荡器工作。在 NTSC 制状态，3.58MHz 带通滤波器和副载波振荡器工作。

四、PAL/NTSC/SECAM 三制式解码电路

PAL/NTSC/SECAM 三制式彩色解码电路框图如图 4-33 所示。由图可知，不管哪种制式，其彩色控制电路、G—Y 矩阵及 RGB 矩阵电路都是相同的。PAL 制彩色解码 F_V、F_U 分离所需的 1 行延时与 SECAM 制彩色解码存储复用所需的 1 行延时共用。PAL 制和 NTSC 制有许多电路可以共用，使得 PAL/NTSC/SECAM 三制式彩色解码电路结构得以简化。

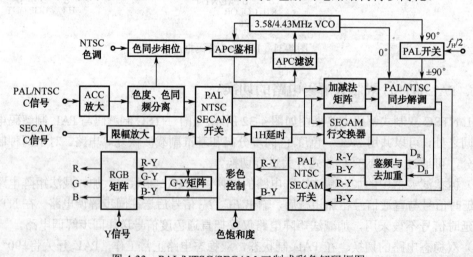

图 4-33　PAL/NTSC/SECAM 三制式彩色解码框图

技能训练三　PAL/NTSC 切换测试

器材：彩色电视机 1 台/组（LA7688 解码片）、万用表 1 个，数字频率计 1 个、常用电工

操作工具 1 套。

目的：（1）熟悉 LA7688 单片机芯的实际彩色解码电路结构及元器件位置。

（2）掌握 LA7688 解码电路各引脚静态时对地电阻值及电压的测试方法。

（3）通过示波器观察 LA7688 解码电路各输出波形。

技能操作：

（1）做好前期的准备工作后，打开后盖。

（2）对照电视机原理图，熟悉彩色解码集成片 LA7688 实际电路结构及元器件位置。

（3）小心移出机芯，接通电视机工作电源，并接收 PAL 制电视信号。测量 LA7688 中有关色度通道的⑱、㉗、㊶、㊷脚与地之间的直流电压值，测量数据参考值见表 4-4。

（4）此时工作于 PAL 制解码状态。做好数字频率计的前期准备工作后，对㊷引脚进行测量。测量数据参考值 f=4.43MHz。

（5）接收 NTSC 制电视信号，测量⑱、㉗、㊶、㊷脚各值，测量数据参考值见表 4-4。

（6）工作于 NTSC 制解码状态时，用数字频率计对㊶引脚进行频率测量。频率测量数据参考值 f=3.58MHz。

（7）当电视机无故障，仅错误设置制式（PAL 制、NTSC 制和 AUTO 3 种状态）时，记录所观察到的现象。

（8）将示波器测量 LA7688 解码电路各输出波形画在记录纸上，并注上对应的集成电路引脚或相应的测试点。

表 4-4 各测量数据参考值

引　　脚	功　　能	工作直流电压/V	
		PAL 制	NTSC 制
18	PAL/NTSC 切换控制	0.3	1.8
27	色副载波选择控制	4.7	5.2
41	外接 3.58MHz 晶振	1.3	3.7
42	外接 4.43MHz 晶振	3.7	1.3

项目工作练习 4-3　多制式解码电路（NTSC 有彩色 PAL 无彩色故障）的维修

班　级		姓　名		学　号		得　分	
实训器材							
实训目的							

工作步骤：

（1）开启多制式彩色电视机，观察故障现象，接收 NTSC 制节目时有彩色，而接受 PAL 制节目时无彩色，用遥控器或本机进行切换操作都不起作用（由教师设置不同的故障）。

（2）分析故障，说明哪些原因会造成接收 NTSC 制节目时有彩色，而接受 PAL 制节目时无彩色。

（3）制定多制式解码电路维修方案，说明检测方法。

（4）记录检测过程，找到故障器件和部位。

（5）确定维修方法，说明维修或更换器件的原因。

工作小结	

项目 5

彩色显像管及附属电路

教学要求

（1）了解显像管的结构与种类。
（2）掌握彩色显像管的更换与测试方法。
（3）了解光栅失真的形成原因。
（4）掌握显像管常见故障的分析和检修方法。
（5）理解彩色显像管附属典型电路的工作原理。

任务 5.1　彩色显像管

 问题导读一

技师引领一

客户："我家电视机最近坏了，刚开机时还有图像但底色偏绿，一会儿后就全绿了，上面还有一些明亮的细斜线，什么图像都看不见，只能听见电视节目的声音，也不知道出了什么问题。"

技师分析：这种故障可能是绿阴极与栅极之间漏电或碰极。由于绿阴极失去正电压，使栅极和绿阴极无负压，造成绿枪电子束电流远大于红、蓝两枪的电子束电流，使屏幕上呈现绿基色光栅，且伴有回扫亮线，造成亮度失控。

技师维修

维修步骤如下。

（1）拆开后盖将末级视放板的显像管管座拔下，如图 5-1 所示，用万用表 R×10k 挡测量栅极与绿阴极之间的电阻值，测得阻值为 0Ω，说明栅极与阴极之间短路，即"碰极"。正常时两极不通，阻值无穷大。若测有一定阻值，则说明栅极与绿阴极之间漏电。电子枪各电极结构如图 5-2 所示。

（2）用高压电容放电的方法来修复。取 1 只充满电的 470μF/400V 电解电容器，将其一端与栅极连接，另一端碰触阴极，利用高压电容器的大电流将极间短路点烧开，可重复操作几次。

（3）重新安装后试机，能正常工作，故障排除。

若多次电容放电后，仍不能烧开短路点，则只能更换新的显像管了。

图 5-1　显像管与末级视放板

末级视放板

电子枪

各电极引脚

显像管管座

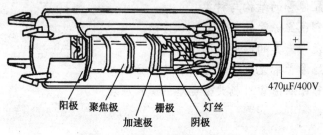

图 5-2　电子枪各电极结构图

阳极　聚焦极　栅极　灯丝
加速极　阴极

470μF/400V

技能训练一　显像管的更换与测试

器材：彩色电视机 1 台/组〔注：显像管型号为 A51JSY61X（H）〕、示波器 1 台、彩色电视信号发生器 1 台、万用表 1 个、常用电工操作工具 1 套。

目的：（1）掌握拆卸显像管的步骤与方法。

（2）学会测试显像管电路的方法，进一步理解显像管电路的工作原理。

技能操作：

打开电视机后盖，找到并熟悉显像管上的偏转线圈、色纯度磁环、静会聚磁环、消磁线圈及显像管接地线等。在显像管管座上找到与原理图对应的电极，注意聚焦极、高压阳极的位置及连接方式，其结构如图 5-3 所示。

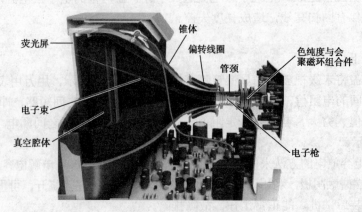

荧光屏　锥体　偏转线圈　色纯度与会聚磁环组合件　管颈
电子束　真空腔体　电子枪

图 5-3　显像管结构图

一、显像管的更换

（1）清洁绝缘台面，准备软垫 1 块，将电视机面向下放置，做好前期的准备工作。若对所拆机型不熟，有必要时可对各种连线的位置及特殊附件进行标识或记录。

（2）断电拆卸后盖，轻微用力垂直向外拔出显像管座板和显像管外壳接地线插头。

（3）松开磁环组合件的固紧螺钉，轻微旋转使其松动，取下磁环组合件，该处的管颈玻璃较脆弱，应注意动作幅度不要过大。

（4）拆卸行、场共两组偏转线圈与主板的连接线，松开其固紧螺钉，轻微旋转使其松动，取下偏转线圈，为了防止偏转线圈的松动，常将橡皮楔用胶带和黏合剂进行固定，所以在取下偏转线圈时会有一定的难度。

（5）对高压阳极帽进行放电后，取出高压帽在阳极插座孔中的金属引脚，如图 5-4 所示，断开显像管与高压包的连接。取出时要用力适当，不能弄断金属引脚。

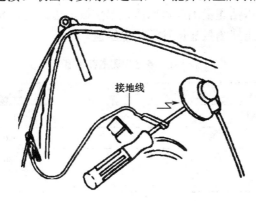

接地线

图 5-4　高压放电

（6）拔下自动消磁线圈插头，取下套在显像管锥体外的自动消磁线圈。

（7）取出显像管周围妨碍操作的各种元件，松开显像管固定螺钉，小心取出显像管，放置在安全处。

（8）更换同型号的显像管一只，轮流上紧四角的紧固螺钉，否则显像管会因受力不均而损坏。接线时按照与拆卸相反的顺序，重新安装好。

（9）在通电工作前，对所有安装好的连接线进行复查，以防因错接而造成新的故障。

（10）通电后彩色图像若有色纯度不好，会聚不良或偏色的现象，就要进行一些细致的调整。一般显像管配有的偏转线圈、色纯度及会聚磁铁组合件，安装好无须特别调整。调整方法详见技能训练二。

二、显像管的测试

该部分电压除显像管灯丝外，其余电压均较高，操作时要小心，防止人体触电，用万用表测量前，要注意正确选择测量种类与量程。

（1）画出显像管管座各引脚排列图，并标出所对应的电极名称，如图 5-5 所示。

（2）电视机接收彩条信号后，用万用表直流电压挡测量显像管 3 个阴极相对于栅级的截止电压。

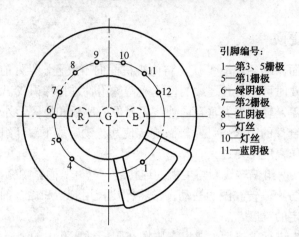

引脚编号：
1—第3、5栅极
5—第1栅极
6—绿阴极
7—第2栅极
8—红阴极
9—灯丝
10—灯丝
11—蓝阴极

图 5-5　显像管引脚编号与电极名称

（3）用万用表直流电压挡测量加速极电压、聚焦极电压，记录数据，见表 5-1。

（4）用万用表交流电压挡测量显像管灯丝电压值。

表 5-1　各电极测量参考值

测　量　点	测量电压/V
R、G、B 阴极	95～160
加速极	460～820
聚焦极	7 880～8 870
灯丝	6.3

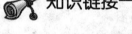

知识链接一　彩色显像管

一、显像管结构

显像管（CRT）由玻璃制成，不能被硬物碰撞，与外壳紧密相连，露出前端荧光屏部分。其作用是将视频信号还原成光信号，使屏幕出现图像。其质量的好坏直接影响图像的显示效果，是电视接收机的关键器件。显像管分为黑白显像管和彩色显像管两种。这两种显像管的基本结构和工作原理是相同的，但彩色显像管要比黑白显像管复杂，性能要求也比较高。目前显示器件大多采用显像管还原图像，除此之外还有等离子、液晶屏。

1. 玻璃外壳

显像管由玻璃制成外壳，内部抽成真空形成一个腔体，让电子束在内部进行有规律的扫描运动。它包括面玻璃、锥体和管颈 3 部分，结构如图 5-6 所示。

1）面玻璃

面玻璃都为矩形，其内部涂有荧光粉，称为荧光屏。黑白显像管内只有白色荧光粉，而彩色显像管内则涂敷着垂直相间的三基色荧光粉，其间隙涂上黑色吸光的石墨材料（称为黑底技术），并利用三基色原理显示色彩。荧光屏的宽高比有 4：3 和 16：9 两种。用荧光屏对角线的长度表示显像管尺寸的大小，国标长度单位用厘米（cm）表示，人们习惯用英寸（in）表示，两者可用 1in=2.54cm 进行换算，常见的有 54cm（21in）、64cm（25in）、74cm（29in）、

86cm（34in）等多种。老式的荧光屏显像管是圆角球面的。为了追求更好的视觉效果，新型的显像管改进成直角平面、超平面和纯平面的。随着技术的提高，面玻璃的制作增添了许多新工艺。为了提高图像的对比度，面玻璃采用透光性好的材料做成。为了减少X射线辐射，玻璃中还加进了防止辐射的材料。

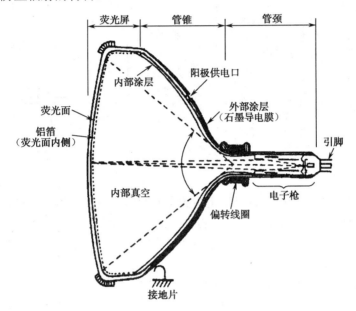

图 5-6　显像管示意图

2）管颈

管颈是一个细长的圆柱形玻璃管，内部装有电子枪。电子枪的各个电极与管颈玻璃端部的引脚相连，并与所配置的引脚插座配合使用，以引入外电路供给电子枪各极所需的正常工作电压。当显像管的阴极有视频信号输入时，显像管就能显示出图像了。通常管颈越细，所需的偏转功率越小，对电子枪精密度要求就越高。相比而言，黑白显像管管颈较细，一般直径为20mm，而彩色显像管的管颈略粗，直径有22mm、29.1mm和36.5mm等几种。

3）管锥

它主要用于连接面玻璃和管颈两部分。管锥的外壁涂有石墨导电层，内壁敷有一层铝膜（称为背铝层），它与高压阳极相连。内外壁与玻璃构成了500～1000pF的电容，它可作为高压整流后的滤波电容使用。玻璃锥体侧面有一个小圆孔，称为阳极高压嘴，通过金属高压帽与高压电路相连。锥体尖端的中心到荧光屏对角线两端的张角称为偏转角，偏转角有90°、110°和114°等几种。荧光屏越大，显像管的长度越短，偏转角越大，电子束所需的偏转功率相应增大，这就提高了对电视机各项性能的要求。常在管锥外尖端处，套有偏转线圈、色纯度和会聚磁铁组合件，以控制电子束正常运动。在靠近显像管的防爆箍处，套有紧贴管锥的消磁线圈。

2. 内置电子枪

电子枪的作用是发射能被视频信号调制的高速聚焦电子束，轰击荧光粉使之发光。其结构如图5-7所示。

（1）灯丝F：由钨丝制成，通电烘热阴极，使之发射电子。一般由稳压电源提供6.3V灯丝电压。

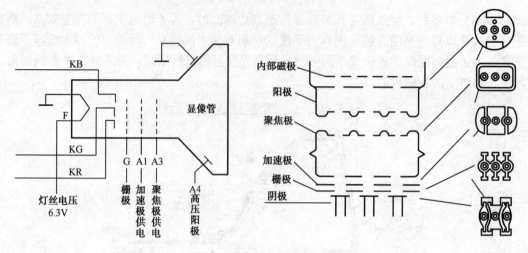

图5-7　内置电子枪示意图

（2）阴极 K：它是 1 个涂有金属氧化物的金属圆筒，罩在灯丝外。它是电子源。黑白电视机只有 1 个阴极 K，彩色电视机有 3 个阴极，分别为红阴极 KR、绿阴极 KG、蓝阴极 KB。

（3）栅极 G：它是中间开有 1 个小孔的金属圆筒，让电子束通过。它的电位比阴极低，形成 1 个负栅极电压 V_{GK}。通过调节 V_{GK} 电压来改变束电流的大小，以实现图像的明暗变化，负电压值越大，产生的束电流越小，光栅越暗。

（4）第 1 阳极 A1（加速极、帘栅极）：它紧靠栅极，是顶部开孔的金属圆筒，对电子起加速作用。黑白显像管 A1 加 100V 左右正电压，彩色显像管 A1 为 300～800V。同一显像管加速极电压越大，显像管越亮。

（5）第 3 阳极 A3（聚焦极）：它是 1 个金属圆筒，加 0～500V 可调正电压，使电子束聚焦。

（6）第 2 阳极 A2 和第 4 阳极 A4（高压阳极）：A2、A4 两极用金属连接，是中央带孔的两个金属圆筒，加有高压帽提供的 1 万 V 以上的高压，使电子束进一步聚焦和加速。

二、自会聚显像管的特点

彩色显像管的类型很多，主要有三枪三束荫罩管、单枪三束栅网管和自会聚管 3 种，如图 5-8 所示，三种彩色显像管对比见表 5-2。

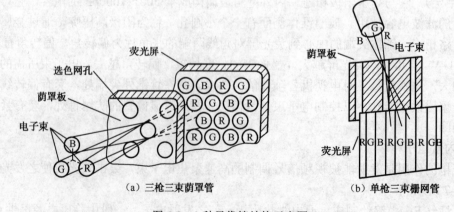

（a）三枪三束荫罩管　　　（b）单枪三束栅网管

图5-8　3种显像管结构示意图

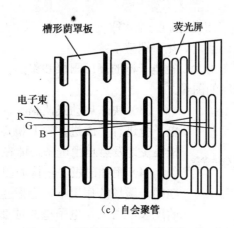

（c）自会聚管

图 5-8　3 种显像管结构示意图（续）

表 5-2　3 种类型显像管的对比

时间	显像管类型	阴极排列	荫罩板	RGB 荧光粉排列	会聚电路
20 世纪 50 年代初	三枪三束荫罩管	品字形	圆孔	品字形	电路复杂且调整麻烦
20 世纪 60 年代初	单枪三束栅网管	一字形	垂直栅条	垂直相间条状	只进行左右会聚调整
1972 年	自会聚管	一字形	条状孔	一字形	无须外加会聚电路

　　目前，大多使用的自会聚彩色显像管是在单枪三束显像管的基础上改进而来的。采用特殊的偏转线圈，进一步改善电子枪的结构，内部增加了附加磁极，所以不需要外加会聚电路，只要调色纯度、会聚磁片和偏转线圈的位置，便可达到良好的会聚效果，通常这些调整在电视机出厂前已完成了，一般维修时无须大幅调整或整体拆卸。自会聚显像管的结构如图 5-9所示。

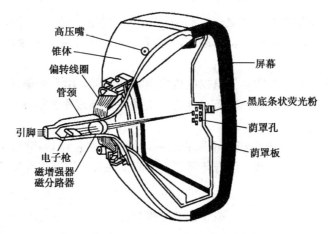

图 5-9　自会聚显像管的结构

1. 电子枪

　　（1）自会聚显像管的电子枪采用了精密的一字形一体化电子枪。3 个阴极在水平方向上按一字形排列，绿阴极在中间，红、蓝阴极在两侧，彼此的间距很小。而且除了电子枪的 3个阴极各自独立外，其他各电极都是 3 个做成一体，即 3 个控制栅极、3 个加速极、3 个聚焦极都做成一体。由于 3 束电子束处在同一个水平方向内，因而消除了垂直方向的会聚现象，只需要进行水平方向的会聚调整，简化了调整手续。

（2）大口径电子透镜。它由大口径电子枪的高压阳极和聚焦极组成，能使 3 束电子束聚焦均良好，从而获得高清晰度的图像。

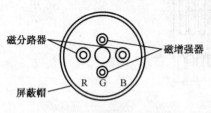

图 5-10　磁分路器与磁增强器

（3）快速启动式阴极。因为对自会聚彩色显像管的电子枪进行了改进，在开机后无须设置预热电路，使阴极很快地发射自由电子，能在 5s 内出现光栅。

（4）附加磁极。结构如图 5-10 所示。因 3 束电子束在同一磁场的作用下，会发生中束光栅小、边束光栅大的现象，所以在电子枪的顶部装有 4 个高磁导率的屏蔽磁环进行校正，上下两片构成磁分路器，左右两片构成磁增强器，最终使中间绿束与两边束的光栅很好地重合。

（5）它们的位置与功能见表 5-3。

表 5-3　附加磁极位置与功能

名　称	位　置	作　用	效　果
磁分路器	对准红、蓝阴极孔	磁场分路	减小红蓝两边束光栅
磁增强器	在绿阴极孔的垂直线上	增强磁场	增大绿束形成的光栅

2. 荫罩板

荫罩板又称选色板或分色板，其作用是使红、绿、蓝 3 束电子束准确地轰击相应的荧光粉条，以保证彩色的纯度。荫罩板是位于荧光屏后 1cm 处的薄钢板，上面开有 40 多万个槽状荫罩孔，3 束电子束会聚于阴罩板的槽孔后，分别轰击相应的 1 组三基色荧光粉。

3. 偏转线圈

偏转线圈是显像管的重要元件之一，自会聚显像管采用特制的环形精密线圈，行偏转线圈产生枕形磁场，场偏转线圈产生桶形磁场，这样的磁场分布能使 3 束电子束在荧光屏上自动会聚。

若偏转线圈制作不良，常常会使电视机质量大幅度下降，出现光栅几何失真，例如梯形、桶形、枕形或局部变形等。此外，还有可能造成失聚与色纯度不良的现象。

4. 3 组磁环

在偏转线圈的后面，有 3 组极性不同的磁环，每组中两片结构相同，它们有自己单独的塑料骨架与锁紧环。通过调整这 3 组磁环所产生的附加磁场，进行色纯度调整与静会聚调整，3 组磁环对比见表 5-4。

表 5-4　3 组磁环对比

磁　环	作　用	受控电子束	调节方式	目　的
两片两极性	色纯调整	R、G、B 三束	同向等距移动	校正水平方向的色纯度
两片 4 极性	会聚调整	R、B 两束	反向等距移动	使红、蓝两边束会聚，如图 5-12（a）所示
两片 6 极性	会聚调整	R、B 两束	同向等距移动	将已会聚的两边束与中束会聚，如图 5-12（b）所示

受电子枪制造误差和外界磁场的影响，当单色光栅出现色纯度不良时，需要进行色纯度

调节校正，又因荧光粉条是垂直分布的，所以只须在水平方向上进行色纯度调整。色纯度磁环上有凸耳，作为充磁极性的标志，大凸耳代表 N 极（或注字母 P），小凸耳代表 S 极（或凸耳上开缺口），如图 5-11 所示。

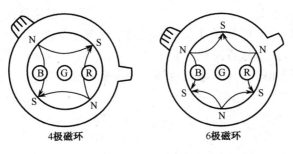

图 5-11　4、6 极磁环

所谓会聚是指红、绿、蓝 3 个电子束在整个扫描过程中始终同时穿过同一个荫罩孔，轰击同一组荧光粉条。会聚不好叫失聚，也称会聚误差。会聚分为静会聚与动会聚，当 3 束电子束在无偏转情况下（称静态）不能会聚到屏幕的中心时，可通过调整会聚磁铁组合件（4 极、6 极磁环）来实现静会聚，如图 5-12 所示，通常在维修电视时只进行静会聚调整。在偏转过程中的会聚称为动会聚，当 3 束电子束在四周边沿会聚时，会聚点与荫罩板不重合，就要通过调整偏转线圈的位置来实现会聚调整。目前显像管出厂时，都配有已调好的偏转线圈，因而无须再调整。

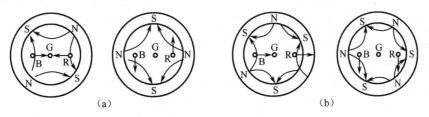

（a）　　　　　　　　　　　　（b）

图 5-12　静会聚调整原理

任务 5.2　彩色显像管的调试与常见故障判断

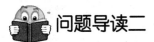 问题导读二

技师引领一

客户："我家的金星 C6478 已经用了八九年了，前几天搬家时可能有一些碰撞，再开机时，发现屏幕全黑没图像，伴有'呲呲'声，透过外壳缝隙看到里面有粉紫色光。我们怕会爆炸，就不敢再用了！"

技师分析：这种故障属于显像管漏气的现象。漏气是因真空度不良引起的，管颈内出现紫光。较严重时，出现粉红色光，发生严重的打火现象。有时甚至会迅速氧化并烧断灯丝，并有灰白色颗粒沉积。一般不会爆炸，只是不能正常扫描出光栅。此故障一般无法修复，只能进行显像管更换。

李技师维修：拆开与显像管相连的部件，更换同型号的显像管 1 只，再按原样装回。通电试机，能正常工作，故障排除。

关于显像管的更换，通常更换与原型号规格一致的显像管。当无法配到相同型号时，就只能用性能相近的其他型号来代替。一般管颈粗细不同的彩色显像管之间是不能互换的。代换前应检查两个显像管的引脚尺寸及各电极的引脚顺序是否相同。若只是引脚的顺序不同，则要重新对显像管座板进行跳线；若引脚尺寸不同而不能插入原显像管座内，则要重新配显像管座和显像管座板。还需要比对两者的主要参数，以确定代换中需要进行的一些技术处理。

技师引领二

客户："这台长虹 C1462 彩电还是我们结婚时买的，有十几年了，一直都很好，可是最近开机后屏幕发黑，调大亮度后，图像就模糊不清，只能看到人影在动。有时开机一段时间后也能自动恢复正常。这是不是一个小毛病？"

技师分析：这种故障与显像管老化的特征十分相似。显像管的工作寿命可达 2 万小时，一般家庭都可以用 10 年以上。超过使用寿命后会出现老化的迹象，表现为刚开机时亮度偏暗、图像暗淡，增大亮度时聚焦变差，热机后会有所好转。若是某一个阴极或某两个阴极老化，则会造成开机后偏色，失去白平衡，而热机后恢复正常。

技师维修：

（1）通过检测 3 个阴极与栅极之间电阻值的大小来判断显像管是否老化。先取下管座，给灯丝加 6.3V 交流电压，其余电极悬空。将万用表置于 $R×1k$ 挡，红表笔接栅极，黑表笔分别接 3 个阴极，在预热状态下，测得阻值在 8～9kΩ，则表明显像管已轻度老化。

正常阴栅极间电阻值为 1～4kΩ。若测得电阻值在 5～10kΩ，则说明显像管轻度老化，但仍可以继续使用。若测得该电阻值大于 10kΩ，则说明显像管已严重老化，无法继续使用，只能更换。

（2）通过提高灯丝电压的方法来提高亮度，做一些补救处理。将灯丝的供电线路断开，为显像管灯丝单独提供 7～10V 的工作电压，可用绝缘导线在行输出变压器的磁芯上绕 6～8 圈，通常在灯丝的回路中，串接 1～2Ω 的限流降压电阻 1 只。

注意，灯丝电压不能提升太高，一般为 8V 左右，否则会加速显像管老化，甚至还会烧断灯丝，那时只能更换新显像管了。

（3）将管座复位，通电试机，能正常工作，故障排除。

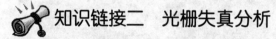

知识链接二　光栅失真分析

枕形失真分垂直（上下）和水平（左右）两种，光栅枕形失真的示意图如图 5-13 所示。对于自会聚彩色显像管，由于它的偏转磁场是非线性磁场，行偏转磁场呈枕形分布可使垂直枕形失真自动得到校正，而场偏转磁场呈桶形分布使水平枕形失真更加严重，所以只需要进行水平枕形失真校正。

对于小屏幕（屏幕尺寸在 54cm 以下）小管颈彩色显像管，一般不设有专门的校正电路。随着显像管的荧光屏越来越平，电子束的偏转角越来越大，光栅枕形失真也就越严重，在平面直角彩电中，几乎都设置专用的水平枕形失真校正电路。

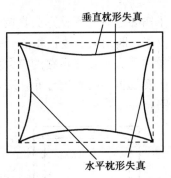

图 5-13 光栅枕形失真的示意图

但从光栅的缺损来看，上述失真也可以理解为光栅内凹处的扫描电流较小而造成偏转量不足的结果。校正时，只需要将凹陷处的扫描电流加大，便能将向内凹的光栅边沿向外拉成直线，使枕形失真得到校正。

早期彩色电视机中采用磁饱和电抗器的水平枕形失真校正电路，如牡丹 51C6 型枕形校正电路，如图 5-14 所示。

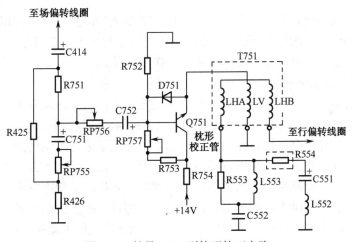

图 5-14 牡丹 51C6 型枕形校正电路

T751 是磁饱和变压器（也称磁饱和电抗器），由铁氧体磁芯制成，其结构如图 5-15 所示。通过调整 T751 的磁饱和程度，来控制行偏转线圈电流的幅度，使行扫描电流波形呈抛物线变化，以校正水平枕形失真，如图 5-16 所示。

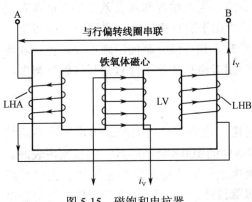

图 5-15 磁饱和电抗器

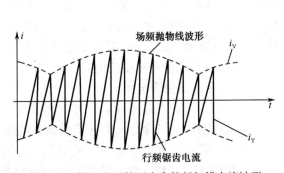

图 5-16 校正水平枕形失真的行扫描电流波形

对于大屏幕彩色电视机，除了需要进行水平枕形失真校正外，还需要进行垂直枕形失真校正，有些还需要进行梯形失真校正、四角失真校正和桶形失真校正，如图5-17所示。目前生产的许多彩色电视机采用不需要枕形失真校正电路的自会聚管，通过对偏转线圈的特殊设计，绕制成非放射状的环形，以改变场偏转磁场的分布，对水平光栅具有自动校正作用，因而可以省去水平枕形失真校正电路。

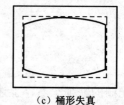

（a）梯形失真   （b）四角失真   （c）桶形失真

图 5-17   光栅失真示意图

知识拓展一   球面、直角平面、超平面直角、全平面电视

无论是平面直角彩电，还是超平或纯平彩电，其最大的区别就在于使用的显像管不同，其内部的扫描电路结构也相应有所改变。电视所使用的显像管大体上可分为球面圆角显像管、直角平面显像管、超平面直角显像管及全平面显像管4种。

1. 球面圆角显像管电视

显像管成像时电子束必须非常精确地聚焦在荧光屏上，否则图像是不可能清晰的。为了保证电子束能很好地聚焦到荧光屏上，就要求从电子束偏转的位置到屏幕各点的距离要相等，所以普通显像管的荧光屏都做成球面，而球心基本就在电子束开始偏转的位置。由于球面形屏幕存在光反射，在偏离正中心位置观看时会产生图像失真，所以人们一直在努力改进显像管的会聚和偏转系统，以减小荧光屏的弧度，改善观看效果。早期黑白电视都采用此类型显像管。球面显像管表面曲度大，向外凸，因此反光较厉害，画面扭曲严重，影响观赏画质，色彩表现效果差。但因成本低廉，现今低价或51cm以下电视仍用此类显像管。

2. 直角平面显像管电视

这种电视比球面显像管电视略好，显像管较平，表面曲度小，四周的角是方角（90°角）而非圆角，因此可视画面较大也较完整，观赏效果较好。目前54cm以上电视大多用此类显像管。

3. 超平面直角显像管电视

超平面彩电相对于平面直角彩电，在色彩、清晰度、逼真情况和观赏效果等方面都有很大进步和发展。它采用了超平面显像管。超平面显像管比平面直角显像管要平坦30%以上，但它仍存在一定的弧度。超平面显像管的失真度已经减小到很低，画面清晰度高，色彩表现优异，并且画面更加柔和，层次感也更加丰富，其使用寿命也要比平面直角显像管长得多，因此在64cm以上的电视中使用。

4. 全平面显像管电视

纯平面彩电较之超平面彩电在技术上更上一层楼，这些新一代的产品采用了许多新技术。它采用的纯平显像管，实现了显像管的纵向和横向的100%全平面，它的玻璃内表面、荧光体层及荫罩板都完全水平。它使用了高性能聚焦电子枪或动态聚焦电子枪、大口径高性能会聚镜头、高精确度偏转线圈、全新栅条或荫罩设计、性能更好的荧光粉，使得整个屏幕的聚焦均匀度提高了 30%，从而实现了更高的图像质量，避免了色彩的失真及屏幕边缘影像扭曲现象。这些技术使纯平彩电比超平彩电有了更长足的发展，是目前显像管电视最顶级之作。纯平彩电的失真度比超平更小，反光率也要小得多，在色彩和图像等方面也都优于超平彩电。纯平彩电屏幕如同镜面一般平直，较敏感的人初次看到此类电视可能产生"内凹"的视觉感。这只是因为人们习惯了过去的曲面屏幕，不过很快便能适应所看到的"最真实"画面了。

 技能训练二 显像管的调试与常见故障判断

器材：彩色电视机 1 台/组（自会聚显像管）、示波器 1 台、彩色电视信号发生器 1 台、万用表 1 只、常用电工操作工具 1 套。

目的：（1）掌握显像管的各种调试方法及步骤。

（2）能够对显像管产生的故障进行判断及分析。

一、显像管的调试

技能操作如下：

拆开后盖，进行色纯度调试和静会聚调试。注意显像管各引脚的电压，防止误操作造成短路。调试操作时，动作轻缓，切不可用力过大，结构如图 5-18 所示。下面介绍操作步骤。

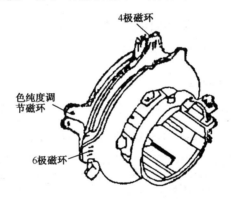

图 5-18 色纯度与会聚磁环组合件

1. 色纯度调试

（1）电视机南北放置，置于 UHF 空频道，开机预热 15min，先进行人工消磁和静会聚粗调。

（2）松开偏转线圈的紧固螺钉，将其紧贴在显像管的锥体上。

（3）调整相应电位，让红、蓝电子束截止，屏幕上只出现绿色光栅。

（4）将两极磁环的凸耳相互同向或反向旋转，使绿色光带位于屏幕中央，且光带两边的面积相等。

（5）将偏转线圈缓慢向后拉，使屏幕上出现均匀的绿色光栅，若还有色纯度不良的现象，可再微调两极磁环。

（6）调节红、蓝光栅，仿照（2）～（4）步骤进行操作。一般绿电子束色纯度调好后，红、蓝电子束的色纯度也应良好。

（7）调整相应电位器，使 3 个电子枪同时工作，屏幕出现白色光栅，上紧偏转线圈的固紧螺钉。

2. 静会聚调试

（1）用电视信号发生器送入黑底白线方格信号，将色饱和度调到最小位置，亮度和对比度钮调到正常收看位置，注意观察屏幕中心部位的白十字线。

（2）调整两片 4 极磁环凸耳间夹角的大小，使屏幕中心区域的垂直红、蓝线重合为紫线。

（3）同步旋转两片 4 极磁环，使水平的红、蓝线重合为紫线。

（4）调整两片 6 极磁环凸耳间夹角的大小，使屏幕中心区域的垂直紫、绿线重合为白线。

（5）同步旋转两片 6 极磁环，使水平的紫、绿线重合为白线。

（6）重复步骤（2）～（5），使屏幕中心区域得到纯净的白十字方格线。

（7）若静会聚调整不理想，可将 3 组磁环沿管颈方向进行轴向调节，再重新调整。

二、显像管常见故障判断

显像管常见故障有老化、碰极、极间打火、断极和慢性漏气等。该部分内容可视条件进行选做，也可以通过教师演示或媒体播放来完成。

情境设计

全班视人数进行分组，每组设置 1 种典型故障，大体为：

① 光栅不亮；

② 开机初期底色偏色，亮度较暗、图像较弱；

③ 光栅呈某一种基色，很亮且有回扫线；

④ 极间打火；

⑤ 无光栅，发出粉色或紫色光。

根据以上故障现象，研究讨论故障可能产生的原因，以及检测方法（参考答案见表 5-5）。

表 5-5　显像管常见故障及检测方法

故障现象	可能原因	检修方法
光栅不亮	（1）灯丝断开 （2）灯丝限流电阻开路 （3）显像管管座接触不良	（1）更换显像管 （2）更换限流电阻 （3）重新插好显像管管座
开机初期底色偏色，亮度较暗，图像较弱	某一阴极老化	将灯丝电压略提高至 8V 左右
光栅呈某一种基色，很亮且有回扫线	阴极与栅极碰极或漏电	用万用表检查阴极与栅极间阻值
极间打火	显像管内有空气，真空度下降，造成极间绝缘电阻减小	更换显像管
无光栅，发出粉色或紫色光，俗称"漏气"	（1）高压电极封口不良 （2）显像管尾部的抽气封口漏气 （3）显像管颈部玻璃由于应力不均出现裂缝	更换显像管

项目工作练习 5-1　彩色显像管（亮度失控伴有回扫亮线故障）的维修

班　级		姓　名		学　号		得　分	
实训器材							
实训目的							

工作步骤：

（1）开启彩色电视机，观察亮度失控伴有回扫亮线故障现象（由教师设置不同的故障）。

（2）故障分析，说明哪些原因会造成亮度失控伴有回扫亮线故障。

（3）制定亮度失控伴有回扫亮线故障维修方案，说明检测方法。

（4）记录亮度失控伴有回扫亮线故障检测过程，找到故障器件和部位。

（5）确定维修方法，说明维修或更换器件的原因。

工作小结	

任务 5.3　彩色显像管白平衡调试与附属电路故障的维修

 问题导读三

技师引领一

客户："我家的电视机在收看节目时，画面稳定，声音也正常，就是彩色显示有问题，该是白色的地方现在呈紫色，该是绿色的地方现在为黑色，好像缺一些颜色，不能正常显示色彩。"

技师分析：经观察这种现象是光栅缺少某一基色，而呈现其补色，说明 3 束电子束其中 1 束已截止，只有两种基色荧光粉条发光，缺的荧光粉条没有发光。产生这种故障，可能是某基色对应的电子枪灯丝断路，不能发射电子，也有可能是对应基色的视放输出管开路或截止，使相应阴极电压太高。如果视放输出管集电极与显像管之间的限流电阻开路，也会造成该故障现象。

技师维修

（1）用彩色电视信号发生器送入电视彩条信号，观察屏幕显示的彩条，并与标准彩条做对比，见表 5-6，以确定缺哪种基色。通过彩条缺色对比，可判断出该故障为缺绿基色，绿基色通道电路有故障。

表 5-6　标准彩条与缺基色彩条对比

各 种 信 号	彩　　　条							
标准彩条	白	黄	青	绿	紫	红	蓝	黑
缺红基色	青	绿	青	绿	蓝	黑	蓝	黑
缺绿基色	紫	红	蓝	黑	紫	红	蓝	黑
缺蓝基色	黄	黄	绿	绿	红	红	黑	黑

（2）如图 5-19 所示的康佳 T2588 末级视放电路，用万用表直流电压挡检测隔离耦合电阻 R907 两端对地电压。测得两端电压相等，说明显像管内部没有碰极。从后侧观察显像管尾部的灯丝，能看到三组灯丝正常工作，表明显像管与隔离耦合电阻 R907 无故障。若在 R907 的另一脚上测不到直流电压，则说明隔离耦合电阻已开路，须将其更换。

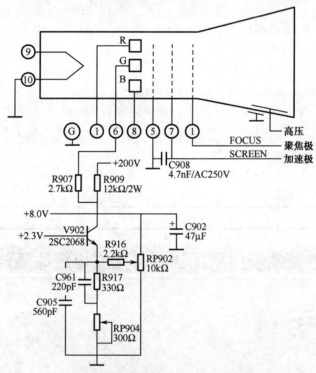

图 5-19　康佳 T2588 末级视放电路图

（3）测绿视放管 V902 的 c、b 脚的工作电压。测得集电极电压为 200V 左右，基极电压约为 2.3V。集电极电压过高，而基极电压正常，说明基极有正常的绿基色信号输入，但集电极却无放大的绿基色信号输出，经检测绿视放管 V902 已开路。

（4）更换同型号绿视放管 V902 1 只。通电试机后，彩色恢复正常，故障排除。

知识链接三　彩色显像管附属电路

一、末级视放电路

彩色电视机的显像管电路一方面通过管座为显像管各个电极提供电源和驱动信号，另一方面与彩色电视机的主体电路相连接。其中末级视放电路是显像管电路的主要部分，它的输出为还原彩色图像提供红、绿、蓝三基色电视图像信号。

末级视放通常有两种方法，一种是将显像管的阴极注入基色激励信号，称为基色激励法，如图 5-20（a）所示；另一种是将色差信号注入显像管的阴极，称为色差激励法，如图 5-20（b）所示。因基色激励法比色差激励法的灵敏度要高 30%，所以采用自会聚管的电视机的末级视放大多采用基色激励方式。

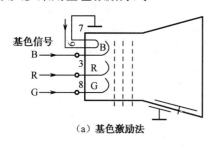 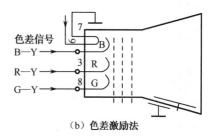

图 5-20　两种末级视放电路

采用基色激励的末级视放电路也有两种。一种为不兼矩阵变换功能的末级视放电路，采用此种电路的电视机的矩阵变换在集成电路内部完成，输出 R、G、B 三基色信号，末级视放只是分别放大 3 个基色信号的幅度，以激励显像管还原出图像，如图 5-21（a）所示。老式的彩电中也会出现另一种电路，它是兼有矩阵变换功能的末级视放，将三个色差信号分别送入三个视放管的基极，其发射极送入负极性的亮度信号，这样在视放管的基极和发射极之间的信号就变换成了相应的基色信号，最终输出被放大的基色信号，如图 5-21（b）所示。

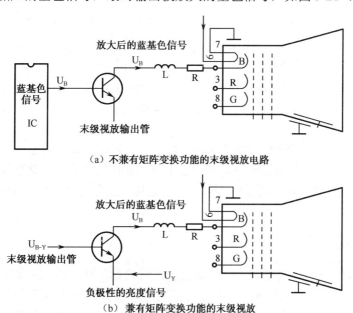

图 5-21　两种基色激励的末级视放电路

如图 5-22 所示为康佳 T2588 末级视放电路，它就是采用了比较典型的不带兼矩阵变换功能的基色激励末级视放电路，它在集成电路内部完成矩阵变换，末级视放分别放大集成电路送出的 R、G、B 3 个基色信号的幅度，以激励显像管还原出图像。

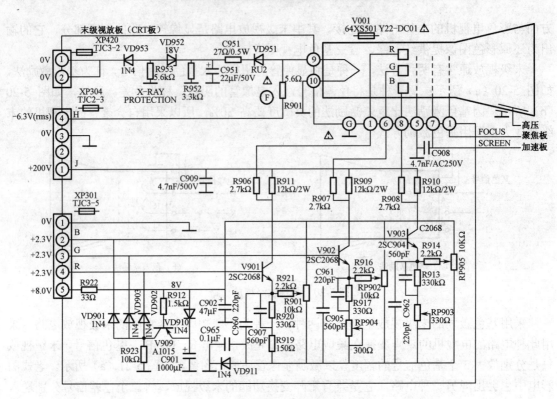

图 5-22　康佳 T2588 末级视放电路

将集成电路输出的 R、G、B 三基色信号，分别送入 3 个末级视放输出管 V901、V902 和 V903 的基极，放大后，由视放管的集电极输出，分别送入显像管 3 个阴极。3 个视放管的集电极供电 VCC 为+200V，R909、R910 和 R911 是 3 个视放管的集电极负载电阻，R906、R907 和 R908 是 3 个视管与显像管阴极的隔离耦合电阻，起限流保护作用。

其中，调整 RP905、RP902 和 RP901 3 个电位器，可改变 3 个视放管集电极电压，调整三个视放管的工作点，可实现白平衡中的暗平衡调整。因而这 3 个电位器也称 R、G、B 暗平衡调节电位器。

该电路是固定红视放激励信号的幅度，通过调节 RP903 和 RP904 两个亮平衡调节电位器，可改变绿、蓝末级视放的负反馈深度，从而影响放大器的交流增益，达到调控绿、蓝两基色激励信号的幅度，使 3 个基色的激励信号的幅度达到一个合适的比例，以实现白平衡中的亮平衡调整。

二、自动消磁电路

自动消磁电路简称 ADC 电路。由于彩色显像管内部的荫罩板、防爆箍及磁屏蔽罩等均由金属材料制成，当其受到地磁或外部磁场作用时，便会被磁化而产生干扰磁场（剩磁）。由于干扰磁场的影响，电子束不能击中对应的荧光粉条，就会产生色纯度不良的现象。ADC 电路通过外加一个逐渐变为零的交变磁场，对显像管内外的铁磁部件进行消磁，使管内金属件剩磁减少到不再影响电子束运动轨迹的程度，以消除地磁和其他杂散磁场对色纯度的影响。

自动消磁电路原理如图 5-23 所示，它由电源开关 K、消磁电阻 R（正温度系数的热敏电阻）和消磁线圈 L 三部分构成。消磁线圈由约 60 匝直径为 0.35mm 左右高强度漆包线外包绝缘层绕制而成。它安装在显像管与屏蔽罩之间。

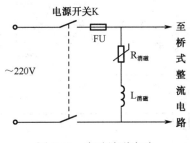

图 5-23　自动消磁电路

自动消磁电路接在电源输入端，每次开机的一瞬间 220V 市电经过时，其阻值较低，消磁线圈通电工作，消磁线圈的工作电流较大，使得消磁电阻的温度升高，阻值急剧增加，致使流过消磁线圈的电流急剧减小，消磁线圈中会产生一个如图 5-24 所示的由强到弱的交变电流，在消磁线圈周围产生很强的交变磁场，它使荫罩板等反复被磁化而消去原来的剩磁，从而达到消磁的目的，完成消磁过程。消磁线圈中不应长时间保持这样的大电流，在消磁结束后，其磁通量要尽快减少，因而常在消磁线圈上串联热敏电阻，来迅速减小这一电流。这种热敏电阻具有正温度系数特性，在常温下只有 20Ω左右，其阻值随温度的升高而增大，当接通电源瞬间，由于线圈和电阻的总阻值较低，消磁线圈中的电流很大，使热敏电阻的温度急剧上升，阻值迅速增大，随着回路总阻值的升高，通过的电流迅速减少，在 2～4s 内电流迅速被限制。如果彩色电视机靠近过强磁场而自动消磁电路尚不能使其完全消磁，可采用机外消磁的方法解决。

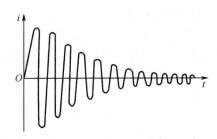

图 5-24　自动消磁电路产生的电流

三、供电电路

显像管的供电电路与管座制成一体，显像管电路通过多条引线与主电板相连，显像管内电子枪各电极的电压主要靠尾部的管基及插座引入，高压则由高压帽送入。由于阳极高压是由行输出变压器产生的，所以在设计上使它远离其他的部分，并由专门设计的绝缘良好的引线送到高压嘴。不同型号的彩色显像管的管基有可能不同，而不同的管基又必须配用相应的显像管管座。

彩色显像管要显示图像有两个必要的条件：一是显像管各电极加上正确的工作电压，二是显像管的阴极有视频信号输入。一般来说，这些供电电路产生的电压都是由行输出级产生的二次电源，典型的显像管供电电路如图 5-25 所示。

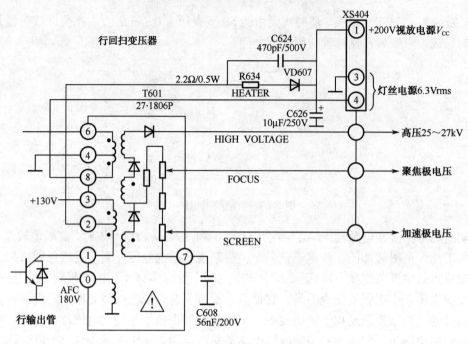

图 5-25　典型的显像管供电电路

技师引领二

客户："最近我在收看电视节目时，发现电视机屏幕上呈现出一些大小不等的有颜色的斑块，十分影响收看效果，我比较担心。"

技师分析：这是显像管受到外围附加磁场或地磁影响，使屏幕上出现不均匀的颜色斑块或偏色，称为"色斑"故障。这类故障有可能是屏蔽罩本身和防爆卡箍、支架、荫罩板等金属制部件因外磁场的作用而被磁化，或因显像管附近的外磁式扬声器漏磁较大，也有可能是消磁线圈工作失常等造成的。

技师维修

维修步骤如下。

（1）改变电视机的位置与方向，观察色斑的变化情况，经改变位置后色斑无变化。若变动后色斑消失，则说明故障是受地磁的影响而产生的。

（2）检查显像管附近是否有强磁物体，应重点检测靠近的扬声器是否有较大的漏磁。检查显像管周围的金属部件，看是否被磁化了，若已被磁化就应拆下进行消磁或更换一个新的即可。经检测周围的金属部件都无磁性，无磁化现象。

（3）检查电视机的显像管颈上的偏转线圈、色纯度磁环和会聚磁环的位置，检查它们有无松动现象，若有松动须重新调整。经检查位置正常，排除了由于色纯度、静会聚调整不良引起的故障。

（4）经过以上步骤的检查，该故障很可能是因消磁电路工作失常而造成的。消磁电路由消磁线圈和消磁电阻组成，如图 5-26 所示。消磁电阻是一个正温度系数的热敏电阻（RT 元件），其冷态阻值为 8～50Ω 不等，一般为 20Ω 左右。

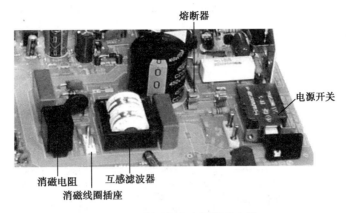

图 5-26　电源电路中的消磁电阻

用万用表测得消磁电阻的冷态阻值接近∞，说明其内部已烧断。若测得阻值正常，就应重点检查消磁线圈的引线、插头和插座之间有无松动或接触不良的现象。消磁线圈的损坏几率较小，可以不予考虑。

当消磁电阻热态阻值变小，或消磁电阻内部击穿，阻值变小，则可以认为消磁电阻不良或损坏。可以将消磁电阻拆下来，用电吹风对其加热，其阻值应随温度的升高而增大，如果加热后无变化或变化很小，则可以认为消磁电阻损坏。如果确定消磁电阻损坏，可以用同规格的代替，如果实在找不到相同规格的，也可以用差一档次的消磁电阻代替。

（5）换上新消磁电阻，装机通电检测。开机后色斑消失，色彩正常显示，故障排除。

 知识链接四　彩色显像管附属电路常见故障的分析

一、白平衡调试

在彩色显像管的调试中，除了色纯度调整和静会聚调整以外，还有白平衡调试，其目的是使彩色电视机接收黑白电视节目或显示彩色图像中的黑白部分时，不论合成光信号在任何对比度和亮度情况下，屏幕画面上仅呈现黑白图像而不出现任何色彩，这不仅是黑白兼容的要求，而且也是获得正确彩色图像的条件。

白平衡调试可分为暗白平衡调试和亮白平衡调试。

1. 暗白平衡调试

彩色显像管在黑电平时，3 个电子枪都应处于截止状态，当在低亮度情况下，有时由于显像管 3 个截止电压不在同一点，就会产生暗不平衡现象。通常是改变末级视放管的发射极电位，从而改变显像管 3 个阴极的直流电位，使三基色电信号的消隐电平分别移至各电子枪的截止电压点上来实现暗白平衡的。

如图 5-27 所示，康佳 T5429D 末级视放电路中，3 个末级视放管 V501、V502 和 V503，它们的集电极送入+200V 供电电压，它们的基极输入正极性的 R、G、B 三基色信号，经视放管倒相、放大后，集电极输出负极性的三基色电压分别送到显像管的 3 个阴极。对于自会聚彩色显像管来说，彩色电视机的暗白平衡调试是通过调节红、绿、蓝暗平衡调整电位器（又称截止调整电位器）RP501、RP502 和 RP503 来改变 3 个末级视放管 V501、V502 和 V503 发射极电位的。

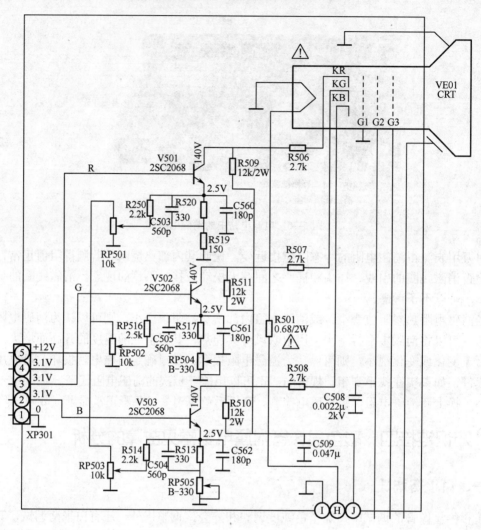

图 5-27　康佳 T5429D 末级视放电路

2. 亮白平衡调试

亮度信号是决定图像的主要信号，如果亮度信号失落，图像就会基本消失。白平衡调试是在高亮度情况下的调试，使彩色显像管在接收高亮度黑白画面时，屏幕上不出现彩色。当3个阴极的调制特性不一致，或3色荧光粉的发光效率不同，就会出现亮不平衡的现象。通常是通过改变三基色激励信号的幅度的比例，来补偿电子枪调制特性和3种荧光粉特性的差异。一般亮白平衡调试只须调整两个基色信号的幅度即可，通过改变 V502、V503 发射极上的绿、蓝亮平衡调整电位器 RP504、RP505（又称激励整电位器），来改变两个末级视放管放大电路增益的大小，从而改变加至显像管阴极的三基色电信号幅度比，实现亮白平衡。

二、常见故障分析

在显像管附属电路中，主要的元件是3只视放管和它们的偏置元件，任何一只视放晶体管不良都会引起色偏。因为每个视放管的集电极都接到显像管的相应阴极上，通过控制各晶体管的集电极电流，最终达到控制显像管阴极电压的目的。若视放管不工作，可能会出现黑屏、基色光栅和光栅缺色等现象。如果视放管并没有完全损坏，只是有些变质，其故障现象就与变质的程度有关,即图像出现不同程度的色偏。

下面分析几个末级视放电路中最常见的典型故障。

1. 黑屏

黑屏是因显像管 3 个阴极电压过高导致电子束截止而造成的。经检测 3 个阴极的电压接近视放管集电极供电电压,则可推断出末级视放管均处于截止状态。视放管的截止可能是因基极电压的降低,或因为发射极电压的升高而造成的。首先检测 3 个视放管的基极电压,该电压来源于解码电路输出的三基色信号电压。若 3 个基极电压同时偏低,则应向前级检查,查找导致基极电压偏低的原因;若基极电压正常,则须检查视放管发射极电压,找出导致发射极电压偏高的原因。

2. 光栅呈现某一基色,很亮,且有回扫线

此现象可判断出某一基色的电子束流很大,而另两束电子束流被截止了。很有可能是 3 个视放管中的 1 个被击穿,检测 3 个相应的阴极电压,找出其中电压特别低的那个。假设红色视放管输出管击穿(可能是 ce 结或 cb 结击穿),使红色视放输出管集电极电压下降接近地电位,导致相应的阴极电压下降也接近地电位,红色电子束流达最大值,而且无法消隐,因而荧光屏上呈现红色光栅,且有回扫线。

3. 光栅缺色

这种故障现象说明 3 束电子束中的 1 束已经截止,即表现为缺少某一基色。可输入标准彩条信号,观察屏幕显示的彩条,以确定哪个基色通道故障,若已排除显像管阴极发射能力下降或相应的荧光粉发光率下降的原因,则应重点检查视放输出管集电极到显像管阴极的限流电阻,以及相应视放输出管是否烧断开路或截止,使相应的阴极电压上升到电源电压,造成束流几乎为零,光栅缺色。有时因解码电路送来的色差信号失落,也会出现同样的故障现象,这时可通过检测视放晶体管的直流偏置电压,或检测色差信号即可断定故障部位。

 技能训练三 彩色显像管白平衡调试与附属电路故障的维修

器材:康佳 T5429D 彩色电视机 1 台/组(自会聚显像管)、示波器 1 台、彩色电视信号发生器 1 台、万用表 1 只、常用电工操作工具一套。

目的:(1)掌握显像管的白平衡调试方法及步骤。

(2)能够对显像管附属电路产生的故障进行判断及分析。

一、彩色显像管的白平衡调试

1. 暗白平衡调试

(1)接收电视彩条信号,调色饱和度使图像无彩色。

(2)将亮度调至最小,调节加速极电位器使屏幕上不出现光栅。

(3)切断场扫描,使光栅呈现水平一条亮线。

(4)将暗平衡电位器(RP501、RP502、RP503)调到最小位置,将亮平衡电位器调节到中间位置。通过调节加速极电位器来控制加速极电压,使水平亮线呈现出某一基色(如蓝基色)。

(5)保持蓝基色暗平衡电位器 RP503 不变,调红、绿两个暗平衡电位器(RP501、RP502),使水平亮线变为白色。

2. 亮白平衡调试

（1）用彩色电视信号发生器送入标准彩条信号。

（2）调节加速极电位器和亮度调节电位器，加大对比度和亮度，呈现出正常亮度的画面。

（3）调节两个亮平衡电位器（即绿、蓝激励电位器 RP504、RP505），使彩条中的白色接近于标准白色。

（4）亮白平衡调整后，将亮度和对比度调小，检查低亮度时白平衡是否正常。否则要反复多次进行亮、暗白平衡调整，最终得好良好的白平衡效果。

二、彩色显像管附属电路常见故障的判断

显像管附属电路常见故障有黑屏、光栅呈现某一基色、光栅呈现某一补色和光栅缺色等。该部分内容可视条件进行选做，也可以通过教师演示或媒体播放来完成。

情境设计

全班视人数进行分组，每组设置 1 种典型故障，大体为：

① 黑屏光栅不亮；

② 光栅呈某一种基色，很亮，且有回扫线；

③ 光栅呈某一补色。

根据以上故障现象，研究讨论故障可能产生的原因及检测方法（参考答案见表 5-7）。

表 5-7　显像管常见故障及检测方法

故障现象	可能原因	检修方法
黑屏光栅不亮	（1）灯丝限流电阻开路 （2）视放管截止	（1）更换限流电阻 （2）用万用表检测视放管及偏置电路
光栅呈某一种基色，很亮，且有回扫线	（1）V501、V502、V503 中某一个击穿 （2）电阻 R509、R511、R510 中某一个开路	（1）更换击穿的末级视放管 （2）更换开路电阻
光栅呈现某一补色	（1）3 个末级视放管处于截止状态 （2）某一个平衡电位器虚焊或接触不良	（1）更换或重新焊好末级视放管 （2）重新焊好平衡电位器

项目工作练习 5-2　彩色显像管附属电路（光栅呈现某一补色）维修

班　级		姓　名		学　号		得　分	
实训器材							
实训目的							

工作步骤：

（1）开启彩色电视机，观察光栅呈现某一补色的故障现象（由教师设置不同的故障）。

（2）故障分析，说明哪些原因会造成光栅呈现某一补色。

续表

（3）制定光栅呈现某一补色维修方案，说明检测方法。	
（4）记录光栅呈现某一补色检测过程，找到故障器件和部位。	
（5）确定维修方法，说明维修或更换器件的原因。	
工作小结	

项目 6

行、场扫描电路

教学要求

（1）了解行扫描电路与场扫描电路的作用与组成。
（2）掌握彩色电视机行扫描电路与场扫描电路的检测和拆卸方法。
（3）了解行扫描电路与场扫描电路的基本方框图。
（4）理解行扫描电路与场扫描电路的工作原理。
（5）掌握行、场扫描电路的故障分析和检修方法。
（6）掌握行、场小信号电路常见故障的分析和检修方法。
（7）了解彩色电视机行、场扫描电路的装配。

任务 6.1 行、场小信号处理电路

 问题导读一

技师引领一

客户毛先生："昨晚，我的熊猫牌 C54P10 型彩色电视机能正常收看，在看了两个多小时后，突然屏幕上的画面变成了水平亮线，随即就自动关机了。哎！今天晚上世界杯就开赛了，这电视机坏的真不是时候。麻烦王技师帮我加快维修，非常感谢您！"

王技师接上电源，开机观察了故障现象，初步分析，屏幕上有水平亮线，说明电源和行扫描部分的工作正常，故障在场扫描电路。用十字起子拆下彩色电视机后盖螺钉（并保存好螺钉和记住安装位置），取下后盖，王技师边观察边和高先生说："机器内布满了较厚的灰尘，要先清除一下。"该机器是一台典型的 TA 两片机，场扫描电路如图 6-1 所示。客户所描述的故障现象是存在的。王技师说道："以我经验判断，该机器场扫描电路的故障很快能修好，不会影响到您今晚上正常收看。"

技师维修

C54P10 型彩色电视机场扫描电路如图 6-1 所示。维修前，先将电路板除尘。把电视机搬到工作台上，从电路板框架中轻轻地抽出电路板，如电路板被连接线拉得很紧，不能抽出时，可把线束的线扣解开并展开线束，也可将不影响整机工作的连接线拔掉（如喇叭线、消磁线），除尘时要对发热较大的元器件进行重点清理，显像管管颈不可施力，更不可敲击振动。然后，

在电路板上找到场电路并目测检查该区域有无烧毁的电阻、炸裂的电容或形状变形的元器件，检查后得出该机器无上述不良现象。再接通电视机电源，将示波器探头地线夹妥善接地，开机检测 N601 集成电路（TA7698AP）第㉔脚 VNFB 输出波形正常，频率为 50Hz，幅度为 1Vpp。检测 N501 集成电路（LA7830）第②脚 Vout 有无放大后的锯齿波形输出，接着将万用表调至直流电压 50V 挡，把黑表笔接地，红表笔检测 N501 第⑥脚 VCC 的电压，为 25V，正常，③脚 Booster 的电压为 26V，正常，换用示波器测量第④脚 Vin 无波形，第④脚波形由 N601 第㉔脚提供，前面检测㉔脚的输出波形是正常的，故障应该出在 N601 集成电路（TA7698AP）第㉔脚与 N501 集成电路（LA7830）第④脚之间的电路中。检测 R501 电阻时，发现该电阻一端有波形另一端没有波形，断电后，将万用表调至欧姆挡 $R \times 1k$ 挡测量 R501 阻值无穷大，正常阻值应为 2.2kΩ，拆卸该电阻时发现一端引脚已氧化断裂。更换 R501 后，故障排除。

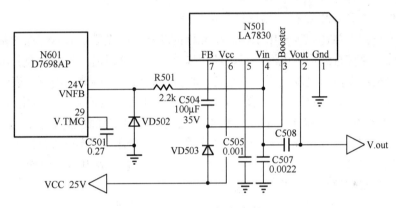

图 6-1　场扫描电路图

技师引领二

客户杨先生："我家的熊猫牌 2138B 型彩色电视机一直能正常收看，刚刚电视机屏幕上只有一条垂直亮线，没有光栅，不能正常收看到图像，但有伴音。"

周技师听了客户杨先生叙述后开机，观察了故障现象，初步分析，屏幕上有垂直亮线，说明电源和场扫描部分的工作正常，故障在行扫描电路。用十字起子拆下彩色电视机后盖螺钉（并保存好螺钉和记住安装位置），取下后盖，看出该机器是由 TA 两片机组成的电路，见附录二。客户所描述的故障现象是存在的，该机器行扫描电路出现故障，先要判断是行、场小信号处理电路故障，还是行、场扫描电路故障。

周技师维修：2138B 型彩色电视机行扫描电路图见附录二。维修前，先将主电路板上的积尘除去。从电路板框架中轻轻地抽出电路板，对照图纸找到行扫描电路的位置，观察有无烧伤的痕迹，先用万用表调至直流电压 10V 挡，把黑表笔接地，红表笔检测 N301 第㉝脚行扫描电路的 VCC 的电压为 8.4V，正常，测㉜脚行预推动集电极输出的电压为 0V，换用示波器测量第㉜脚无波形，无法为行扫描电路提供行激励，造成行扫描电路不工作。关闭电视机电源，再用万用表调至欧姆挡 $R \times 1k$，测量 N301 第㉜脚对地电阻，表针摆动很大，几乎为 0，再将万用表调至欧姆挡 $R \times 1$，测量结果近似 0，判断可能是 C357 电容短路造成，拆卸该电容，并更换一只同规格电容（2200pF）后，故障排除。

技能训练一　学习行、场小信号处理电路的拆装与维修

器材：万用电笔一只，稳压电源一台，示波器一台，频率计一台，电工工具一套，彩色电视机一台，220V/1∶1隔离电源一只。

目的：学习行、场扫描电路的拆装和简单维修，为进一步学习行、场小信号处理电路的维修做准备。

一、行、场小信号处理电路的拆装和维修

（1）用十字起子拆下彩色电视机后盖螺钉。

（2）取下彩色电视机后盖螺钉，并轻轻推出彩色电视机后盖。

（3）将彩色电视机电路板取出。

（4）检查电路板印制电路行、场扫描电路部分。

（5）行、场扫描电路在电视机中承担产生光栅的功能，而光栅是显示图像的基础，引起无光栅故障的部位主要有直流稳压电源，行、场扫描电路，亮度通道，显像管及其附属电路等。我们检修的步骤是，先检查电源电压是否正常，将万用表黑表笔接地，用万用表红表笔触碰直流稳压电源的+B电压输出端时，万用表上有+110V读数出现，说明直流稳压电源基本正常。

（6）接着检查行、场扫描电路的工作状态，继续用万用表红表笔测量行、场扫描电路正常工作时输入电源电压，行电路部分用万用表测量行输出变压器上输入脚+B电压有否，再测量场输出电路集成块 LA7830 第⑥脚，如行电路与场输出电集成电路电压均正常，再用示波器来测量行、场扫描电路的脉冲电压与波形。

（7）亮度通道、显像管及其附属电路引起的故障在项目5中已介绍。

二、行、场扫描电路的装配

在拆卸行、场扫描电路时，要记好拆卸的顺序与正确的位置，尤其是有方向的二极管、电解电容，晶体三极管和集成电路的引脚不能接错，在拆卸行输出变压器的高压电（红色橡胶高压导线）与显像管高压嘴连接处时，一定要先放电再动手去拆。放电的方法是：用鳄鱼夹一端接地，鳄鱼夹另一端串一只 10kΩ～100kΩ电阻，再用鳄鱼夹住电阻，然后用鳄鱼夹的另一端去碰高压嘴连接处。特别提醒：刚关闭电源的电视机高压部分仍然有高压电，切忌用手去碰高压嘴连接处，以免发生危险。安装是拆卸的逆过程。拆、装行、场扫描电路可参考图6-1、图6-2及媒体资料。

 知识链接一　行、场小信号电路的组成与电路分析

一、行、场小信号电路的组成

行、场扫描电路是光栅形成的基础，无论是黑白电视机，还是彩色电视机，扫描电路的功能、要求、工作原理都基本相同。对 PAL 制电视来说，其主要作用是产生 15625Hz 和 50Hz 的行、场扫描锯齿电流，在行、场偏转线圈中形成水平、垂直方向的均匀磁场，控制电子束沿水平和垂直方向作匀速运动，在屏幕上形成光栅。换句话来说，只有在电视机的行、场扫描电路工作正常以后显像管屏幕上才会有正常的光栅。

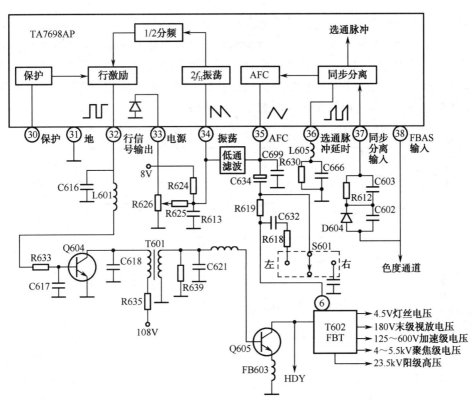

图 6-2　行扫描电路

1. 行、场扫描电路的组成

图 6-3 是行、场扫描系统基本组成方框图。视频进入同步分离电路，同步分离级采用幅度分离电路，从全电视视频信号中切割出复合同步信号。它输出的复合同步信号分两路：一路送到场积分电路，进一步分离出场同步信号来，去控制场振荡器频率，实现场扫描同步；另一路送至行自动频率微调（AFC）电路，与行振荡器形成的行振荡频率和相位进行比较，产生鉴相误差电压去控制行振荡器振荡频率和相位，实现行扫描同步。

2. 行、场扫描系统基本组成方框图

行、场振荡器均为电压可控自激振荡器。无电视信号输入时，振荡器依然工作，使显像管屏幕上仍然呈现光栅。

由图 6-3 可见，场扫描电路由场积分电路、场振荡器、场激励级和场输出级等组成。由场振荡器产生场脉冲，控制锯齿波形成电路工作，得到场电压锯齿波，经场激励放大后，推动场输出电路工作。这样，场输出电路进行功率放大，向场偏转线圈提供线性良好、幅度足够大的场锯齿波电流。场输出级工作相当于低频功放工作在线性大功率放大状态。在集成电路电视机中，几乎都采用无输出变压器的乙类推挽电路。

行扫描电路由行自动频率微调电路（AFC），行振荡器，行激励级，行输出级及高、中压形成电路组成。行扫描电路的作用是为行偏转线圈提供线性良好、幅度足够且频率准确的行频锯齿波电流，使电子束进行水平同步扫描。PAL 制的行扫描电路工作频率为 15625Hz，是场扫描频率的 312.5 倍。所以，作为行输出级负载的偏转线圈，其感抗比线圈电阻大得多，可以近似地把行偏转线圈看成一个纯电感（场扫描电路的工作频率只有 50Hz，场偏转线圈作

为其负载感抗比电阻小得多，可近似看成电阻）。根据彩色电视电路原理，要在电感中获得锯齿电流，必须在其两端加矩形脉冲。由于行输出级向负载偏转线圈提供矩形脉冲，故行输出级实际工作在开关状态。同样，行激励级向行输出级也要提供的激励信号是幅度足够大的矩形电压脉冲，行激励也处在开关工作状态。所以，行扫描电路与场扫描电路由于工作频率不同，工作状态也不同，分析电路工作原理的方法也不同。

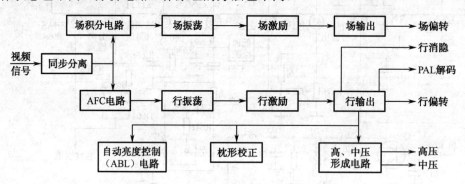

图 6-3　行、场扫描系统基本组成方框图

　　行、场输出级工作时，都产生逆程脉冲，且幅度比电源电压大几倍到十几倍，可以分别作为行、场消隐脉冲，送至显像管，抹去电子束逆程轨迹。行逆程脉冲还送到解码电路并通过行输出变压器形成接收机各部分所需要的高、中压电源。目前，彩色电视机均采用一体化多级一次升压行输出变压器。通过理论分析可知，逆程峰值电压与电源电压成正比，与逆程振荡时间和逆程电容的容量成反比。

　　随着大规模集成电路的广泛应用，同步扫描电路小信号处理部分已被集成化，但它的电路构成和功能与分立件是基本相同的。集成电路完成除输出级外的行、场扫描电路全部功能，比分立元件扫描电路的元件数大为减少，电路的稳定性又大大提高。

　　熊猫 2138B 型、熊猫 54P28 型等彩色电视机，采用 TA7698AP 进行同步分离和行、场扫描小信号处理。其中包括同步分离电路、行 AFC 电路、行频振荡、1/2 分频器、X 射线保护电路、行预推动电路、场振荡电路、锯齿波发生器和场预激励电路，其方框图如图 6-4 所示。

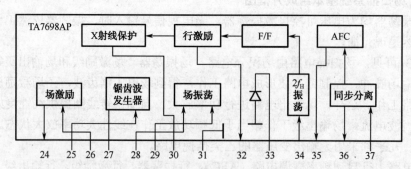

图 6-4　TA7698AP 行、场扫描电路

3. TA7698AP 行、场扫描电路部分引脚功能

TA7698AP 行、场扫描电路部分引脚功能见表 6-1。

表 6-1 TA7698AP 行、场扫描电路部分引脚功能

引　脚	功　能	引　脚	功　能	引　脚	功　能
24	场激励信号输出	29	场同步控制	34	行同步控制
25	场幅控制	30	X 射线保护	35	自动频率控制输出
26	场负反馈输入	31	接地	36	同步分离输出
27	锯齿波形成	32	行激励输出	37	同步分离输入
28	场同步输入	33	行扫描电路电源		

二、行、场小信号电路的电路分析

1. 同步分离电路

同步分离电路的作用是从全电视信号中分离出行、场同步信号，用它们分别去控制行振荡和场振荡电路的频率，以达到重现稳定图像的目的。同步分离电路由幅度分离电路和宽度分离电路组成。幅度分离电路从复合同步信号中分离出复合同步信号，宽度分离电路用场同步积分电路从复合信号中分离出场同步信号。

1）幅度分离电路

由于复合同步信号处于视频信号 75%～100%电平的位置，当视频信号为固定值时，可以利用幅度分离方法将复合同步信号从全电视信号中分离出来。但是由于视频信号幅度很容易受外界干扰而发生变化，这样就必须采用对峰值钳位的方法进行幅度分离。幅度分离电路一般采用无固定偏值的共发射极电路。这是因为预视放输入的视频信号幅度是变化的，亮场画面和暗场画面的平均电平不同，造成图像信号电平平均值随图像内容的变化而变化。另外，图像信号在传输过程中有强弱变化，这些都会使检波后的视频信号同步幅度不一致，所以不易采用固定电平分离同步信号，否则会使分离出的同步信号幅度不同，造成同步不稳定。

幅度分离电路如图 6-5 所示，V 为 PNP 型幅度分离管，Cb，Rb 与 V 的发射结构成钳位电路。该电路输入正极性的全电视信号，经钳位、幅度分离和放大后，输出复合正同步信号。

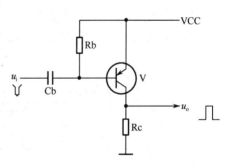

图 6-5 幅度分离电路图

幅度分离的工作过程分析如下。当无信号输入时，V 处于截止状态。V 输入正极性全电视信号，在同步头到来期间，由于同步信号幅度较大，使 V 发射级正偏而导通，集电极输出反向放大的同步信号。同时基极电流 I_b 通过发射结对 Cb 充电，充电时间常数很小，Cb 很快充有左负右正的电压 U_{cb}，使 V 反偏而截止。在同步信号过后，图像信号来到时，由于图像信号的幅度较小，V 截止 U_{cb} 便通过 Rb 放电，V 的输入电阻 rb＜Rb，放电时间常数大于充电时间常数。合理选择 Rb 和 Cb，可使 V 在图像信号期间发射结处于反偏状态而截止，无信号输出。在下一个同步信号到来时，由于其幅度较大，使发射结正偏而导通，于是集电极输出只有复合同步信号，实现了同步信号与消隐信号和图像信号的分离。

2）宽度分离电路

彩色电视机的场同步脉冲为 160μs，而行同步脉冲为 4.7μs，行、场同步信号的脉冲宽度

不同，可以利用宽度分离电路（也称频率分离电路），从复合同步信号中提取场同步信号。

宽度分离电路由积分电路完成。因为行、场同步信号的脉冲宽度不同，在积分电路的电容元件上得到的输出电压就不同，经过积分电路后就可将脉冲宽度的差别变为信号幅度的差别，实现行、场同步脉冲的分离。

实际电路中都采用两级 RC 积分电路，如图 6-6 所示。

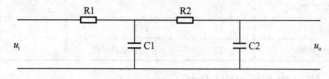

图 6-6　两级 RC 积分电路

为了使分离出的场同步信号性能稳定，希望场同步脉冲的上升时间尽量小，即 RC 值越小越好。从抑制行同步信号来看，则 RC 值越大越好。两方面对 RC 的要求是互相矛盾的，合理选择两节积分电路的时间常数，可以满足场同步信号幅度的要求，同时也能较好地抑制行同步脉冲。一般积分电路的时间常数为 30～100μs 就可实现较好的分离效果。

2. 场扫描电路

1）场扫描电路的作用与组成

场扫描电路是由场振荡电路、锯齿波发生器、场激励级和场输出级组成的。场振荡级产生场频脉冲信号，经锯齿波形成电路转换成锯齿波信号，再由激励级进行电压放大和输出级功能放大后为偏转线圈提供场扫描电流。场扫描电路还输出场消隐信号，一路到亮度通道用于消除场回扫线，另一路送遥控 CPU 作为字符定位信号。各部分的作用如下。

2）场振荡电路

场振荡电路的作用是产生一个与场同步脉冲频率相同的 50Hz 场频脉冲信号，50Hz 场频脉冲波经锯齿波形成电路后形成场频锯齿波电压。分立元件场振荡电路采用间歇振荡器及多谐振荡器等电路形式。新型集成电路电视机的场振荡电路采用施密特触发器。TA7698AP 的场振荡器由㉘脚内部振荡电路与外部 RC 定时元件组成。TA7698AP 场振荡电路和锯齿波形成电路如图 6-7 所示。

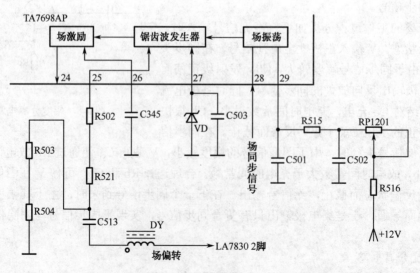

图 6-7　TA7698AP 场振荡电路和锯齿波形成电路

由图 6-7 可以看出，TA7698AP 的㉙脚外接 C501，C502，R515，R516，RP1201 为振荡电路的定时元件，放电电阻在集成块内。开始时，C501 上电压较低，振荡电路输出为低电平，+12V 经电阻 R516，R515，RP1201 对 C501，C502 充电，在㉙脚形成按指数规律变化的电压。当㉙脚电压上升至 U_H 时，施密特振荡电路发生正反馈，电路状态翻转，振荡器输出信号为高电平，C501 经内部电阻开始迅速放电。此时，振荡器输出的脉冲矩形波输入放大电路，集成块内基准电压对㉗脚外接电容 C503 充电。当 C501 上电压放电至 U_L 时，又发生一次正反馈反应，电路再次翻转，振荡器输出信号为低电平。此时，C503 由集成块内部经㉕脚外接电阻 R502，R521，R503，R504 放电，形成场频锯齿波电压。在场频不变的情况下调整 R503 可改变锯齿波的输出幅度，因此，R503 为场幅调节电位器。现在电视机的场振荡电路均采用晶体振荡器和分频电路来实现。

场振荡电路在没有电视信号时也能振荡产生锯齿电压波，重要的是场振荡频率必须与场同步信号同步才能正常显示图像。在场振荡管即将导通时，基极加入幅度较大的场同步信号会使其提前进入导通状态。如果每次导通都如此，则场振荡频率就等于同步信号频率，即实现了同步。

如果场自由振荡频率大于场同步信号的频率，即振荡信号周期小于 20ms，同步信号则有可能在场振荡管导通以后才到达振荡管的基极，这时 u_I 已很小，场振荡输出电压不能使场振荡管提前导通，也就不能控制场振荡频率。由此可见，场同步是有条件的。为了保证同步，必须满足如下条件。

① 场同步信号的极性要准确，即场同步信号极性必须使振荡管正偏，才能使场振荡电路受控。

② 场振荡周期应略大于场同步信号周期（即频率为 43～50Hz）。如果场振荡的周期小于场同步信号的周期，则同步信号还未到，电路状态就改变了，起不到同步作用。

③ 场同步信号的幅度要足够大，否则就不能达到振荡电路翻转时需要的电平，不能实现同步。

3）锯齿波发生器

由于场扫描电路的工作频率低，场偏转线圈在场频下呈现的感抗很小，因此，场偏转线圈在场频下基本上呈阻性。为在场偏转线圈中得到锯齿波电流，必须对其施加锯齿波电压，利用积分电路输入矩形脉冲信号时，在电容两端即可得到锯齿波电压输出。

4）场激励

场激励电路也称场推动，它的作用是将场振荡电路（含锯齿波发生器）输出的锯齿波电压进行放大，放大锯齿波信号以便激励场输出级，同时还具有缓冲隔离作用，可以减小场输出与场振荡之间的相互影响。场激励的基本电路为低频功率放大电路，有共射极电路和共集电极电路两种。共射极电路起反向放大的作用，共集电极电路起隔离缓冲的作用。集成电路场激级是由两部分电路组成的。一部分为场预激励，在集成电路中，有两到三级。为减小非线性失真，集成电路中的激励级加有较深的负反馈，所以增益较低，故在集成电路外部还设有一级场激励。

5）场输出

见本项目的任务 6.2。

3. 行扫描电路

1）行扫描电路的组成

行扫描电路由行 AFC 电路、行振荡电路、行激励级、行输出级电路、高中压形成电路等组成。在行扫描电路中，重点介绍行输出级电路。

2）行 AFC 电路

行 AFC 电路是行振荡器频率微调电路，行同步方式和场同步方式不同，场同步是用场同步信号直接去控制场振荡器振荡频率的，而行同步是间接同步，是利用行振荡频率和行同步信号频率在行 AFC 电路中进行频率（或相位）比较，产生误差电压，去改变行振荡频率，迫使行振荡器产生的振荡信号与行同步信号同频率、同相位。行 AFC 电路方框图如图 6-8 所示。

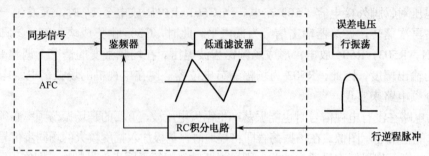

图 6-8 行 AFC 电路方框图

由行 AFC 电路组成方框图看出，AFC 电路是由鉴频器、低通滤波器和 RC 积分电路组成的。行扫描自动频率控制电路的作用是自动将行振荡频率锁定在 15625Hz，实现行同步。

鉴频器把输入的复合同步信号与经积分电路形成的行频比较锯齿波进行比较。若频率相同，鉴频器无输出，行振荡保持原振荡频率：若频率不同，鉴频器输出的信号经低通滤波后，得到正或负的直流误差电压，控制行振荡器，改变振荡频率。

行 AFC 集成电路如图 6-9 所示。下面来分析 AFC 电路的工作过程。集成电路 TA7698AP 内部的晶体管 V1～V3，D1～D3 组成鉴频器，C1～C3，R1，R2 组成积分电路。把行逆程脉冲转换为行频锯齿波比较电压，由㉟脚引到鉴频器的 P 点，R4，C503 为低通滤波电路，把 P 点输出的误差信号平滑滤波后，由㉞脚输入控制行振荡同步。在鉴频器中，鉴相器输入两路信号，一路由 V1 的基极输入负极性行同步信号；另一路由㉟脚输入行频比较锯齿波，当只有行同步信号输入时，V1 截止，V2，V3 导通。其中，V2 导通与 V3 导通两电流可视为相等，㉟脚无输出。但比较信号加入时，把鉴频器信号进行比较有以下三种情况。

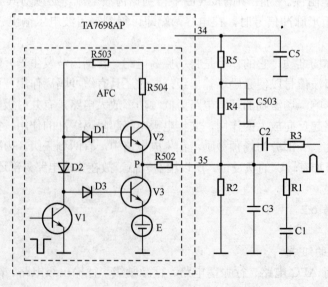

图 6-9 行 AFC 电路

　　① 当同步信号频率 f_H 等于行振荡信号频率 f_0 时，比较锯齿波中心等同于行同步脉冲中心。经低通滤波器平滑滤波后，直流误差电压为零。不影响行振荡器的工作。

　　② 当同步信号频率 $f_H > f_0$（行振荡信号频率）时，比较锯齿波的中心超前于同步脉冲中心，P 点电位升高，经低通滤波器平滑滤波后，误差直流电压为负值，延缓了行定时电容 C5 的充电时间，使行频降低，直到同步为止。

　　③ 当同步信号频率 $f_H < f_0$（行振荡信号频率）时，比较锯齿波的中心滞后于同步脉冲中心，P 点电位降低。经低通滤波器平滑滤波后，误差直流电压为正值，缩短了行定时电容 C5 的充电时间，使行频升高，直到同步为止。

　　行 AFC 电路是一种锁相环电路，它使行振荡频率保持稳定。

　　3）行振荡电路

　　行振荡电路的作用是产生一个频率为 15625Hz 的行频矩形脉冲信号，供给行推动电路，使其工作在开关状态。行振荡器产生的信号是方波（矩形脉冲），这点与场振荡器产生的锯齿电压波不同，所以行振荡器采用的电路是方波发生器。早期电视机的行振荡电路采用间歇振荡器，现在彩色电视机的行振荡电路采用晶体振荡和数字分频技术。行振荡电路的组成框图如图 6-10 所示。

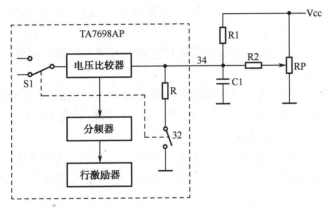

图 6-10　行振荡电路的组成框图

　　在电视机中扫描电路小信号部分已被集成化，行、场振荡电路被做在同一片集成电路内。集成电路中行振荡电路用的是施密特触发器。行振荡电路在产生 15625Hz 矩形脉冲电压的同时，会通过公用地线或分布电容产生行频辐射，干扰场振荡，不利于隔行扫描。因此，集成行振荡电路，采用两倍行频振荡器，输出 $2f_H$ 脉冲，经双稳态分频后，等到 15625Hz 行频脉冲。$2f_H$ 振荡方式使行频对每场的干扰相同，有利于各行扫描。采用 $2f_H$ 行振荡还可解决 f_0（行振荡频率）的稳定性与 AFC 控制的矛盾。f_0 高，则稳定性差，AFC 控制范围大；f_0 低，则稳压性高，但 AFC 控制范围小。为了兼顾二者，采用 $2f_H$ 振荡。$2f_H$ 振荡电路是由集成电路内部正反馈施密特触发器与外部 RC 充放电电路构成的。

　　当电源接通后，VCC 经 R1、R2、RP 向定时电容器 C1 充电。在 C1 上电压上升为高电平时，集成块内部双差分电压比较器动作。C1 经内部电路中的 R 迅速放电至低电平，双差分电压比较器又动作，C1 再次由外电路充电。于是在内部比较器集电极输出 $2f_H$ 矩形脉冲波，并且送入双稳态分频电路。我们知道双稳态电路有两个稳定状态，电路翻转回到原态，需要两次触发。也就是说，双稳态输出信号的频率是输入触发信号频率的 1/2，具有分频作用。因此，

将 $2f_H$ 信号加到双稳态电路的输入端，输出为 15625Hz 行频脉冲。电路中 RP 为行频调节电位器，调整 RP 的阻值可以调整 C1 的充电时间常数，改变行频振荡频率。

新型彩色电视机扫描集成电路采用了晶体振荡和数字分频技术，使振荡频率的精确度和稳定度得到了提高。它的基本工作原理是利用集成块外接的晶体与内部振荡电路产生频率为 500kHz 的信号，再经过 32 分频得到 15625Hz 行频脉冲信号。

4）行激励

行激励级又称行推动级。它的作用是将行振荡器送来的行频矩形脉冲电压进行波形整形及功率放大，然后推动行输出级，使其工作在开关状态。显然，行激励级是一个脉冲功率放大器。

行激励级与行输出级应得到良好的匹配，以便最佳地传送脉冲功率，所以这两级之间采用变压器耦合。根据变压器的同名端接法不同，这两级的开关工作状态可能相同，也可能相反。也就是说，行激励级对行输出管的激励方式有两种——同极性激励和反极性激励，同极性激励是指行激励管与行输出管同时导通或截止。反极性激励是指行激励管与行输出管交替导通或截止，即行激励管导通，行输出管就截止；行激励管截止，行输出管导通。

同极性激励在激励变压器上会产生很高的脉冲电压，导致行输出管基极上出现很高的反向偏压，使行输出管有损坏的危险。所以，现在的彩色电视机中，多数采用反极性激励方式。这种激励方式有如下两个优点：

① 两管交替工作，行推动级的缓冲隔离作用好，可减小行输出级的变化对行振荡级的影响，使行振荡频率稳定。

② 两管交替工作，使行激励变压器内始终有电流通过，则磁通变化缓慢，不易产生高频寄生振荡。同时，行激励变压器产生的反峰电压小，可降低行激励管的耐压要求。

反极性行激励电路如图 6-11 所示。

图 6-11 中，V501 为行激励管；V502 为行输出管；B 为行激励变压器（又称行推动变压器）；C1，C2，R2 为抑制高频自激振荡的阻尼电路；R1 为集电极电阻，调整其阻值可改变行激励级的电源电压，从而调整激励功率的大小。

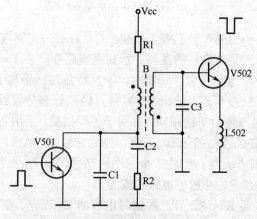

图 6-11　反极性行激励电路

当行激励管 V501 基极输入为高电平时，V501 导通，行激励变压器初级产生上正、下负的感应电动势，耦合到次级，感应电动势为上负、下正，行输出管 V502 反偏而截止。当行激励管 V501 基极输入低电平时，V501 截止，行激励变压器的初级产生上负、下正的感应电动势，耦合到次级感应电动势为上正、下负，行输出管 V502 正偏而导通。这样，周而复始地重复工作。

为了保证行输出管充分饱和、可靠截止，以减小行输出级的损耗，则要求行激励级在行输出管导通时，提供幅度足够大的正脉冲信号，使行输出管能充分饱和导通，在行输出管截止时，提供幅度足够的负脉冲信号使行输出管加快截止。这样，可减小行输出管的损耗，提高行输出管的工作效率。

5）行输出电路

见本项目任务 6.2 中的知识链接二。

项目工作练习 6-1 行、场小信号处理电路（一条水平亮线故障）维修

班　级		姓　名		学　号		得　分	
实训器材							
实训目的							

工作步骤：

（1）开启彩色电视机，观察一条水平亮线故障现象（由教师设置不同的故障）。

（2）故障分析，说明哪些原因会造成彩色电视机一条水平亮线。

（3）制定彩色电视机一条水平亮线故障的维修方案，说明其检测方法。

（4）记录检测过程，找到故障器件、部位。

（5）确定维修方法，说明维修或更换器件的原因。

工作小结

项目工作练习 6-2 　行、场小信号处理电路（一条垂直亮线故障）维修

班 级		姓 名		学 号		得 分	
实训器材							
实训目的							

工作步骤：

（1）开启彩色电视机，观察一条垂直亮线故障现象（由教师设置不同的故障）。

（2）故障分析，说明哪些原因会造成彩色电视机一条垂直亮线。

（3）制定彩色电视机一条垂直亮线故障的维修方案，说明其检测方法。

（4）记录检测过程，找到故障器件、部位。

（5）确定维修方法，说明维修或更换器件的原因。

工作小结	

任务 6.2　行、场扫描电路

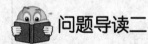 问题导读二

技师引领一

客户赵先生："以前此台熊猫 2138B 型彩色电视机收看电视节目正常，两个月后，开机时，屏幕上的画面变成了一条水平亮线。肯定是什么地方出问题了，请您帮助修理。"

曹技师说："不必客气，您说的现象我观察一下。"曹技师接上电源后，开机观察了故障现象，初步分析，屏幕上有水平亮线，说明电源和行扫描部的工作正常，故障在场扫描电路。用十字起子拆下彩色电视机后盖螺钉（并保存好螺钉和记住安装位置），取下后盖，曹技师边观察边对赵先生说："根据故障现象可以断定场扫描电路出问题了。您所描述的故障现象是对的，该机器故障出在场扫描电路，即场振荡电路、场锯齿波形成电路、场推动电路、场输出电路或偏转线圈等，采用信号注入法与电压测量法相结合，很快能修好。"

曹技师维修：维修前，先将电路电视机主板除尘。把电视机搬到工作台上，从电路板框架中轻轻地抽出电路板，对照图纸找出场扫描部分的电路，场推动电路和场输出电路采用了

LA7830 集成电路，位号是 N401。首先用万用表调至欧姆挡 $R \times 10$，把红表笔接地，黑表笔触碰 N401 场输出 LA7830 集成电路的激励信号输入端第④脚，观察水平亮线无瞬间展开现象，说明故障在场输出之后的电路中。再将万用表调至直流电压挡 50V，测量 LA7830 集成电路各引脚的电压值，结果均正常，N401 场输出 LA7830 集成电路的输出端第②脚有输出，测量偏转线圈上却没有电压，判断可能是偏转线圈开路。拆卸该连接插座，找到偏转线圈连接线故障后，焊接好，采用信号注入法与电压测量法相结合使故障得到排除。

技师引领二

顾客李先生："这台熊猫牌 C54P10 彩色电视机昨天收看正常，今天开机时，电视机内发出'吱吱'尖叫声，不能正常开机，并且伴有糊味。电视机已使用多年，这种故障能不能修？"

孙技师："据您所描述的故障现象，我判断这台电视机的故障是行扫描电路或电源电路中的元器件不良导致负载电流过大，这两部分电路在所有电视机中故障率是较高的。您不必担心此台彩色电视机能不能修，我一定可修复这台电视机的，请您放心。"

孙技师维修：先通电观察故障现象。当打开电视机电源开关时，机内发出"吱吱"声，无光栅，无伴音，立即关闭电源，防止因电流过大损坏其他器件。行扫描电路图如图 6-12 所示。

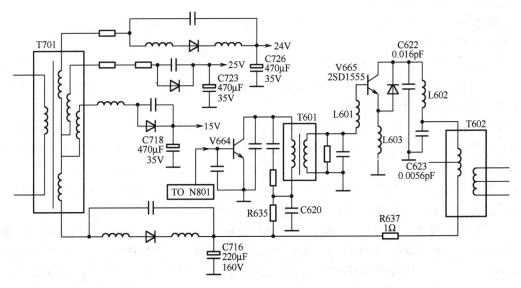

图 6-12 行扫描电路图

拔掉电源插头，用十字起子拆除后盖螺钉（保存好螺钉），取下后盖，从电路板框架中取出电路板并在电路板上找到电源电路和行扫描电路。

将万用表置于直流 200V 电压挡，检测开关电源各路输出电压是否正常。黑表笔接地，打开电视机开关，即接通电源，红表笔分别测量 C725 正极 24V 正常，C723 正极 25V 正常，C718 正极 16V 正常，这些电压如果接地短路，都会造成开关电源因负载过重而开不了机。当检测到 C716 正极时，无 110V 电压，关闭电源，将万用表调至电阻 1k 挡，测量 C710 正极对地阻值几乎为"0"，此时基本可以判定该机故障是 110V 主电压接地短路造成的，该电压的主要负载是行扫描电路，要判断短路故障是出在电源电路还是行扫描电路。断开电阻 R637 测量 C716 对地阻值，其阻值恢复正常能测到 C716 充放电（断开 R637 也就是断开了行扫描电路的 110V

电源）。判定故障肯定出在行扫描电路，电阻挡测量行输出管 V665 集电极已接地，脱开电感 L602 一端引脚（也就是断开了 V665 集电极电源），再测 V665 集电极对地电阻依旧为"0"，从电路板上拆下 V665，用电阻挡测量 e、c、b 阻值，结果 c、e 极击穿短路。在更换行输出管 V665 前，应检查行逆程电容 C622、C623 有无漏电或失容，行输出变压器和行偏转线圈有无短路并测量 110V 主电压是否准确，确认无误后更换行输出管 V665，并将维修时脱开引脚的元器件焊好复原。通电打开电源光栅恢复正常，图声具佳，开机观察一小时未出现异常，确认此机修复。

 ## 技能训练二　行、场扫描电路常见故障的检修

器材： 万用电笔若干只，示波器若干台，频率计若干台，220V/1：1 隔离电源若干只，电工工具若干套，彩色电视机若干台。

目的： 学习行、场扫描电路的故障检测与维修技能。

情境设计

以四台彩色电视机的场扫描电路故障为一组，全班视人数分为若干组。四台彩色电视机的水平亮线的可能故障是场输出级或者场电路小信号部分，首先应区分故障是在场扫描输出级还是在场扫描电路的小信号部分。

维修步骤

维修步骤如下。

（1）用十字起子拆下彩色电视机后盖，把主板上的挂钩松脱，慢慢移出主板，将电路原理图中场扫描电路在主板上的位置找到，然后打开电视机电源，启动没有光栅，只有一条水平亮线，则说明场扫描电路故障。

（2）可在开机状态下用示波器观察场输出电路的输入端，若测不出波形，说明故障在场扫描小信号部分；若有波形，说明故障在场扫描的输出级。也可以用万用表的表笔触碰场扫描输出集成电路 LA7830 第④脚，观察水平亮线有否展宽，若彩色电视机屏幕上水平亮线有展宽，说明故障在场扫描电路小信号部分，若屏幕上水平亮线没有展宽，说明故障在场扫描电路的输出级。通过逐级观测波形，可以缩小故障范围。

（3）根据场振荡、场激励、场输出三者之间的耦合元件，用示波器、万用表进一步检查故障所在地，一般可测量+25V 场输出的电源电路，初步判断场输出的故障点，再顺藤摸瓜查找故障的元器件，在集成电路外围的分立元件均正常后，再检查 TA7698AP 集成电路。

根据以上故障研究讨论故障的现象和检测方法（参考答案见表 6-2）。

表 6-2　行、场扫描电路常见故障及维修方法

故障现象	故障分析	检修方法
水平亮线	（1）伴音正常，说明公共信号通道工作正常，屏幕上有一条水平亮线，说明行扫描电路与显像管工作正常，故障在场扫描电路 （2）C501 不良导致场振荡级不振荡	（1）首先应分清是场输出级还是场小信号部分故障。用示波器观察场输出电路的输入端，若测不出波形，说明故障在场扫描小信号部分 （2）用万用表电阻挡测量 C501 无充放电现象，C501 损坏，更换元件

续表

故 障 现 象	故 障 分 析	检 修 方 法
水平亮线	（1）伴音正常，说明公共信号通道工作正常，屏幕上有一条水平亮线，说明行扫描电路与显像管工作正常，故障在场扫描电路 （2）D501击穿导致无锯齿波	（1）故障在场扫描电路，该机场输出采用LA7830集成电路，先用表笔触碰LA7830第④脚，观察水平亮线有展宽，说明故障在场扫描小信号部分 （2）用万用表电压挡测量TA7698AP第㉗脚无电压，用电阻挡测量VD501短路，VD501损坏，更换元件
水平亮线	（1）伴音正常，说明公共信号通道工作正常，屏幕上有一条水平亮线，说明行扫描电路与显像管工作正常，故障在场扫描电路 （2）电阻R501断路，导致LA7830第④脚无场脉冲输入	（1）故障在场扫描电路，先用表笔触碰LA7830第④脚，观察水平亮线有展宽，说明故障在场扫描小信号部分 （2）用示波器测TA7698AP第㉔脚输出正常，测LA7830第④脚无场脉冲输入 （3）用万用表电阻挡测R501，发现断路损坏，更换R501电阻
水平亮线	（1）伴音正常，说明公共信号通道工作正常，屏幕上有一条水平亮线，说明行扫描电路与显像管工作正常，故障在场扫描电路 （2）VD503烧毁导致LA7830第②脚无输出	（1）故障在场扫描电路，该机场输出采用LA7830集成电路，先用表笔触碰LA7830第④脚，观察水平亮线没有展宽，说明故障在场扫描输出电路 （2）用万用表电压挡测量LA7830第③脚，发现无25V电压 （3）用万用表电阻挡测VD503断路，更换VD503

由讨论出的故障原因与研究的检测方法，检修并更换损坏的器件，修理完毕后，进行试用。检测自己的维修成果。完成任务后恢复故障，同组内的学生交换水平亮线的电路故障，再次进行维修。

知识链接二 行、场扫描电路的组成与电路分析

一、行、场扫描电路的组成

见本项目的任务6.1。

二、行、场扫描电路的电路分析

1. 场输出电路

场输出电路的作用是对场频锯齿波信号进行功率放大，为场偏转线圈提供线性良好且幅度足够的锯齿波电流。

场输出电路的形式有分立件和集成电路两种。分立件场输出级有扼流圈耦合单管甲类场输出和OTL场输出电路。扼流圈耦合单管甲类场输出电路都用于黑白电视机。目前，彩色电视机中采用最多的是分立元件双电源式OTL场输出电路和集成电路场输出电路。

1）互补对称型OTL场输出电路

图6-13（a）是互补对称型场输出电路，图中V3为场激励管，V1、V2是一对互补对称场输出管，LY、RY分别为场偏转线圈等效电感和电阻，C1是耦合电容，又是隔直流电容。C1上静态电压 E_{C1} 等于电源电压一半，即1/2 VCC。电路在工作时，可以认为两端静态电压

不变。C2 为自举电容，当 V1 工作于大电流状态时，C2 使 V1 基极电位随射极电位升高而上升，保证 V1 有不失真的大电流输出，加大了 V1 的动态范围。

R1 为自举电容的隔离电阻，使 V1 基极电位上升能高于电源电压 VCC。D1、D2 为场输出管 V1、V2 提供静态偏置电压，使两管静态时处于刚刚导通状态，以避免交越失真。

D1、D2 导通时，交流电阻很小，在分析电路时，可以认为 V1、V2 的基极电位相等。

图 6-13（b）显示出了电路中 I_Y、u_i、u_Y 的波形。

下面分析互补对称型场输出电路 4 个阶段的工作原理。

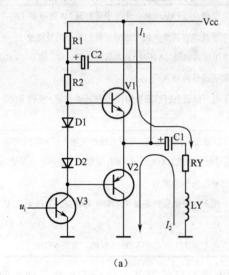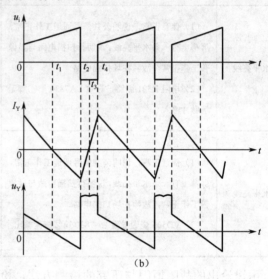

（a）　　　　　　　　　　　　　　　　（b）

图 6-13　互补对称型场输出电路及波形

第一阶段：当 $t=t_0$ 时，场扫描正程开始，V3 基极输入的锯齿电压 u_i 数值小，V3 集电极电压高，V1 基极电位高于发射极电位，从而使 V1 导通，V2 截止（PNP 管），此时，流过偏转线圈的电流 I_Y 由 V1 提供。当 V3 输入信号 u_i 升高时，V1 基极电位下降，I_Y 下降。当 $t=t_1$ 时，T1 截止，V2 开始导通，这时 $I_Y=0$。在 $t_0 \sim t_1$ 这段时间，u_i 线性上升，I_Y 线性下降到零，形成扫描正程前半段电流。

第二阶段：正程后半段（$t_1 \sim t_2$）的工作过程。

$t=t_1$ 时，T2 开始导通，电容 C1 上电压 E_{C1} 向 V2 供电，产生 I_Y 反向电流，u_i 继续上升，V2 基极电位不断下降，I_Y 反向电流不断上升。当 $t=t_2$ 时，I_Y 达到最大值——I_P，正程结束。

第三阶段：（$t_2 \sim t_3$）的工作过程。

当 $t=t_2$ 时，V3 基极电位有个跳变，使 V3 集电极电位迅速上升，导致 V2 迅速截止，偏转线圈中电流 I_Y 由 I_P 迅速降到零。由于 I_Y 的迅速变化，在 LY 两端产生一个上正、下负的感应电压（感应电动势，它的极性阻止线圈中电流变化），这个感应电动势使 V1 发射极电位 u_e 发生跳变，通过自举电容 C2 作用，u_{B1} 也发生跳变，使 V1 基极电压值超过电源电压 E_c 而且 $u_{B1}=u_e+E_{c2}$，故使 V1 基极电位高于发射极电位，V1 处于反向饱和导通状态。I_Y 电流通过 V2、V1 迅速减少。当 $t=t_3$ 时，I_Y 减到零，逆程前半段结束。$t_2 \sim t_3$ 期间，V1 反向饱和导通，反向饱和压降为 1～1.2V，使场逆程期间电感上感应出的反峰电压只比电源电压高 1～1.2V，大大降低了反峰电压，因而输出管耐压可以降低。

第四阶段：逆程后半段（$t_3\sim t_4$）的工作过程。

t_3 时刻后，若 I_Y 保持为零不变，则偏转线圈上的感应电动势降低，u_e（E_{C1}）随之下降。当 u_e 下降至稍小于电源电压 VCC 时，V1 变为正向饱和导通。电源电压 VCC 通过 V1 和 C1 对偏转线圈提供电流。电流 I_Y 不会保持为零而将按指数规律上升，上升快慢与偏转线圈的时间常数 τ =LY/RY 及电源电压 E_c 大小有关。在 $t=t_4$ 时，I_Y 上升到 I_P，V3 外加负脉冲结束，使 V3 截止转为导通，以后重复 $t_0\sim t_1$ 时的过程。

从上面分析可以得到如下结论：逆程时间 t_r 的前半段时间很短，决定逆程时间的主要是后半段，即 I_Y 从零上升到 I_P 的时间。保证场逆程规定时间，主要决定于 LY/RY 和电源电压 E_c，往往 LY/RY 决定于场偏转线圈结构，故 LY/RY 是常数。为了满足逆程时间要求，OTL 输出级一般采用提高电源电压 VCC 来缩短逆程时间。

2）双电源 OTL 场输出电路

为了提高 OTL 场输出电路的效率，在场输出级采用了双电源供电技术。

如图 6-14 所示，双电源 OTL 场输出电路采用两组电源供电。扫描正程时用低压供电，扫描逆程时用高压供电。双电源供电使得电路功耗大大减小，电路的工作效率由电源 OTL 的 26%提高到 64%。另外，可防止场逆程时间 T_r 由于晶体管的存储效应而变长。场逆程时间变长了，则场正程时间会变短，使图像变小。

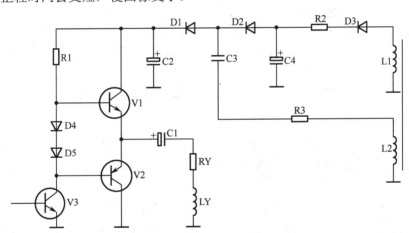

图 6-14 双电源 OTL 场输出电路

下面分析双电源 OTL 场输出电路的工作过程。

由图 6-14 可看出，V3 为场激励，V1，V2 为互补推挽场输出级，C2 为高压电源滤波电容，C4 为低压电源滤波电容。由行逆程变压器 L1 绕组上送来的行逆程负脉冲，经 D3 整流后在电容 C4 上得到约 44V 低压。在场扫描正程的前半段，V3 集电极电压较高，使 V1 导通，V2 截止；V1 集电极电压较低，于是 D1，D2 导通并由 C4 上的低压供电，场锯齿波电流经 V1，C1，RY 正向流过 LY，同时给 C1 充电。在场扫描正程的后半段，V3 集电极输出电压逐渐下降，使 V1 截止，V2 导通。C1 在正程的前半段时，充得的电压作为 V2 的供电电源。V2 的电流经 V2，RY，C1 方向流过 LY，形成场扫描正程的后半部分电流。此时，V1 截止，集电极电压较高，D1，D2 截止，44V 停止供电。行逆程变压器 L2 绕组上的行逆程正脉冲，经 R3，C3，D1 对 C2 充电，使 C2 上的电压逐渐上升。在正程结束时，C2 充电电压约是 C4 上电压的两倍（88V）。当场扫描逆程开始，C2 上的高压为 V1 供电。由于此时 V1 是截止的，

C2 的放电速度较慢，可维持逆程时期内都为高压供电。下一个正程开始时，V1 导通，C2 经 V1 迅速放电。由于 C2<C4，所以 U_{C3} 很快由 88V 降为 44V，实现正程低压供电。逆程期间采用高压供电不易进入饱和状态，缩短存储时间可有效地减小逆程时间。逆程结束后，在下一个正程开始时，V1 由导通转为放大状态，V1 导通时集-射之间功耗大为减小，电路效率得以提高。

　　3）集成电路场输出级

　　场输出集成电路的种类很多，它们的组成结构基本相同。下面介绍 LA7830 场输出集成电路。LA7830 场输出集成电路包含激励放大、消隐脉冲发生、升压器和自举升压 OTL 场输出等电路，电路如图 6-15 所示。

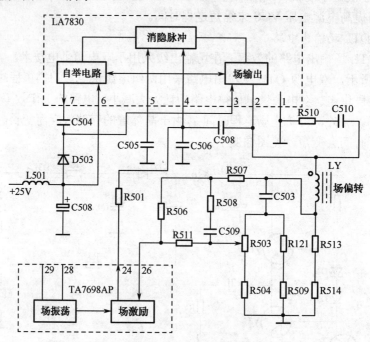

图 6-15　集成场输出电路原理图

　　由 TA7698AP 的㉔脚输出的场频锯齿波电压经电阻 R501 从 LA7830 的④脚输入，经内部前置级电压放大，再经 OTL 功率放大后由②脚输出到场偏转线圈 LY，场扫描电流经 LY，C503，R521，R509，到地形成回路。②脚输出信号经 R506，R507 直流负反馈电路和 C503，R503，R504 交流负反馈电路，将输出信号反馈到 TA7698AP 的㉖脚，稳定工作点，改善线性。

　　LA7830 的⑥脚为+25V 电压输入端，为内部电路提供工作电压。同时，由 D503 加到③脚上。③脚高压为功放电路逆程供电端。扫描正程时，自举升压电容 C504 已充有电源电压，在其后半段内部电源切换，电路对⑦脚又充以电源电压，C504 上电压升到电源电压的两倍，使 D503 截止，由 C504 上的倍压供电。⑦脚还输出场消隐信号，送到亮度通道后，与亮度信号一起再经过末级视放放大后加到显像管的阴极消除场回扫线。LA7830 场输出集成电路引脚功能见表 6-3 所示。

表 6-3 LA7830 场输出集成电路引脚功能表

引 脚	功 能	引 脚	功 能
1	接地	5	外接滤波电容
2	内部接 OTL 场输出端，外接场偏转 DY	6	内接逆程电子开关，外接+25V 场电源
3	内部接场输出电源输入端，外接自举电容	7	内接电子开关，外接自举升压电容
4	内接场激励输入端，外接 TA7698 场激励		

2. 场扫描电路的非线性校正

场扫描电路为场偏转线圈提供锯齿波电流，如果线性不良会使重现图像产生畸变，影响收看效果。从场扫描电路的结构看，引起非线性失真的主要原因有如下所述的几种情况。

1）锯齿波形成电路产生的失真

场扫描电路所需要的锯齿波电压是由场频脉冲经 RC 积分电路的充、放电形成的，而电容充电电压按指数规律上升，这就会使锯齿波电压后半段的上升速度减慢，造成图像下部被压缩。

一般可采用加大锯齿波形成电路时间常数 RC，取积分起始部分线性较好的一段作为场信号，以改善场频锯齿波电压的线性度。但 RC 时间常数也不能选得太大，因为时间常数越大，锯齿波幅度越小，即上凸失真。提高电源电压，可提高锯齿波输出幅度。因此，增加 RC 时间常数，同时提高电源电压，有利于改善场线性。

2）场输出管非线性引起的失真

晶体管的输出特性曲线是非线性的。由于场扫描电流很大，容易使三极管进入饱和区或截止区。即使在基极输入线性好的锯齿波电压，也会使集电极电流出现上凸变化，引起锯齿波电压非线性失真。

合理选择场输出晶体管的工作点，引入负反馈，并选用 P_{cm} 和 β 值都大的晶体三极管，增加晶体三极管的动态范围，使失真减小。

3）级间耦合电容引起的失真

如果级间耦合电容的数值不够大，RC 时间常数较小，耦合电容对输入的锯齿波电压的微分效应，使输出锯齿波上凸而引起失真。

可加大耦合电容的数值，尽可能采用直接耦合方式，克服耦合电容的微分效应。

以上三个原因都可使锯齿波电流产生上凸失真，使图像出现下部压缩。

采取一定的措施可有效地减小电路的非线性失真。但要彻底消除失真，还可以增设一些线性校正电路，常用的非线性失真校正方法如下几种。

（1）积分电路法。

积分电路输出线性锯齿波时，输出为抛物波，即产生下凹失真。由于场扫描电路使线性锯齿波产生上凸失真，所以可以采用积分电路，人为地使线性锯齿波产生下凹失真，以抵消场扫描电路原有的上凸失真，在通常情况下，可在电容 C 支路串联一个电位器 RP，改变 RP 则可以改变输出波形的上翘程度。

（2）预失真法。

预失真法是针对电路的失真情况，预先将输入信号转变为相反方向失真的信号。如果输入线性好的锯齿波则会产生波形上凸失真，则给其输入一个下凹失真的信号，就有可能输出线性好的锯齿波。采用锯齿波再积分电路，就可使线性好的锯齿波产生下凹失真。

（3）负反馈法。

根据在电子线路中加入负反馈可以减小信号失真，为此，在场扫描电路中适当加入各种负反馈，减小场非线形失真。

例如，由场输出管非线形引起的失真，可在发射极串联一个小电阻，使其具有交、直流负反馈作用。其中，直流负反馈可以稳定工作点，而交流负反馈则可改善线性，减小失真。

（4）正反馈法。

场推动级和场输出级放大的为锯齿波电压。锯齿波电压为逐渐升高的电压，电压越高，正反馈以后的输入电压也越高，可以使场扫描正程后期的电压相对得到提升，使上凸失真得到改善。正反馈可以加大场扫描正程后期的电流，使光栅下部的扫描速度加快，可消除图像下部的压缩现象。

非线性校正电路都是加于场推动级的，正反馈会产生自激振荡，振荡频率由反馈元件的时间常数决定。当自激振荡频率与场频不同且振荡幅度太大时，便不能很好地放大场振荡信号，会产生场不同步现象。因此，正反馈不能太强。

3．场扫描电路的性能要求

（1）为场偏转线圈提供线性良好、幅度足够且频率为50Hz的锯齿波电流，产生场偏转磁场，使电子束在垂直方向进行均速扫描运动。

（2）利用场逆程脉冲为显像管电子束回扫期间提供消隐信号，消除场回扫线。

（3）能与场同步信号可靠同步，不受环境温度和电源电压变化的干扰。

（4）场扫描电流要便于线性、幅度及频率调整，并且互不影响。

4．行输出电路

1）行输出电路的工作原理

彩色电视机由于行频较高，行偏转线圈对行频呈感性负载。要在行偏转线圈中得到锯齿波电流，就必须对行偏转线圈施加矩形脉冲，因此行输出电路工作在开关状态。典型的行输出交流等效电路原理图如图6-16所示。图中LY是行偏转线圈，Cs为S型校正电容，Ls为行线性补偿电感，Co为行逆程电容（含分布电容在内），B1为行激励变压器，B2为行输出变压器，D为阻尼二极管。

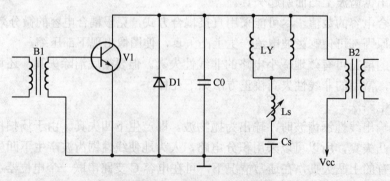

图6-16　行输出电路原理图

在分析本电路工作原理时，关键是弄懂阻尼二极管、逆程电容Co及S型校正电容的作用。另外，对本电路的状态还要做如下说明。

首先，行输出管工作在开关状态，这与前面介绍的场输出电路的工作状态是有本质区别的。

因此行激励输出开关脉冲作用于变压器 B1 初级。第二，当接通电源后，电源 EC 通过 LY、Ls 对电容 Cs 充电。由于 Cs 容量一般取得较大，对 15625Hz 行频可以认为短路，即 Cs 上充的电压在行周期内变化很小，行输出管工作时，Cs 可以当做电源。也就是说，Cs 上消耗能量不断得到 EC 的补充。第三，行输出电路工作时，行输出变压器 B2 初级电感量比 LY 大得多，并与 LY 并联，而 Ls 和 LY 又是串联，Ls 又比 LY 小得多，所以在分析电路时，可暂不考虑 B2 和 L2 的影响，即 B2 视为开路，Ls 视为短路。这样，图 6-16 的电路可以等效成图 6-17，图中开关 K 为行输出管 V1，电源 EC 为 Cs 上电压。

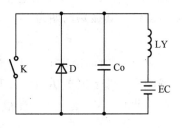

图 6-17　行输出等效电路

根据行输出电路特点，下面分 4 个阶段分析行输出电路工作原理，图 6-18（a）～（d）是图 6-17 的 4 个阶段等效电路，行输出管用 K 表示。

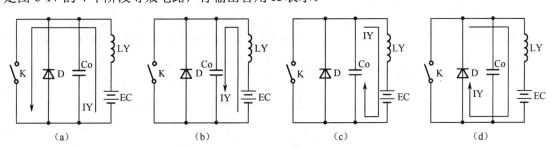

（a）　　　　　　（b）　　　　　　（c）　　　　　　（d）

图 6-18　行输出电路 4 个阶段等效电路

（1）行扫描正程后半段（t_0～t_1）。

V1 的基极电压为正脉冲，V1 饱和导通，D 与 Co 被短路。开关脉冲如图 6-18（a）所示，在 t_0 时刻注入行输出管 T 基极，行输出管饱和导通。相当于图 6-18（a）开关 K 合上，电源 EC 通过开关 K（以下行输出管称为开关 K），加到 LY 两端。这样 LY 中电流线性增长，等效电路如图 6-18（a）所示。到 t_1 时刻，偏转线圈电流 I_Y 上升到最大值 I_p，形成行正程后半段的扫描电流。

流过行偏转线圈中的电流并非直线上升，而是以指数规律从零开始上升，即：

$$I_Y = \frac{EC}{R}(1 - e^{-\frac{t}{\tau}})$$

式中 R 不仅仅是偏转线圈电阻，而且包括晶体管饱和内组及电源电阻，时间常数 $\tau = LY/R$，当 $t \ll \tau$ 时，于是得到：

$$(1 - e^{-t/\tau}) \approx t/\tau$$

所以，$IY = \frac{EC}{LY}t$

当电阻很小时，线圈中电流近似为随时间线性增长。

（2）行扫描逆程前半段（t_1～t_2）。

V1 的基极电压为负脉冲，V1 截止，D 截止。t_1 时刻，输入行输出管基极脉冲变为负脉冲，T 迅速截止，相当于开关 K 断开，如图 6-19（b）所示。由于电感中电流不能突变，偏转线圈中电流保持原来的方向继续流动，对逆程电流 Co 充电，其充电电流变化如图 6-19（d）所示。

也就是说，线圈中磁场能量逐渐转化为电场能量，Co 上充电电压变化如图 6-19（e）所示。线圈中电流减小，Co 上电容上升。I_Y、V_{Co} 的变化规律以 LYCo 回路组成行逆程期自由振荡曲线变化，其振荡周期为

$$T = 2\pi\sqrt{I_Y Co}$$

$t_1 \sim t_2$ 时间决定 LY、Co 参数，经四分之一周期以后，到 t_2 时刻，磁场能量全部转化为电场能量。即 t_2 时刻 $I_Y=0$，逆程电容 Co 上的电压升到最大值 V_{cmax}，回路完成 1/4 周期自由振荡，此时，V1 集电极承受很高的电压。V_{cmax} 能达到（8~10）E_c。

（3）行扫描逆程后半段（$t_2 \sim t_3$）。

V1 的基极电压仍为负脉冲，V1 截止，D 截止。t_2 以后，行输出管基极仍为负脉冲，T 仍截止，相当于 K 仍断开，如图 6-19（c）所示。LY、Co 回路继续振荡下去，进入下一个 1/4 周期，电容 Co 上电压通过 LY 放电，电容上电压减少，LY 中电流由零开始反方向增大，电容和电感上电压、电流变化规律如图 6-19（d）、（e）所示。经过四分之一周期后，电容上电压减到零，LY 中电流达到负向最大值，即电场能又全部转化为磁场能。在上述 3 个阶段，阻尼二极管 D 由于加的是反向电压，一直处于截止。回路完成了另一个 1/4 周期自由振荡。

（4）行扫描正程前半段（$t_3 \sim t_4$）。

在 $t_3 \sim t_4$ 时段，V1 的基极电压仍为负脉冲，V1 截止，LY 中电流达到反向最大值，V_{Co} 为零，偏转线圈电流开始向 Co 反向充电，磁能又开始转化为电能。当 Co 上反向电压上升到阻尼管 D 导通电压时，阻尼管 D 导通，I_Y 通过阻尼管线性减小到零（t_4 时刻），这个过程的电压、电流波形如图 6-19（d）、（e）所示。在这个过程中，若阻尼管开路，LYCo 回路的自由振荡将继续下去。

$t_4 \sim t_5$ 期间会重复 $t_1 \sim t_2$ 期间过程，I_Y 中得到连续的行扫描电流。

综上所述，行扫描电流正程是由行输出管 V1 与阻尼管 D 导通形成的，行扫描电流逆程是由 LY、Co 电路自由振荡产生的。即从交流等效电路分析，得到几点重要结论。

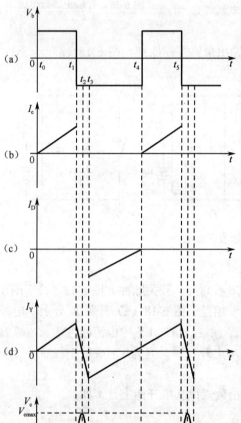

图 6-19　行输出电路工作波形

① 行扫描正程电流由两部分组成，正程前半段（屏幕左边光栅）扫描电流由阻尼二极管导通形成，正程后半段由行输出管 V1 导通形成。

② 行扫描逆程时间：由行偏转电感量 LY、逆程电容 Co 组成自由振荡周期的一半决定，即

$$t_r = \frac{1}{2}T = \pi\sqrt{I_Y Co}$$

调整 Co 大小，就调整了逆程时间。

③ 行扫描逆程交流峰值电压：

$$V_{Cmax} = \sqrt{\frac{LY}{Co}} I_{YM}$$

由此可见，逆程电容 Co 大小，不仅决定逆程时间长短，还决定逆程峰值电压大小。行逆程峰值电压很高，其值也可由下式计算：

$$V_{Cmax} = \frac{\pi T_{HS}}{2 T_{Hr}} E_C \approx (8 \sim 10) E_C$$

为了保证行输出管 V1 正常工作，行输出管 V1 的主要参数应要求为

$$U_{BR(ceo)} \geqslant 1500V，\quad P_{cm} \geqslant 50W，\quad f_T \geqslant 50MHz$$

④ 行逆程电压就是行输出管集电极峰值电压，通过行输出变压器变换，可以得到显像管阳极高压及各种中压、低压，而这些电压均与逆程电容 Co 有关。

2）行输出电路中的非线性失真及补偿

行输出级为行偏转线圈提供线性良好的锯齿波电流，才能保证电子束在水平方向上均速扫描。但实际上行输出电路在工作中有许多因素会造成行扫描电流并非是理想的线性锯齿波。引起波形非线性失真的主要原因有以下几点。

（1）电阻分量引起的非线性失真。

在行扫描正程的后半段，因为行输出管导通存在正向电阻 RP，行偏转线圈存在损耗电阻 R，回路总电阻 R=RP+RY。电阻 R 引起的失真及补偿如图 6-20（a）所示。

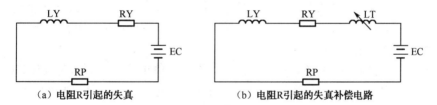

（a）电阻R引起的失真　　　　　　（b）电阻R引起的失真补偿电路

图 6-20　电阻分量引起的非线性失真及补偿电路

行偏转线圈中的电流为

$$iY = \frac{EC}{R}(1 - e^{-t/\pi})$$

只有 R 很小，即 $\pi = LY/R, \pi \gg t$ 时，才近似为线性变化。但 R = RP+RY 不可能很小，所以 i_Y 不是线性的。也就是说，当 i_Y 增大时，LY 端电压（$E - i_Y RY$）减小，i_Y 增长速度变慢，使图像右端被压缩。对这种失真的补偿，可在行偏转线圈中串联一个行线性调节器 LT。LT 为磁饱和电抗器，其特点是，当电流小时不饱和，当电流大时容易饱和，电感饱和后，电流增强时，磁场不再增加了，也就失去了电感的特性，及电感量随 i_Y 的增大而减小，如图 6-20（b）所示。当 i_Y 增大时，LT 上的电压随之减小，而 R 上的电压随之增大，只要 LT 上的电压减小量与 R 上的电压增加量相等，则可互相抵消，使 LY 端电压保持不变，扫描电流线性得到有效改善。

在行扫描正程的前半段扫描电流是流过阻尼二极管（和偏转线圈）的，因为阻尼二极管的非线性，当 i_Y 增大时，扫描电流是线性的；当流过阻尼二极管的电流 i_Y 逐渐减小时，其内阻 Rd 随之增大，所以锯齿波电流在较小时出现非线性失真，产生图像中间的压缩现象。对这

种失真的补偿方法有三种。第一种方法是把阻尼二极管负端接到行输出变压器的升压线圈上，提高阻尼二极管的电压，使二极管正向电阻减小，扫描电流增大，图像失真减小。这种方法一般用于黑白电视机。第二种方法是使在阻尼二极管导通时行输出管也导通，即行输出管比原来提前约 20μs 导通。这时行输出管的 c，e 极反向作用，使一部分电流流过行输出管，补偿小电流时阻尼二极管电阻大而引起的失真。第三种方法是选用内阻较小的阻尼二极管。这样就可保证 LY 两端的电压不变，从而得到线性好的锯齿波电流。

（2）显像管自身结构引起的非线性失真及补偿。

显像管荧光屏曲率与电子束偏转曲率不同，屏面的曲率中心与电子束偏转中心不同，使荧光屏上各点距电子偏转中心的距离不等。屏面中间离偏转中心近，则图像被压缩；屏面两边离偏转中心远，则图像被拉伸。这种现象称为延伸畸变，克服延伸畸变的有效方法是在行偏转 LY 的电路串联 S 校正电容 Cs。LY 与 Cs 构成一个串联谐振电路，适当选择 Cs 的容量（0.22～0.47μF），使谐振频率低于行频。CsLY 谐振电流为正弦波电流，即 S 形电流。将谐振电流与行扫描电流叠加后总电流呈 S 形，使行扫描正程始、末两端旋转电流变化变慢，扫描速度也相应变慢，正好补偿了延伸失真。

根据上述延伸失真的原理可知，显像管的边缘离中心距离越远，则幅度也越大，失真越严重。显像管的四个脚离中心距离越远，则失真加重，所以会产生枕形失真。显像管的荧光屏越平越大，枕形失真就越严重。因此，枕形校正电路在新型超平、纯平大屏幕电视机中就更为重要了。由于自会聚彩色显像管为使会聚良好，场偏转磁场为桶形磁场分布，所以会使枕形失真更加严重。而行偏转磁场为枕形分布，可以使枕形失真减小，所以彩色显像管只有水平方向的枕形失真。要校正这种失真，需要设置专门的枕形校正电路。校正的基本原理是，由场输出取出场频锯齿波电流并经积分电路转变为场频抛物波电流，然后去调制行扫描电流。

3）高中压形成电路

在行扫描逆程时间，产生（8～10）倍电源 E_c 的反峰电压，且频率为 15625Hz，它是一个交流脉冲电压。用一个行逆程变压器进一步升压进行电压变换，经二极管整流，可获得几百到几十千伏的高压，供电视机有关电路作为直流电源，具体电路如图 6-21 所示。

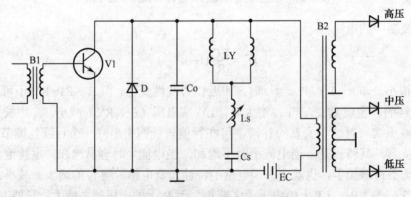

图 6-21　高中压形成电路原理图

由图 6-21 可以看出，行输出变压器（也称逆程变压器）B2 初级构成行输出级直流通路，变压器初级与偏转线圈 LY、逆程电容 Co 是并联的。行输出变压器有几个绕组，对逆程电压可以升压，也可以降压。前面介绍了在行扫描逆程期间，电容 Co 上的产生的脉冲电压接近 8 倍的电源电压 E，这个逆程高压经行输出变压器进一步升压，由高压二极管整流滤波后，可得到显像管需要的几万伏高压，并且可以从变压器的不同绕组或其他抽头分别引出不同数值的行逆程脉冲电压，经中压、低压整流滤波后，作为显像管各电极及其他电路所需的直流电压。行逆程供电的优点是行频高，滤波电容可用得比较小。例如，利用显像管锥体部分内外的石墨层构成的电容器，约为 500～1000pF，即可用于阳极高压的滤波，逆程电压很高，用其作为初级电压，高压绕组的线圈匝数相对较小，就可加大高压绕组的线径，提高其可靠性。

彩色电视机采用的行输出变压器多为一种一体化多级一次升压式逆程变压器。这种变压器将高压整流二极管、逆程变压器、耐高压电阻、电容紧凑地组装在一起，用环氧树脂封成一个整体。既能完成多级依次升压的功能，又能很好地解决高压包与周围元件之间的绝缘问题，充分体现了体积小、耐压高、寿命长、热稳定性好的特点，并且可以减小分布电容，使高压包与分布电容形成五次谐波谐振，使次级电压提高，初级电压降低。有利于降低行输出管的耐压要求，提高可靠性。同时，又可提高次级电压，减小高压包的匝数，提高高压的负载能力，三级一次升压式高压电路如图 6-22 所示。

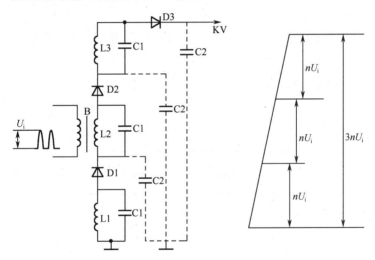

图 6-22　三级一次升压式高压电路

实现一体化变压器的关键是变压器绕组结构、耐高压封装、高性能的高压整流二极管。它是用玻璃直接沉淀在硅片的 P-N 结表面上形成的，其功耗只有普通二极管的 40%，热稳定性好，工作温度可达 140～150℃，且体积小、重量轻、寿命长、绝缘可靠。

三级一次升压式高压包电阻，各整流单元是串联的，可以获得直流输出。但对交流则是并联的，各绕组线圈下端由于分布电容旁路作用处于交流接地，而上端都感应相等脉冲电压，这样不但使各分段绕组初级、次级变压比较小，从而降低了绝缘要求，而且总的等效分布电容也大为减少，使整流器的负载能力进一步提高，高压更加稳定。集成化彩色电视机中，几乎全部采用这种一体化三级一次升压逆程变压器电路。

由图 6-22 可看出，变压器次级高压线圈饶制成匝数相同的三个绕组 L1，L2，L3，高压整流二极管 D1，D2，D3 分别与各绕组线圈串联，C1 为各绕组自身分布电容，C2 为绕组对地分布电容。每个二极管与线圈均可看成一个普通整流二极管电路，C1 和 C2 为滤波电容。

在通常情况下，把行输出变压器与加速极电位器和聚焦电位器封装在一起，绝缘性能好，工作稳定且可靠。

项目工作练习 6-3　行、场扫描电路（有伴音、无光栅故障）的维修

班　级		姓　名		学　号		得　分	
实训器材							
实训目的							

工作步骤：

（1）开启彩色电视机，观察有伴音、无光栅故障现象（由教师设置不同的故障）。

（2）故障分析，说明哪些原因会造成彩色电视机有伴音、无光栅。

（3）制定彩色电视机有伴音、无光栅故障的维修方案，说明其检测方法。

（4）记录检测过程，找到故障器件、部位。

（5）确定维修方法，说明维修或更换器件的原因。

工作小结	

项目工作练习 6-4　行、场扫描电路（一条水平亮线故障）的维修

班　级		姓　名		学　号		得　分	
实训器材							
实训目的							

工作步骤：

（1）开启彩色电视机，观察一条水平亮线故障现象（由教师设置不同的故障）。

（2）行、场扫描电路故障分析，说明哪些原因会造成彩色电视机一条水平亮线。

（3）制定彩色电视机一条水平亮线故障的维修方案，说明其检测方法。

（4）记录检测过程，找到故障器件、部位。

（5）确定维修方法，说明维修或更换器件的原因。

工作小结	

项目 7

开关式稳压电源

（1）了解开关型稳压电源的种类。

（2）掌握彩色电视机开关型稳压电源的检测和拆卸方法。

（3）了解开关型稳压电源的构成框图。

（4）理解开关型稳压电源典型电路的工作原理。

（5）掌握彩色电视机开关型稳压电源故障的分析和检修方法。

（6）了解彩色电视机所用直流稳压电源的要求。

任务 7.1　开关式稳压电源的检测和拆卸

 问题导读一

技师引领一

顾客严先生："我家的熊猫 2138B 型电视机使用了多年一直未出现故障，最近电视机开机有光栅，收看节目时图像正常，但无伴音，播放 VCD、DVD 也是如此，均无法正常收看，孩子学外语也受影响，家里人想换台新的。如果这台机器可修复的话岂不是节约一大笔开支。请您帮我把电视机修复。"

王技师观察故障后对顾客严先生说："您家电视机在看电视节目和看 DVD 时都会出现无伴音现象，故障应该出在伴音的公共部分（伴音功率放大电路、电源电路等）。该电视机是完全可以修复的。"

王技师维修

用十字起子将电视机后盖螺钉拆除，取下后盖，轻轻地抽出主板。接入射频信号或 AV 信号，接通电源，调至有信号的频道并将音量调到最大。示波器探头地线夹接地检测伴音功率放大集成电路 N601 第①脚无伴音信号输入，第④脚也无伴音信号输出。将万用表调至直流电压 50V 挡，黑表笔接地，红表笔测 N601 第⑤脚（电源脚）无 28V。在电路板上找到电源部分，测量滤波电容 C718 无 28V 电压，说明开关电源无 28V 电压输出。万用表调至电阻挡，测量 28V 对地无短路现象；VD710 正反向阻值正常；检测电阻 R713 阻值无穷大，正常值为 1Ω，该电阻已断路。更换电阻 R713，通电测量 28V 电压已恢复正常，此时扬声器已发出清

脆悦耳的伴音。开关式稳压电源的原理电路图如图 7-1 所示。至此，由电源引起的无声故障修复。

技师引领二

客户周先生："我家的熊猫 2138B 型电视机不能开机，电源指示灯不亮，遥控器不起作用，面板按键也无作用。该机在出现故障时，家中的漏电保护器也随之跳闸，待合上闸后，电视机就不能开机了。"

陈技师接通电源，观察了故障现象，并对故障做出分析，该机无图像，无光栅，无伴音，是典型的三无故障，通常是因为开关稳压电源没有工作引起的。电源电路一旦出现故障，电视机各单元电路将无法正常工作，随之会出现各种三无故障。

陈技师维修

用十字起子将后盖螺钉拆除，取下后盖。

在电路板上找到电源部分，目测元器件有无异常，发现熔丝 F701 已经熔断，并且熔丝的玻璃内壁发黑，说明有较大的电流通过 F701，并将其烧毁。还发现电阻 R701 发黑，将万用表调至电阻挡测量 R701 阻值，该电阻已开路，R701 的损坏也是因为通过电流过大引起的，电路中肯定存在短路现象。先不急于更换，待查明短路原因，找出导致短路的不良器件后方可更换。用电阻挡测 C706 正极对地电阻，阻值几乎为"0"，说明 300V 已接地。300V 电压要通过开关变压器 T701，L704 送到开关调整管 V704 的集电极，脱开电感 L704，测 V704 集电极对地阻值为"0"，此时已能判定故障出在 V704 上。拆下开关调整管 V704 测 c，e 极阻值为"0"，已击穿。更换开关调整管 V704，电阻 R701，熔丝 F701，并将 L704 焊好。

通电试机，电源指示灯点亮，出现光栅，接入信号，图像伴音均正常，这时候用万用表直流电压 200V 挡检测开关电源各路输出电压是否准确，确认无误后，此机修复。

 ## 技能训练一　学习开关式稳压电源的检测和拆卸

器材：万用电笔一只，示波器一台，电工工具一套，彩色电视机一台，220V/1∶1 隔离电源变压器一只（采用悬浮供电的实验室可以不用）。

目的：学习开关式稳压电源的检测和拆装，为学习开关式稳压电源的检测与维修做准备。

一、开关式稳压的检测和拆卸

（1）关闭电源开关，拔掉彩色电视机电源插头，用十字起子拆下彩色电视机后盖螺丝，取下彩色电视机后盖。

（2）把主板上的挂钩松脱，慢慢移出主板。

（3）根据电路原理图万用表测量开关式稳压电源整流、滤波电路有关测试引脚。

（4）用万用表和示波器测量彩色电视机开关式稳压电源振荡部分相关测试点。

（5）用万用表测量彩色电视机开关式稳压电源稳压部分相关测试点。

（6）拆卸故障元器件，重新装好安装好主板，恢复原来状态。

二、开关式稳压电源的装配

安装是拆卸的逆过程，拆、装开关式稳压电源的原理图可参考图 7-1。

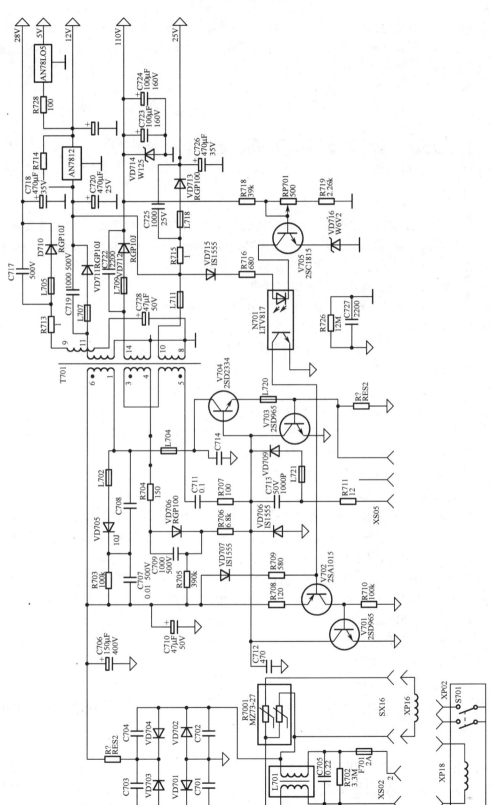

图7-1 拆、装开关式稳压电源的原理图

在拆卸开关式稳压电源时，要记好拆卸顺序与各元器件的位置，尤其是有方向的二极管、电解电容、晶体三极管和集成电路的引脚不能接错，大功率管或者电源功率集成电路的拆、装要注意两点：

（1）散热片与大功率管或者电源功率集成电路之间一定要加导电硅脂；

（2）散热片与大功率管或者电源功率集成电路之间的螺钉螺帽间要用弹簧垫片。

 ## 知识链接一　开关式稳压电源的组成与电路分析

一、概述

电视机中的集成电路、晶体管和显像管电极都需要稳定的直流电压。直流电压是由直流稳压电源直接或间接提供的，而直流稳压电源的电能是由交流市电提供的。通常，由交流市电供电电路先经整流、滤波将交流电能转换成直流电能，再经稳压电路加以稳定。

1. 对于电视机用直流稳压电源有如下要求

（1）要求有较好的稳压性能。当交流市电在 220（±10%）V 额定范围内波动时，应能继续提供稳定的直流电压，确保电视机各部分电路工作正常。

（2）波纹电压要小。一般要求输出电压中所含的纹波电压在 5～10mV 以内。过大会造成同步不稳或图像扭曲。

（3）负载特性要好。由于图像的亮度、内容、音量大小等变化会使直流稳压电压的有效负载电流发生变化，要求输出电压仍能保持不变。

（4）具有过载保护能力。在电视机使用过程中，有时会因故发生过载或负载短路，具有过载保护能力可保护电源电路安全，不致损坏机器。

（5）效率高。因电视机的全部消耗功率几乎都由直流电源供给，故减少电源本身的功率损耗（同时也降低温升）可提高效率。

（6）人身安全。要求在用户使用电视机时可能接触到的金属部分，不能带交流高压，以免触电。这一点，对于采用电源变压器的整流稳压电路是能够做到的，故比较安全。对于不用电源变压器而直接取电网 220V 电压整流时，电视机的底板和电网直接连接，故容易带交流高压。在使用这类电视机时，应注意人身安全，特别是打开机壳做实验或维修时，必须加接 1:1 变压比的隔离变压器，以便将电视机与电网隔开。否则，应遵照生产厂的说明操作，以保证安全。

2. 电视机用稳压电源的种类

（1）串联式电子稳压电源。

（2）串联式低压开关电源。

（3）并联式高压稳压电源。

其中，彩色电视机主要用并联式高压稳压电源，黑白电视机常用串联式电子稳压电源。

二、开关稳压电源的基本原理

开关稳压电源是一种新型电源。先将交流电整流、滤波转换成直流电，再经开关式直流-直流变换和稳压，最后输出稳定的直流电压。普通的串联式电子稳压器的效率仅为 50%～80%，而开关式稳压电源的效率较高，可达 70%～95%。开关稳压电源的构成原理方框图如图 7-2 所示。

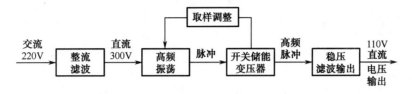

图 7-2　开关稳压电源的构成原理方框图

由图 7-2 可看出，通过取样调整的通断时间，使输出电压稳定在额定值。因为调整管工作于开关状态，而负载需要获得一个连续的电压和电流，故电路中必须有一个储能元件，以便在开关调整管截止期间继续向负载提供电能。图中储能元件是开关储能变压器，也可以用扼流圈。根据储能元件的连接方式，可分为串联和并联两种电路形式。

三、串联式开关电源

串联式开关电源的构成原理如图 7-3 所示。这里，晶体管 VT 作为开关之用，扼流圈 L 为储能元件，二极管 VD 为续流管，电容器 C 为平滑滤波电容。

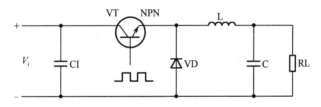

图 7-3　串联式开关电源的构成原理

开关管的通断受基极输入的方波开关信号控制。当晶体管 VT 导通时，二极管 VT 截止。来自输入直流电压 V_i 的电流经过晶体管 VT、储能元件 L，流过负载 RL。在这过程中，扼流圈以磁能方式储存能量。当开关信号使晶体管截止时，扼流圈中所储磁能以电流的形式释放，电流流过负载 RL，经续流二极管 VD 回到扼流圈。

显然，开关电源的输出电压 $V_o = \delta V_i$。这里，δ 为开关信号的占空系数，它是晶体管导通时间与开关信号周期之比，即 $\delta = T_{on}/T_o$。在开关信号周期恒定时，控制导通时间的长短，就可以控制输出电压的大小。如果开关信号受输出电压反馈控制，那么就可以实现自动稳压的目的，形成开关稳压电源。

四、并联式开关电源

并联式开关电源的构成原理如图 7-4 所示。由图可看出，储能电感是与负载 R 并联相接的。方波开关信号加到开关调整管 VT 的基极上，当晶体管导通时，二极管 VD 截止，电流经晶体管，再流过储能电感形成环路，这时储能电感中以磁能方式储存能量。开关信号的另半周，使晶体管截止，储能电感上的电压极性立即翻转，使二极管导通，从储能电感流出的电流经负载 R 和二极管 VD 回到储能电感形成环路。与负载并联的大电容 C 也起稳定输出电压的作用。

如果将图 7-4 电路中的储能电感加绕次级绕组形成一个变压器，可使交流电网与机壳隔离，省去电压隔离变压器，形成一种更完善的变压器式开关电源，如图 7-5 所示。同理，如改变开关信号的占空比，就可以控制输出电压；如再接受连续反馈控制，也可实现自动稳压。

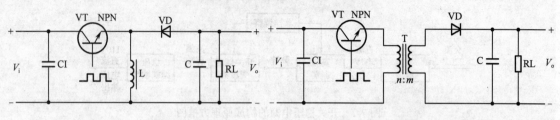

图 7-4　并联式开关电源构成原理　　　　图 7-5　变压器式开关电源

五、自激式开关电源

开关电源的调整管参与脉冲振荡，即电源调整管也作为自激脉冲振荡管的方式称为自激式开关电源。自激式电路简单，容易设置保护电路。

六、它激式开关电源

开关电源的调整管不参与脉冲振荡的方式称为它激式开关电源。它激式电路必须另设脉冲振荡电路，产生脉冲振荡信号控制开关调整管的导通与截止，即开关调整管受控于来自其他电路的信号。它激式电路复杂，使用的元器件较多。

 知识链接二　彩色电视机用开关稳压电源

一、熊猫牌 2138B 型彩电开关稳压电源典型电路分析

1. 概述

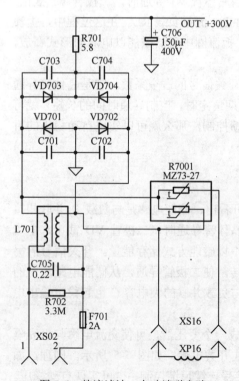

图 7-6　整流滤波、自动消磁电路

彩色电视机所用开关稳压电源的输出电压较高，大多数采用图 7-1 所示并联变压器式开关电源电路。以熊猫牌 2138B 型彩色电视机中的开关稳压电源为例讲述工作原理。

这种彩色电视机电源采用调宽式开关电源，属于升降式电路，可以实现原边与副边的隔离，大大提高了安全性。电网电压在 176～246V 范围内变化时，其输出直流电压稳定在额定范围内。输出直流电压有五种：28V、5V、12V、25V 和 110V，此电路功率损耗小、效率高、工作稳定。该电路也被广泛应用于其他彩色电视机。电路包括滤波电路、整流滤波电路、自动消磁电路、振荡电路、稳压电路和过流保护电路等。

2. 工作原理

1）滤波电路

由图 7-6 看出，交流电源经 XS02 插座和 F701 熔断器（俗称保险丝），进入由泄放电阻 R702、吸收电容 C705 和滤波电感 L701 组成的交流进线滤波电路，它具有双向滤波功能。不仅可以阻止电网中的干扰信号进入彩色电视机电源，对电视机产生干扰，又可防

止彩色电视机开关电源产生的干扰窜入电网，对其他电视机或电子设备造成干扰。

2）整流滤波电路

由图 7-6 看出，整流晶体二极管 VD701～VD704 与抗干扰电容 C701~C704 组成整流电路，它的作用是将交流电转变为脉动的直流电，由电子技术知识计算可知，VD701~VD704 与 C701~C704 的耐压一定要大于 400V，电流要满足彩色电视机最大负载（亮度最大、音量最高等）的电流。限流电阻 R701 与大容量电解电容 C706 组成高压滤波电路，它的作用是将脉动的直流滤为较平直的直流电，供给后面的稳压电路。

3）自动消磁电路

在滤波电感 L701 等组成的滤波电路去整流滤波电路处，分流了一部分经 PTC 热敏电阻 R7001（MZ73-27）、消磁线圈插座（XS16）、消磁线圈插头（XP16）和消磁线圈组成自动消磁电路。它的工作原理是：彩色电视机刚接通电源，消磁线圈中电流较大，如果消磁线圈为 400 匝、50Ω，开始时电流为 1.25A，则磁场强度为 500 安匝。随着电流流动，PTC 热敏电阻 R7001（MZ73-27）受热后阻值迅速上升，消磁线圈两端电压下降，两者作用的结果，使流过消磁线圈的电流迅速减到很小，最后消磁线圈电流下降到 0.75mA 左右稳定不变，这样电视机正常工作，残留的磁场强度为 0.3 安匝。整个消磁过程自动完成。

4）振荡电路

经整流滤波电路输出的 300V 直流电压，是一个不稳定的直流电压。该电压一路经 T701 初级线圈 L1 的⑥端到①端，加到开关晶体三极管 V704 的集电极，同时启动电阻 R705、R706 上的电流使开关晶体三极管 V704 微导通，由图 7-7 看到开关变压器绕组上所标黑点是同名端。

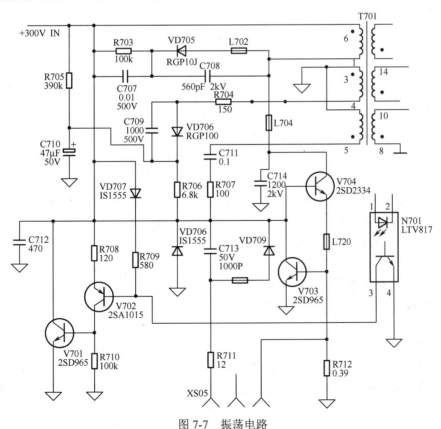

图 7-7　振荡电路

电路的振荡过程如下：接通电源后，220V 交流电压经滤波电路与整流滤波电路形成 300V 直流电压，当开关晶体三极管 V704 微导通使 T701 初级线圈 L1 的⑥端、①端内有电流流过，这样一来在该绕组上产生感应电动势 $E_{⑥①}$ 以阻止绕组上电流的增加，（⑥端为正，①端为负），由电工原理知识，根据同名端的位置知道，开关变压器 T701⑤、③绕组上也产生感应电动势 $E_{⑤③}$，（⑤端为正，③端为负）此电动势经过 C711，R707，开关晶体三极管 V704 基极、发射极对 C711 充电，形成强烈的正反馈电流 I_{C711}，使开关晶体三极管 V704 由微导通迅速进入饱和状态。

随着对 C711 的充电，电容器两端电压 V_{C711} 逐渐升高，接开关变压器 T701 绕组⑤端为正，接 V704 基极为负，开关晶体三极管 V704 饱和导通后电流 I_{C711} 稳定不变，T701 初级线圈上各绕组两端感应电动势都为 0，C711 上积累的电荷通过⑤、③绕组，R707、VD709 为 V704 提供反偏电流，从而又使开关晶体三极管 V704 由饱和状态退让到放大区，此反偏电流不断减小，开关变压器 T701 各绕组上又产生感应电动势 $E_{①⑥}$ 和 $E_{③⑤}$ 以阻止该电流的下降，其中绕组①、③端为正，绕组⑤、⑥端为负，$E_{③⑤}$ 继续通过微导通 R707、VD709 为 V704 进一步提供反偏电流，开关晶体三极管 V704 迅速由放大区进入截止区，完成了一个振荡过程。

初级绕组③、④及次级各绕组在开关晶体三极管 V704 截止期间，将开关变压器 T701 在 V704 导通期间存储的电荷释放出来，给后级的负载供电。③、④绕组为初级反馈电路提供偏置电压，使 V702 始终工作在线性区。此外，为了使开关稳压电源严格振荡在电视行频 15625Hz 上，从行输出变压器的一个绕组取出 $7V_{P-P}$ 的行逆程脉冲，经 XS05、R711、C713、L720 加到开关晶体三极管 V704 的基极、发射极之间。

5）稳压电路

取样电路 R718、RP701、R719 将 110V 电压分压后从可变电阻器 RP701 的中间抽头上得到取样电压，VD716 提供 6.2V 基准电压给比较放大晶体三极管 V705，产生的代表误差信号的集电极电流驱动光电耦和器 N701，信号传到初级后，控制 V701、V702 组成的稳压电路，如图 7-8 所示。

当主电压（或称+B 电压）110V 因某种原由上升→R718、RP701、R719 组成的取样电路上 RP701 取样点（RP701 的中间抽头）电压上升→比较放大晶体三极管 V705 的集电极电流增大→光电耦和器 N701 的内阻减小→V702 基极电压下降→V701 的集电极电流上升→V701 的发射极电压上升即 V701 基极电压上升→V701 集电极电流增加→V704 基极电流因被分流而下降→V704 导通时间缩短→开关变压器 T701 存储的能量减少→导致输出电压 V_o 下降，达到稳压目的。当主电压下降时，上述稳压过程正好相反，读者可以自己分析。

稳压电路中的两片三端稳压集成电路 N702（AN7812）和 N703（AN7805）都属于 78 系列正电源输出，其工作原理在电子技术课程中已经详述，在此不再叙述。

本稳压电源电路在电网电压为 176~246V 范围内变化时，以 110V 电源输出电压的电流为 0.1~0.5A 时，各输出电压都可以稳定不变。

6）过流保护电路

此开关稳压电源具有负载短路（过流）自动保护功能，各次级电路中任何一个负载短路时，电源开关频率降低，输出的能量大大减小，避免造成更大范围的损坏，也包括电压升高到保护稳压 VD714 晶体二极管击穿而造成的电源保护。另外，由 R712 和晶体三极管 V703 构成的过流保护电路，当开关晶体三极管 V704 发射极电流超过正常值时，晶体三极管 V703 导通以限制 V704 的导通程度，避免开关晶体三极管 V704 击穿损坏。

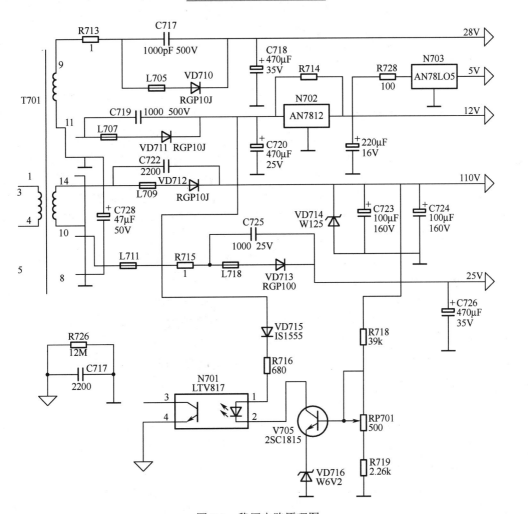

图 7-8　稳压电路原理图

二、熊猫牌 2118 型彩电开关稳压电源

1. 概述

下面介绍的熊猫牌 2118 型彩色电视机开关稳压电源与 2138B 有异曲同工之处,很多地方相类似,此电路在许多型号的彩电中都应用,具有普遍性,它具有下列优点。

(1) 该电源的开关变压器初次级之间是隔离的,即开关电源变压器同时具有隔离变压器的作用,从而使本机具有 "冷" 地,机芯与电网无通路,大大提高了人身安全。

(2) 该电源输出电压可降低,也可升压。

(3) 稳压范围宽,当电网电压在 140～270V 之间变化时,其输出直流电压变化不超过 1V。

(4) 输出功率大,可以做到 100W 以上。

(5) 功率高,本电源自身消耗功率小于 5W。

(6) 采用调节脉冲宽度的方式来控制输出电压稳定。

本彩色电视机开关稳压电源主要组成部分为:交流滤波、整流、滤波、振荡、稳压、保护等电路。具体电路如图 7-9、图 7-10、图 7-11 所示。

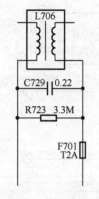

图 7-9　交流电滤波器

2．工作原理

其工作原理分析如下。

1）交流电滤波器

通过电源线的传导作用，电网中的干扰信号可能被引入电视机，对电视机产生干扰。同时机内的各种信号，也可能通过电源线注入电网，而对其他用电器产生干扰。通常这些干扰分为两大类：一类是从电网两根输电线进来的干扰信号，其幅度相同，相位相反，称为非对称干扰。这种干扰比较容易去除，一般用滤波电容即可去除，如图 7-9 中的 C729。另一类干扰是从电网两根输电线进来的干扰信号，其幅度、相位都相同，称为对称干扰。为了去除这种干扰，采用了一个互感滤波器，如图 7-9 中的 L706，它是一个匝数比为 1∶1 的互感滤波器，当对称干扰到来时，在线圈上产生相反的磁通而抵消。R723 为泄放电阻，关机后将 L706 上磁能释放，以免通过电源插头电击人身。

2）交流电整流滤波电路

图 7-10 中 VD701～VD704 组成桥式整流电路，对输入的 220V 交流电进行全波整流，在经过 R701 与 C706 组成的滤波电路进行滤波，输出近 300V 的直流电压。C701～C704 是并接在 VD701～VD704 两端的高压磁片电容，用于均衡整流管的反压，消除整流管的噪声干扰，即防止浪涌电流。

3）整流滤波电路

其工作原理分析如下：如图 7-10 所示，开机接通电源 220V 交流电经整流滤波后形成 300V 的直流电，经 R706、R707 给 VT704 偏置，另外 300V 电压经开关变压器 8、2 绕组给 V704 集电极供电，这样 V704 就导通；且在 8、2 绕组上流过电流 i_C，i_C 渐渐大起来，在 8、2 绕组上产生 8 正 2 负的感应电动势。通过变压器的耦合及同名端的位置，在绕组 4、6 上产生 6 正 4 负的感应电动势，这个电动势通过 R705、C710 加到 V704 的 be 结，使 V704 的基极电流 i_B 增大，i_C 继续增大，感应电动势更大，i_B 更大，形成强烈的正反馈，在极短的时间里使 i_B 迅速变大，而 i_C 由于开关变压器初级线圈 8、2 绕组电感量较大而不能迅速变大，而按指数上升曲线渐渐上升，从而使 $i_B \gg i_C / \beta$，使 V704 饱和。在 V704 饱和期间，i_C 仍在渐渐上升，而 i_B 却因 C710 的充电而渐渐下降，从而在绕组上全部产生反向的电动势，即 4 正 6 负的电动势，这个反向电动势，连同 C710 上充的左负右正的电压一起加到 V704 的 be 结上，使 be 结反偏，V704 立即截止。截止后储存在初级绕组 8、2 里的磁能通过变压器耦合，从各次级绕组向后级负载供电，把磁能释放掉。同时 C710 充的电也渐渐放掉，等到放电完毕，电路又重新开始导通。

图 7-10 中 5，6 绕组也与其他次级绕组一样，在 V704 截止期间释放磁能，经 VD707 整流、C711 滤波，输出一个很稳定的直流电压 V_A，用来替代 300V 电压给 V704 提供偏置电压。这样做的原因是，电源刚接通 V_A 还没建立，而 300V 电压一开始就有了，所以一开始要用这 300V 电压来提供偏置电压，但由于 300V 电压还没经过稳压，它会随电压的电网而波动，所以电路工作后，有了 V_A 电压，它是稳定的电压，所以用它来做偏置电压，使电路工作稳定。

4）稳压电路

本开关电源的稳压电路如图 7-11 所示，其工作原理分析如下。

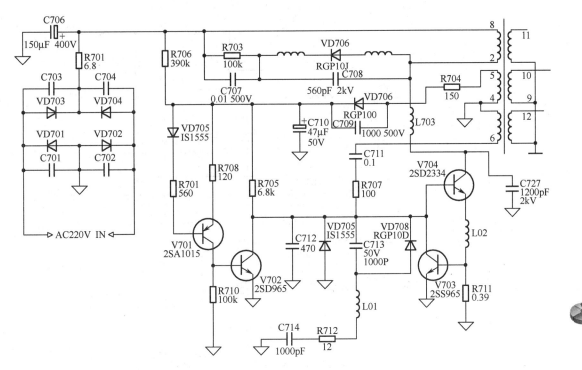

图 7-10　交流电、整流滤波电路

　　开关电源输出的主电压为 108V，它经过 R718、RP701、R719 分压取样，送到 V705 的基极，V705 的发射极接稳压管 VD716 作为基准电压。取样电压与基准电压在 V705 中进行比较放大，放大后的电流流过 N702 光电耦合器中的发光管。在 N702 中 1、2 端（输入端）与 3、4 端（输出端）是隔离的，这就使得取样电压的"地"与 3、4 端输出后电路的"地"是隔离的。这就是用光电耦合器可以使电视机内的"冷"地与"热"地隔离。稳压的过程如下。

　　开关电源输出 108V↑→V705 基极电压↑→流过 N702 中的发光管电流↑→发光管发光↑→N702 中的光敏管电流↑→V701 基极、集电极电流↑→R710 降压↑→V702 基极电压↑→V702 集电极电压↓→V704 基极电压↓→V704 导通时间缩短→开关变压器中存储的磁能减少→输出电压↓。

　　这是一个负反馈过程，即若电源输出电压上升则通过自动负反馈过程使输出电压下降回到原来的正常电压数值上来。

　　电路中 VD705、R709 是给 V710 提供正常偏置用的。R716 做限流用，VD712 防止 V705 被击穿，从而避免 N702 发光管被击穿的情况发生。

　　5）保护电路

　　本开关电源具有负载短路自动保护的能力，当输出绕组任一组负载短路时，磁能迅速释放，导致各次级绕组的反电动势下降，4、6 绕组电动势也下降，使 C710 放电慢，截止期变长，输出能量降低，避免 V704 烧掉。另外，当 V704 过流时，发射极电阻 R711 降压变大，大到超过 V703 的 be 结导通电压后，V703 就导通，使 V704 的基极电力被迅速地分流，从而阻止了 V704 的过流。过流控制的起控值由 R711 的大小而定。

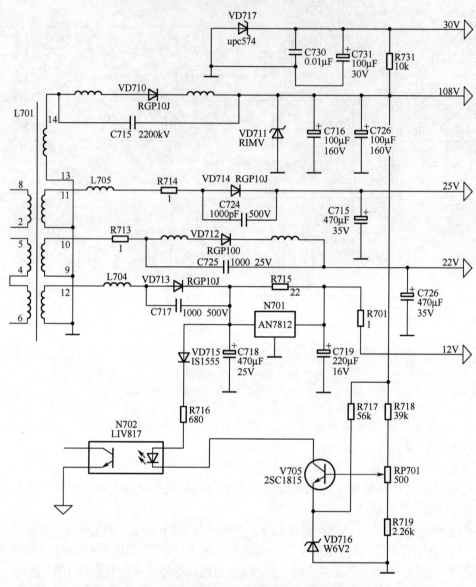

图 7-11　稳压电路

6）其他电路

如图 7-10 所示，R703、C707、C708、C727、VD706 及小电感组成抗干扰电路，当电路从饱和到截止时会在绕组 2、8 上产生很高的脉冲电压，通过抗干扰电路可以消除高频干扰。

另外，本电源还有一个同步电路，使振荡器频率受控于行频，这样，开关电源对图像的干扰大大减小。这个同步电路是行逆程脉冲从行输出变压器中取出后经 R712、VD708 加到开关管 V704 的 be 结上，使处在截止状态时的 V704 强迫导通，达到振荡频率与行频同步。C714、C712、VD709 可防止输入行脉冲时带来的尖脉冲干扰。

技能训练二　开关式稳压电源故障的检修

器材：万用电笔一只，示波器一台，电工工具一套，220V/1：1隔离电源变压器一只（采用悬浮供电的实验室可以不用），彩色电视机若干台。

目的：学习开关式稳压电源的故障检测与维修技能。

情境设计

以四台彩色电视机为一组，全班视人数分为若干组。四台彩色电视机开关式稳压电源的可能故障点是：

① 开关式稳压电源的整流和滤波电路；

② 开关式稳压电源的自激振荡电路；

③ 开关式稳压电源的稳压电路；

④ 开关式稳压电源的过压保护电路。

根据以上故障，研究讨论故障的现象和检测方法（参考开关式稳压电源的故障分析），在维修开关式稳压电源的故障的同时回顾与复习前面学到的开关式稳压电源的知识。

由讨论出的故障原因与研究的检测方法，检修并更换损坏的器件，修理完毕后，进行试用。检测自己的维修成果。完成任务后恢复故障，同组内的学生交换开关式稳压电源故障再次进行维修。

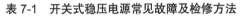

表 7-1　开关式稳压电源常见故障及检修方法

故 障 现 象	故 障 分 析	检 修 方 法
无图像、无伴音、无光栅	（1）无图像、无伴音、无光栅的故障与电源电路、行扫描电路和控制电路有关 （2）开机后烧熔丝，打开后盖，更换同规格熔丝后再开机，检查熔丝F701 仍烧断	（1）开机后烧熔丝，说明故障原因大部分在开关电源。因为在开关电源电路中设置了保护电路，一旦出现负载短路时，电源自动停振，不会烧熔丝。用万用表交流电压挡测桥式整流电路无220V交流电压输入 （2）不可强行通电，用万用表电阻挡测量整流元件及其并联电容，整流元件 VD702、VD703 短路，更换 F701、VD702、VD703 元件
无图像、无伴音、无光栅	（1）无图像、无伴音、无光栅的故障与电源电路、行扫描电路和控制电路有关 （2）开机观察电源指示灯不亮，烧熔丝一般有三种情况：电源输入端故障、整流电路故障、整流电路后故障	（1）接上熔丝，不通电，用万用表 $R×1$ 电阻挡直接测量电源插头亮端的电阻，发现阻值只有几欧，说明整流电路前出现短路故障 （2）再用万用表 $R×1$ 电阻挡测量消磁电路中的消磁电阻 R7001（MZ73-27）短路，取下 R7001 测量已损坏，更换同规格的元件
无图像、无伴音、无光栅	（1）无图像、无伴音、无光栅的故障与电源电路、行扫描电路和控制电路有关 （2）开机后不烧熔丝	（1）首先用万用表直流电压 500V 挡测量整流电路输出端有无 +300V 直流电压输出，即测量 C706 正极无+300V 直流电压 （2）再用万用表直流电压 500V 挡，测量整流电路 VD703、VD704、R701 的并接端，无电压 （3）关闭电源，用万用表电阻挡测量 R701 阻值无穷大，发现已断路损坏，更换 R701 电阻

故 障 现 象	故 障 分 析	检 修 方 法
无图像、无伴音、无光栅	（1）无图像、无伴音、无光栅的故障与电源电路、行扫描电路和控制电路有关 （2）开关电源电路的+B 电压无输出	（1）开关电源的+B 电压无输出的原因可能是振荡电路未起振或负载短路 （2）关机用万用表电阻挡测量开关电源的+B 输出端的对地电阻值接近于零，说明是负载或过压保护二极管短路，如果测得电阻正常，则说明故障原因是振荡电路未起振 （3）用万用表电阻挡测过压保护二极管 VD714 断路，更换同规格的 VD714

下面，再对开关式稳压电源的常见故障进行分析，希望起到举一反三的学习效果。

通常，开关电源的故障有两种情况，其一是开关稳压电源本身出故障，其二是作为电源负载的电视机电路故障而引起开关电源出现故障。两者都将使直流输出电压为零或很低，常导致电视机无光栅、无图像、无伴音，常称"三无"现象。

一、烧熔丝

通常，负载因故发生短路使负载电流过大，进而产生电源熔丝烧断，从而导致"三无"。一般，电源进线处和整流、滤波与稳压电路之间各有一个熔丝。如只烧一只总熔丝，而滤波电容后的熔丝不熔断，说明故障在电源变压器、整流电路和滤波电路。这时，应查变压器各绕组内部是否有短路现象，整流管是否烧坏（短路），滤波用的电解电容器是否短路。如果只烧第二只熔丝，表明故障在稳压电路（或开关稳压电路），当然，也可能是电源负载（即电视机内部电路有短路），判别时应把负载断开，接上熔丝，用相应量程的电压表（或万能表）测量稳压电源的输出电压（动作要快）。如有输出电压，则故障在负载；如无，则故障在稳压电路或开关稳压电源。稳压电路中最易出故障的元器件是调整管，在开关稳压电源电路中最易烧坏的是开关管。如果问题出在负载，应先查行输出级，这是因为行输出级使用的电能占总电能的百分数最大，最易出故障。对于图 7-12 所示彩色电视机开关稳压电源，只有一只熔丝，开关稳压电路输入端处没有熔丝，但在直接输出电压 16V 和 50V 挡的电路中各设保护电阻 R804 和 R805，同样起熔丝作用；113V 输出电路没有过压保护电路。过压保护电路由可控硅 VD804、电容 C818、电阻 R819、电感 L804 组成。当电压升高并超过某定值时，可控硅导通，使稳压电源输出负载短路，开关电源停止工作，从而起保护作用。

二、不烧熔丝，但无光栅，无图像、无伴音

三无而不烧熔丝故障的原因：

（1）负载短路，使开关电路停振；

（2）开关振荡电路元件损坏，使开关电路停振；

（3）接在开关变压器次级绕组的整流二极管击穿，使开关电路停振；

（4）过压保护电路起控，使开关电路停振。

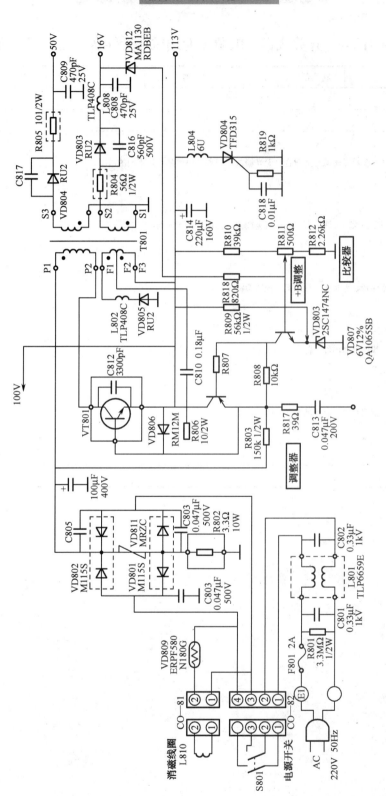

图7-12　牡丹TC-483D彩色电视机开关稳压电源

项目工作练习 7-1　开关式稳压电源（无图像、无伴音、无光栅）维修

班　级		姓　名		学　号		得　分	
实训器材							
实训目的							

工作步骤：

（1）开启彩色电视机，观察无图像、无伴音、无光栅故障现象（由教师设置不同的故障）。

（2）故障分析，说明哪些原因会造成彩色电视机无图像、无伴音、无光栅。

（3）制定无图像、无伴音、无光栅维修方案，说明检测方法。

（4）记录检测过程，找到故障器件、部位。

（5）确定维修方法，说明维修或更换器件的原因。

工作小结	

项目 8

遥控电路

任务 8.1　遥控发射电路

 问题导读一

技师引领一

客户刘先生："谢谢你到我家上门服务，我的熊猫 DB47C5 彩色电视机收看电视节目都正常，近几年来就是遥控不起作用，遥控器的电池换新的也没有用。不过我在电视机面板前从按键输入均正常，是不是我的彩电遥控器坏了？"

严技师观察遥控彩电故障现象后说："刘先生，你刚讲的故障现象是存在的，根据故障现象分析，这个故障出在彩电遥控器，我很快就能修好。可能是彩电遥控器电源和按键接触不良，或者是遥控器部分元件有故障。"

严技师维修

打开遥控器后盖，维修步骤如下。

（1）如图 8-1 所示，用万用表测量遥控器电池电压。

将万用表置到直流电压挡，红表笔接正极，黑表笔接负极，约为 +3V。说明电源没问题，取出遥控器电池，用十字起子拆下遥控器后盖螺钉，并从侧面拆开遥控器后盖，用镊子夹住电池弹簧取出电路板，检查电路板印制电路面的按键部分石墨完好无损。再将直流稳压电源输出电压调节到 3V 处，把稳压电源输出红线（+）接电路板上的短电池弹簧，黑线（−）接电路板上的长电池弹簧。

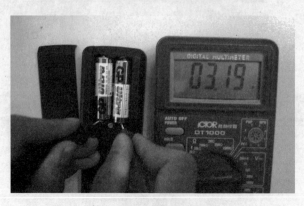

图 8-1　万用表测量遥控器电池的方法

（2）如图 8-2 所示，打开直流稳压电源，将万用表黑表笔接地，用万用表红表笔触碰集成电路 M50462AP 电压输入端㉔脚时，万用表上有+3V 读数出现，说明遥控器电路基本正常，继续用万用表红表笔测量功放晶体三极管 2SA1282E 发射极，万用表上有电压，再测量 2SA1282E 基极，用遥控器的导电按钮短接任何一石墨按键部分，集成电路 M50462AP 输出端㉓脚出现脉冲电压，用频率计测量这点有 38kHz（或者 40kHz）频率，测量 2SA1282E 集电极同样有输出，由此可以判断只有 R1（1Ω）电阻与 D1 发光二极管可能损坏。关闭直流稳压电源，测量 D1 发光二极管是好的，再测量 R1（1Ω）电阻开路。

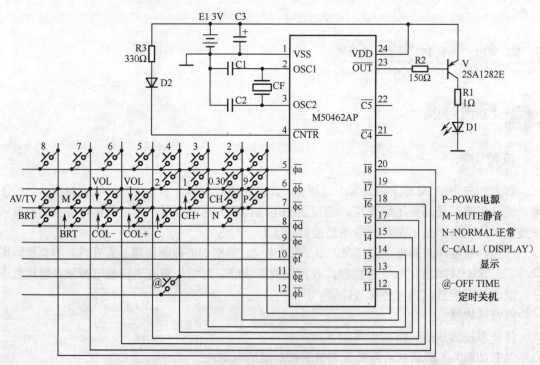

图 8-2　遥控发射器的电路图

（3）更换 1Ω电阻后测量，电路恢复正常，再将遥控器的导电按钮和电路板装进遥控器，用十字起了装上遥控器后盖螺钉，再装上电池，盖上遥控器后盖，打开熊猫 DB47C5 彩色电视机，经过收看电视节目遥控都恢复正常，故障排除。

技师引领二

严技师："您好！刘先生。您说此台牡丹 54C3A 彩色电视机接通电源后，使用彩电面板键和红外线遥控器都不能开机，彩电整机无光栅，无图像，无伴音，是吗？"

客户刘先生："是的，接通电源后，牡丹 54C3A 彩色电视机采用彩电面板键和红外线遥控器都不能开机，彩电整机无光栅，无图像，无伴音。更别提自动搜索电视节目信号了，无法收看电视。我们全家人都着急，不知道问题大吗？如果不容易修复，我们就要买新的彩色电视机了。"

严技师接通电源，观察这台彩色电视机现象后分析，根据彩电"三无"现象且彩电面板键和红外线遥控器都不能开机，这是典型的主机芯电源未工作的故障，可能发生在主机芯开关电源电路，也可能是电源控制异常所致。

技师维修

维修步骤如下。

（1）首先应区分故障是遥控电路还是主机芯开关电源电路引起的，可在开机状态下观察主机面板上的等待指示灯点亮否？若指示灯不亮，则可初步判断故障在遥控系统的电源电路。彩色电视机遥控系统的组成如图 8-3 所示。

（2）用十字起子拆下彩色电视机后盖，把主板上的挂钩松脱，慢慢移出主板。将遥控电路中 M50436-560SP⑨脚断开，即解除遥控部分对主机芯开关电源电路的故障。如断开后，机器能启动并有光栅，则说明问题在遥控部分，否则要先检查开关电源电路。

（3）经上述检查后，判断故障在遥控部分电路。先查 M50436-560SP 集成电路㉒脚有无 +5V 微处理器工作电压。此电压不能低于 4.4V，否则 CPU 工作不正常。再测量 M50436-560SP 集成电路㊽脚与㊾脚，以判断 M50436-560SP 的时钟脉冲振荡器是否正常工作,㊽脚应为 0.3V,㊾脚应为 0V，接着将彩电总电源关闭，万用表置 2.5V 直流电压挡，把万用表的黑表笔接地，用万用表红表笔接 M50436-560SP 集成电路㉗脚，这时因未开电源，所以电压为 0V。打开彩电总电源开关，观察万用表摆动一下又回到原来位置，说明 M50436-560SP 集成电路㉗脚的复位过程完好，如无这过程，则说明 M50436-560SP 集成电路㉗脚的复位没有进行，检查 M50436-560SP 集成电路及其周围元件。

（4）上述检测均正确，可以认定 M50436-560SP 集成电路具备了正常工作的条件。然后用万用表红表笔检测 M50436-560SP 集成电路②脚的电压,在进行音量调节时,此电压应在 0～10V 范围变化。如果都正常，那么排除不能开机的故障就简单了，用万用表红表笔测 M50436-560SP 集成电路⑨脚的电压，它电压的高低是控制主机芯启动关键。用手动去按"1"键时，⑨脚的电位会出现高低的复位变化。如无变化可查按钮矩阵电路，有变化则测量 M50436-560SP 集成电路⑨脚与 V958 基极的连接畅通与否，此通路上只有 V912 2CK48 晶体二极管，即 V958 基极的电压应该在 0～0.7V 之间变化，集电极的电压应在 5V 和 0V 之间变化。现在 V958 基极的电压有变化，而 V958 集电极的电位不能跟随变化，初步判断是 V958 晶体管损坏。

（5）再次关闭电源开关，用电烙铁焊下 V958 晶体管，经测量是 V958 晶体管损坏，用同型号规格的晶体管更换此晶体管。

（6）重新焊接 V958 晶体管，装好主板，经开机试用，故障排除，彩色电视机面板键和红外线遥控器都能开机，整机光栅、图像、伴音均正常，彩电恢复正常工作。

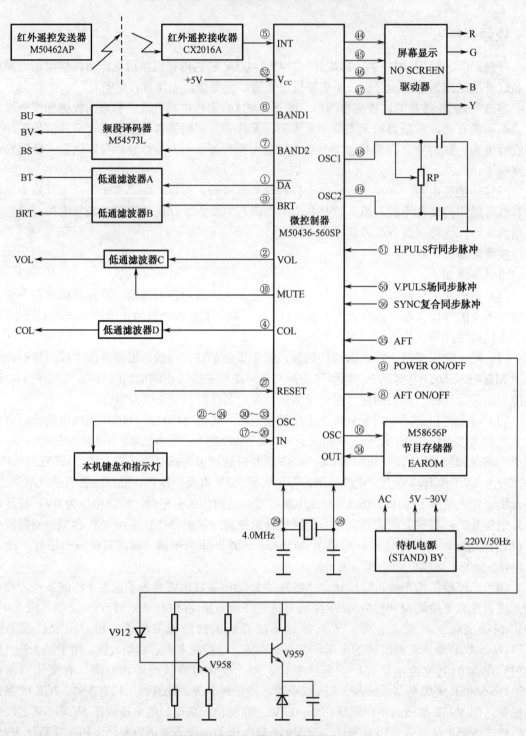

图 8-3　彩色电视机遥控系统的组成

![icon] 技能训练一　学习遥控发射器的检测和拆卸

器材：万用电笔一只，稳压电源一台，示波器一台，频率计一台，电工工具一套，遥控

彩色电视机一台，遥控发射器一只。

目的：学习遥控发射器的检测和拆装，为学习遥控发射器的检测与维修做准备。

一、遥控发射器的拆卸和维修

（1）打开遥控器后盖，取出遥控器电池。

（2）用十字起子拆下遥控器后盖螺钉，并从侧面拆开遥控器后盖。

（3）用镊子夹住电池弹簧取出电路板。

（4）检查电路板印制电路面的按键部分石墨完好无损，再将直流稳压电源输出电压调节到 3V 处。

（5）打开直流稳压电源，将万用表黑表笔接地，用万用表红表笔触碰集成电路 M50462AP 电压输入端㉔脚时，万用表上有 +3V 读数出现，说明遥控器电路基本正常。

（6）继续用万用表红表笔测量功放晶体三极管 2SA1282E 发射极，万用表上有电压，再测量 2SA1282E 基极，用遥控器的导电按钮短接任何一石墨按键部分，集成电路 M50462AP 输出端㉓脚出现脉冲电压。

（7）用频率计测量这点有 38kHz（或者 40kHz）频率，测量 2SA1282E 集电极同样有输出。

（8）判断损坏元器件可能是 R1（1Ω）电阻或 D1 发光二极管。

（9）焊下并测量损坏元器件，更换好的元器件后，重新装好安装电路板，恢复正常工作状态。

二、遥控发射器的装配

在拆卸遥控发射器时，要记好拆卸的顺序与正确的位置，尤其是有方向的发光二极管、电解电容器、晶体三极管和集成电路的引脚不能接错。安装是拆卸的逆过程。

知识链接一　遥控发射器的组成与电路分析

一、遥控发射器的组成

遥控发射器的整体结构主要由遥控器前壳、遥控器后盖、PCB 元器件板、远红外发光二极管、按钮开关、正负电源弹簧、集成电路、晶体三极管、石英晶体振荡器、电解电容器及阻容元件等组成。遥控发射器的原理如图 8-2 与图 8-3 所示。

遥控发射器的拆卸后状况如图 8-4 与图 8-5 所示。遥控发射器拆卸时先找到遥控发射器外壳的卡扣，手工从操作卡扣处翘开，不可用起子硬翘，否则会在塑料外壳上留下被翘痕迹，影响美观。

遥控发射器的组成部件及作用如下。

1. 遥控器前壳与后盖

遥控器前壳与后盖通常由塑料压制成形，其作用是支撑带元件的 PCB 元器件板及控制按钮、电池等。

2. 远红外发光二极管

遥控发射管通常用远红外发光二极管产生波长为 940nm 的红外线遥控信号，它的发射角为中间对称 30°，正常发射的距离大于 8m。

图 8-4　遥控发射器的拆卸参考

图 8-5　遥控发射器的整体结构

3. 按钮开关

按钮开关用的是导电橡胶，其既具有电阻的导电性能，又具有足够的韧性和强度，也有少数遥控器生产厂家选用轻触开关或薄膜开关。

4. 正负电源弹簧

如图 8-5 所示，正负电源弹簧主要是保证电池和遥控电路板的连接可靠性，很多彩电遥控器本身并没有什么毛病，往往是正负电源弹簧由于日久生锈，使电池电源不能到遥控电路板，造成遥控功能失效。若遥控电路板连接可靠，可测量到3V电压。

5. 集成电路

如图 8-5 所示，遥控器由集成电路和其他元器件组成。当集成电路出问题时，遥控器肯定不能工作。遥控器的集成电路有多种，M50462AP 组成的遥控发射器电路如图 8-2 所示。

6. 晶体三极管

为了保证遥控发射器具有一定的功率输出，驱动远红外发光二极管前采用了功率驱动晶体三极管，型号为 2SA1282，是 PNP 型，通常其 β 在 80 倍左右。

7. 石英晶体振荡器

石英晶体振荡器 CF 的谐振频率为 455kHz，它与外加振荡电容 C1，C2 组成振荡频率 455kHz，时钟发生器进行 12 分频，得到 38kHz 信号作为定时信号和遥控载波信号。

8. 电解电容器及阻容元件

因为遥控发射器的电源电压为 3V，所以电解电容器对耐压没有要求，只要体积小即可，电路中电阻对功率无要求，一般为 1/8W 以下。

二、遥控发射器的电路分析

遥控发射器装入电池后电源便接通，待机电流很小。它由键盘矩阵、M50462AP 集成电路、功率驱动晶体三极管 V（型号为 2SA1282）和远红外发光二极管 D1 等组成，M50462AP 集成电路②脚和③脚内振荡电路外接陶瓷谐振器，它与外加振荡电容 C1，C2 组成振荡频率 455kHz，时钟发生器进行 12 分频，得到 38kHz 信号作为定时信号和遥控载波信号。在定时脉冲信号的作用下，键位扫描信号发生器产生 8 种不同时间出现的键位扫描脉冲，轮流由⑤脚～⑫脚输出，并送至键盘矩阵电路，轮流对键盘矩阵进行扫描。键盘矩阵电路输出的信号由⑬脚～⑳脚送至集成电路内的键位编码器，以产生各按键的键位码，并加至遥控指令编码器进行码值变换，得到遥控指令的功能码。该功能码与用户码产生的系统码同时加到码元调制器，对 38kHz 载波进行脉幅调制，再由④脚输出，去激励外接的 LED 指示灯，同时，脉幅调制信号经集成电路内输出缓冲器后由㉓脚输出，经功率晶体三极管 V 驱动远红外发光二极管 D1 产生波长为 940nm 的红外线遥控信号。改变㉑脚、㉒脚电位可以改变系统码。当遥控发射器按下某一按钮时，振荡电路才开始振荡，产生定时脉冲信号与遥控载波信号，协调各部分电路正常工作。如果没有任何按钮按下，振荡电路不工作，因此待机功耗极小，两节 5 号电池可用一年左右。

任务 8.2　遥控接收电路

技能训练二　遥控接收电路常见故障的检修

器材：万用电笔一只，示波器一台，频率计一台，电工工具一套，遥控彩色电视机和相配套的遥控发射器若干台。

目的：学习遥控接收电路的故障检测与维修技能。

情境设计

以四台彩色电视机和相配套的遥控发射器为一组，全班视人数分为若干组。四台彩色电视机的可能故障是：全部遥控功能和本机键盘控制均失效；本机键盘控制正常，但遥控功能失效。首先，应区分故障在遥控发射电路，还是在遥控接收电路，是不是主机芯开关电源电路引起的？可在开机状态下，观察主机面板上的等待指示灯是否点亮。若指示灯不亮，则可初步判断故障在遥控系统的电源电路，维修步骤：用十字起子拆下彩色电视机后盖，把主板上的挂钩松脱，慢慢移出主板。将遥控电路中 XP-968①脚断开，即排除遥控部分对主机芯开关电源电路的故障。如断开后，机器能启动并有光栅，则说明问题在遥控部分，否则要先检查开关电源电路。检查点是 XP-968①脚的电压，应当为 107V，主机芯开关电源电路才会工作。彩色电视机遥控系统的组成如图 8-3 所示。

　　根据以上故障，对照电路原理图中的某一个单元电路，包括该单元电路由哪些元件组成，了解相关元件在电路中的作用，用万用表测试主要元件的工作电压，并做好记录。研究讨论故障的现象和检测方法（参考答案见表 8-1）。

表 8-1　遥控电路常见故障及检测方法

故 障 现 象	可 能 原 因	检 修 方 法
接通电源指示灯亮，但全部遥控功能和本机键盘控制均失效	（1）遥控功能和本机键盘控制均失效，说明故障在微处理器或相应控制电路 （2）微处理器的电源电路、复位电路和时钟振荡电路是否损坏	（1）先直观检查有无明显的故障痕迹，再用万用表检查微处理器 M50436-560SP 的㉜脚+5V 电源端 （2）若+5V 电源端电压正常，则用示波器查微处理器的㉘脚与㉙脚振荡输出的波形是否有 4MHz 波形，若无信号输出，可能是 4MHz 晶体损坏，更换晶振元件
本机键盘控制正常，但遥控功能失效	（1）本机键盘控制正常，说明微处理器工作基本正常，遥控发射器可能出问题 （2）遥控接收器和接口电路出故障也会造成遥控功能失效。具体原因包括遥控集成电路损坏、电源电压过低、陶瓷振荡器损坏、红外发光二极管损坏等	（1）先用直观检查有无明显的故障痕迹，测量遥控发射器电池电压或更换新电池 （2）若遥控功能仍失效，再检查遥控接收器和接口电路是否正常。打开遥控发射器后盖，当按任何一键时，用示波器测量红外发光二极管上没有输出波形 （3）再用示波器测量陶瓷振荡器的任一端对地的波形，无 455kHz 的信号波形，陶瓷振荡器损坏，更换元件
接通电源指示灯亮，遥控功能和本机键盘音量控制失效，但其他控制正常	（1）遥控功能和本机键盘音量控制均失效，说明故障在微处理器的相应控制电路 （2）微处理器的音量控制接口电路和音量电路晶体管是否损坏	（1）先用直观检查有无明显的故障痕迹，再用万用表检查微处理器 M50436-560SP 的②脚输出端 （2）若微处理器 M50436-560SP 的②脚输出端正常，则用万用表测量音量电路中晶体管是否损坏，若基极有输入而集电极无输出，可能是 2SC1815 晶体管损坏，更换 2SC1815 晶体管

　　由讨论出的故障原因与研究的检测方法，检修并更换损坏的器件，修理完毕后，进行试用，检测自己的维修成果。完成任务后恢复故障，同组内的学生交换遥控电路故障再次进行维修。

知识拓展一 遥控的工作原理

一、红外线遥控的组成和控制方式

遥控彩色电视机曾采用无线电波和超声波遥控，超声波（30～50kHz）遥控器结构简单，但超声波具有明显的多普勒效应，易受回波和超声杂波源干扰。无线电波的频率资源有限，且无线电波能穿透墙壁，干扰邻居电器。目前，电视机的遥控器几乎都采用红外线来传送遥控编码信号，选用波长为 940nm 左右的近红外波。

彩色电视机中的遥控电路，它的组成和相互关系如图 8-6 所示。虚线框内是遥控电路，其余为彩色电视机的基本组成部分。这里，增设了遥控电路来替代无遥控彩色电视机的遥控发射器和调节装置，其余无特殊地方。

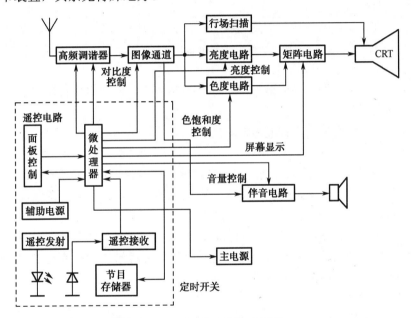

图 8-6 遥控彩电的组成框图

遥控电路由遥控发射、遥控接受、微处理器和节目存储器等几片集成电路所组成。遥控的核心是微处理器，它输出多路控制信号，分别遥控选台，调节亮度、对比度、色饱和度及音量等。

遥控的控制方式有机内控制和遥控两种。

机内控制是通过电视机面板上的键盘操作，直接在机内完成操作内容的控制作用。也就是说，按下某一功能键时，它产生的控制信号通过导线送入微处理器，微处理器对这些控制信号进行译码，识别出控制种类和内容，然后发出相应的信号去调整电视机。微处理器发出的控制信号，大体上分为两类：一类是只有高、低电平的开关信号，用以控制相应电路的通断，另一类是模拟信号，用以选台，调节亮度、对比度、色饱和度和音量等。

遥控的方式是通过与电视机分离的遥控发射器来控制电视机的工作。遥控发射器上的每一按键代表着一种控制功能。如按下某按键时，发射器内的编码器输出一组对应的二进制代码，再将该二进制代码按一定格式调制到高频载波上，加到红外发光二极管上变成光信号发射出去。该信号被安装在电视机面板上的红外接收二极管所接收，变成电信号，再经过放大、限幅、检波和整形等处理后送入微处理器。随后的控制过程与上述机内控制相同。

二、红外线遥控的主要控制功能

1. 变换频道

变换接收频道是一种主要控制功能，也就是选择电视台。为了选台，微处理器输出两种电压信号：一是决定频段（VL、VH、U）的频段切换信号；二是决定某一具体频道（1～5、6～12、13～57）的调谐电压，通常为 0～+30V。

2. 音量控制

通常，有"音量增"、"音量减"两个键，用来控制模拟输出电压的大小，使音量变大或减小。

3. 对比度控制

对比度与音量控制类似，由"对比度增"、"对比度减"两个键来控制，产生分级变化的电压去调节对比度。

4. 亮度控制

由键盘上的"亮度增"、"亮度减"两个键来控制并产生可变电压去调节图像亮度。

5. 色饱和度控制

由"色度增"、"色度减"来控制色饱和度。

6. 伴音静噪

"伴音静噪"又称消音。按下此键，控制电路输出的音量控制电压突变为零，关闭伴音通道，使伴音消失。再按下此键，伴音自动恢复到原来的音量等级，而无须重调。

7. 自动调谐

该功能用来自动预置各频段的接收频道。按下"自动调谐"键后，微处理器控制电视机进入预置状态，其调谐电压由高到低自动变化，使接受频道沿 1～57 频道自动搜索，并将各频道的调谐电压信息自动地存入节目储存器。

8. 开关机和定时控制

键盘上的"电源开关"，通常是"双稳定"开关。按下该键使主电源开启，全机工作。如果再按一次，则使主电压关闭，让主机停止工作。

"定时"键，又称"睡眠"开关，用来设置自动关机的时间，按下此键后，微处理器便进行分频计数，达到所设置的时间时，微处理器发出控制信号，关闭主电源。

9. 屏幕显示

按下"屏幕显示"键时，遥控电路便开始输出预先写入内部储存器中的字符信号，在屏幕的右上角逐行显示有关信息，通常有频段标号，音量等级，定时的剩余时间等字符，几秒后自行消失。

10. 标准状态

在键盘上设有"标准状态"按键。按下此键时，遥控电路输出标准电压，使伴音为 30%，对比度为 80%，色饱和度为 50%，它可以帮助用户从调乱的状态迅速恢复到标准状态。

必须指出，目前遥控彩色电视机中并不是以上 10 种功能都具备，只是有其中的多项功能。

11. 自动切换

自动切换有电视/音视频（TV/AV）转换、制式转换等。

12. 标准状态恢复

按下此键，恢复出厂时设定的音量 30%，亮度 80%，色饱和度 50%。

13. 遥控初始选台

开机（按下 POWER ON）时，微控制器从节目存储器中读出上次关机时收看的频道数据，实现遥控初始选台。

14. 遥控直接选台

开机按下遥控器键盘上的某个频道位置号键，就可以收看预置在该频道位置号上的电视节目。

三、红外线遥控电路的基本原理

完成上述控制功能的电路，称为遥控电路。遥控电路十分复杂，都已制成特定功能的集成电路供设计制造彩电的厂家选用。通常，并不需要详细分析每一局部电路和内部元器件的作用。重要的是掌握集成块的整体工作原理及其性能，并与彩色电视机工作原理相联系。遥控集成电路的种类型号繁多，下面介绍频率合成式和电压合成式遥控电路的基本工作原理。

1. 频率合成式遥控电路

1）锁相环路工作原理

彩色电视机采用频率合成式遥控电路时，都采用锁相环电路来实现频率合成。锁相环电路如图 8-7 所示。频率为 f_1 的基准信号和频率为 f_0 的压控振荡信号同时送入鉴相器。鉴相器鉴别这两路信号的相位差，产生误差控制电压。该电压经过低通滤波器变为直流误差电压，去控制压控振荡器的振荡频率。经过环路内部不断反复控制，环路进入锁定状态后，鉴相器的两路信号的频率相等，即 $f_0 = nf_1$。由此可知，只要控制分频器的分频系数 n，就可改变振荡频率 f_0。

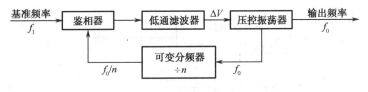

图 8-7　锁相环电路

2）频率合成式遥控器电路工作原理

图 8-8 中的可编程分频器共有 14 位，总的分频系数受 4 个 4 位锁存器存放的数码所控制。它们的低 14 位二进制数决定分频系数 n（高两位不用）。例如，若该数码为 10 001 011 010 000，其十进制值为 720，则分频系数 n 就是 720。当按下某一频道的控制键时，微处理器收到这一选台信号后，便将频道相对应的分频系数的编码送至锁存器，控制分频系数 n，使本振达到指定频率而接收所要求的频道节目。

从公式 $f_0 = n_1 n \ f_0' / m$ 可以看到这种遥控电路的特点。首先，频率的调节范围取决于分频系数的变化范围，也就是取决于可编程分频器的位数，所以这种遥控电路有频率条件范围宽、选台数多的特点。其次，本振频率 f_0 的精度和稳定性取决于晶振输出 f_0' 的精度和稳定性，而后者的精度和稳定性可做得很高，所以这种遥控电路具有准确调谐和好的稳定性。

这种遥控器中的微处理器，根据机内键盘或遥控接收送来的控制信号，还会产生不同数值的模拟电压去控制音量、对比度、亮度与色饱和度等。

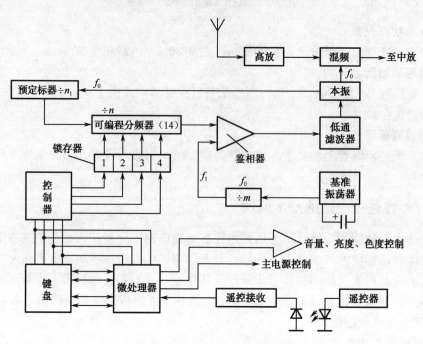

图 8-8　频率合成式遥控电路

概括起来，频率合成式遥控电路比较复杂，元件多，价格贵。由于本振电路参加锁相环路，必须把高频头加以改造，还易于产生差拍干扰，所以使用得越来越少了。

2. 电压合成式遥控电路

（1）电压合成式遥控电路如图 8-9 所示，主要分为微处理器、接口电路和存储器三大部分。

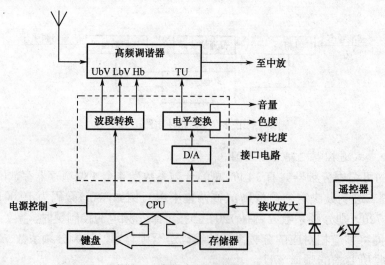

图 8-9　电压合成式遥控电路

微处理器又称 CPU，它作为控制中心，同时又是各种合成电压信号和开关控制信号的产生源。CPU 包括 ROM、RAM 和专用 D/A 变换器等单元电路。接口电路介于 CPU 和被控制电路之间。它的主要任务是将 CPU 输出的各种脉冲信号变为模拟电压去控制相应的电路，因此它要完成数模转换和电平转换。存储器用来记忆和存储各种控制参数，一般采用 EPROM（电可擦写只读存储器），它所存储的信息可长时间地保持下来，即使关掉电源，所存储的信息也不会丢失，故称为"非挥发存储器"。

（2）电压合成式遥控电路工作原理。

① 遥控信号的输入。

控制信号可以来自本机面板上的键盘，也可以来自遥控器。两者产生控制码的途径不同，但原理和用途一样，都是靠键盘扫描实现的，如图 8-10 所示。

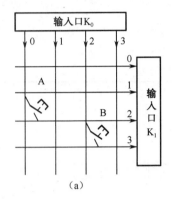
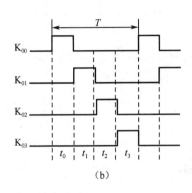

图 8-10 CPU 端口、键盘和输出脉冲

微处理器有两个端口，K_0 和 K_1。K_0 为输出口，K_1 为输入口。各有四条引线，构成键盘矩阵。在其相交叉的各点上接有按键。当按键闭合时便将两条交叉线相连，使两者等电位。输出口 K_0 在 CPU 控制下各输出线依次输入正脉冲，如图 8-10（b）的波形所示。它在 K_{00}～K_{03} 上形成高电位扫描，使各输出线顺次出现高电平。K_1 的各输入线 K_{10}～K_{13} 并行接收 K_0 各输出线的电压信息。设按下 A 键，当 K_{00} 线扫描至高电平时（t_0），K_{11} 线接收高电平，根据"K_{00} 为 1，且 K_{11} 也为 1"，即可知道 A 键被按下。若将 K_1 四条线的状态作为编码的高四位，K_0 四条线的状态作为低四位，则 A 键的编码便是"01001000"。可见，通过键盘扫描即可完成控制命令的输入，而且对每个按键都赋予一个二进制代码，以完成编码。CPU 读入该编码就知道是哪个键被按下，根据该键代表的控制内容进行操作，以达到控制的目的。

② 控制电压的产生。

CPU 接收到控制命令后，要先识别这些命令表示哪种控制功能，也就是进行解码。它是由运行解码程序来实现的。每一种控制功能都对应有一段控制程序，分别写于 ROM 中的不同区域，用地址码来区别。上述解码的结果识别出了输入命令所代表的控制功能，即找到了该控制功能所对应的控制程序的首地址。CPU 从这个首地址开始执行这段控制程序。在操作指令的控制下，将时钟脉冲进行变换处理，合成频率和宽度为特定值的脉冲电压，再用低通滤波器取出其直流分量作为直流控制电压。

③ 控制电压的变换。

CPU 输出的脉冲信号送至接口电路进行变换，如图 8-11 所示。CPU 输出脉冲的幅度为 5V，经电平变换级倒相放大，幅度变为 32V。如图 8-11 中虚线所示，经积分电路变为直流电压，再用低通滤波器滤除纹波，得到直流控制电压。关于音量、对比度、亮度和色饱和度控制电压的产生和变换，其工作原理和过程类似，不再重复。

④ 波段转换。

高频头中分三个频段，即 VL1～5 频道、VH6～12 频道和 UHF13～57 频道，故频道开关应有三挡，需要二进制数码来表示频段开关状态。

　　一般在面板上或键盘上设有频段开关或按键，因而在键盘扫描时除了获得其他按键的编码外，也同时得到了两位频段的状态信息，它们一起传送，如图 8-12 所示。CPU 接到信息后，将两位频段的状态信息分离出来，送至接口电路中的识码器去译码，获得 3 种不同的频段控制电压。

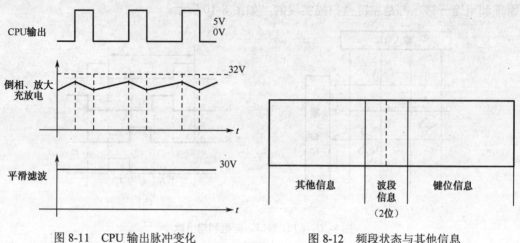

图 8-11　CPU 输出脉冲变化　　　　　　图 8-12　频段状态与其他信息

（3）调谐电压的产生。

　　用于选台的调谐电压是 CPU 中的专用 D/A 变换器产生的，如图 8-13（a）所示。

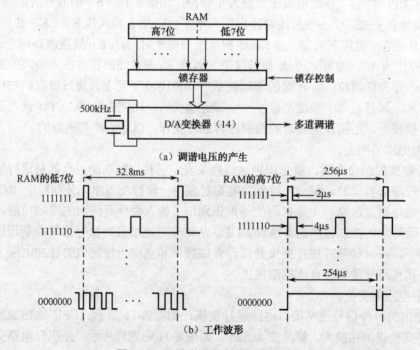

图 8-13　调谐电压的产生和工作波形

　　这里，D/A 变换器有 14 位。它是具有分频和组合功能的特殊脉冲加工电路。它即可进行分频，也可将分频后的各种脉冲进行组合叠加，以产生频率及宽度可变的脉冲信号。晶振输出 500kHz（周期为 2μs）信号作为时钟，它既是分频器的输入脉冲，也是叠加形成输出波形的基准脉冲。

（4）音量、对比度、亮度和色饱和度控制电压的产生。

D/A 变换器输出脉冲的频率与宽度由 RAM 中存储的 14 位数码来控制，其中低 7 位决定输出脉冲的个数，即决定分频系数。例如，当低 7 位都是 1 时，分频系数最大，为 2^{14} = 16 384，输出脉冲频率为 500 000/16 384≈30.5Hz，周期为 32.8ms。当低 7 位全为 0 时，分频系数最小，为 2^7=128，这时输出脉冲频率为 500 000/128≈3 906Hz，周期为 256μs。可见，D/A 变换器输出脉冲的频率可在 31～3 906Hz 之间变化，共分 2^7=128 个等级。RAM 中的高 7 位决定输出脉冲的宽度。当高 7 位全为 1 时，输出脉冲最窄，为 2μs。当高 7 位全为 0 时，输出脉冲宽度最宽，为 254μs。因此，D/A 变换器输出脉冲在 2～254μs 之间变化，共有 2^7=128 个等级。

改变 14 位 RAM 中的存储码，D/A 变换器输出的脉冲频率和宽度都要变化，共有 $2^7 \times 2^7 = 2^{14}$ 种组合，故可组成 2^{14}=16 384 种不同的电压信号，对于总幅度在 32V 的调谐电压来说，可分为 16 384 个等级。每个等级只有 2mV，可以认为是连续变化的，其工作波形如图 8-13（b）所示。

音量、对比度、亮度、色饱和度的控制电压与调谐电压一样，也是由 CPU 内的专用 D/A 变换器产生的，其工作原理相似，如图 8-14 所示。

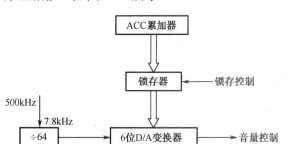

图 8-14　音量等控制电压的产生

一般，音量控制 D/A 变换器是 6 位的，受 CPU 内累加器 ACC 中的 6 位数码所控制。当按下键盘上的"音量增"或"音量减"控制键时，ACC 中的 6 位数码变化，使 D/A 变换器输出脉冲宽度变化（频率不变），即改变了其直流分量，故而使音量增大或见效。一旦释放"音量增"或"音量减"控制键，累加器中的数码停止变化，控制电压和音量亦保持不变。由于 D/A 变换器是 6 位的，故可产生 2^6=64 种控制电平，完全可以满足需要。

亮度、对比度和色饱和度的控制电路和原理与音量控制相同，不再重复。

（5）电压合成式遥控电路特点。

在电压合成式遥控电路中所产生选台的调谐电压和音量、对比度、亮度、色饱和度控制电压的电路形式、基本原理相同，这就减少了电路类型，统一了控制操作方式，电路简单，元件少，便于推广。

这种电路输出的是调谐电压和频段控制电压，其作用和普通电视机的调谐电压、频段控制电压一样，所以目前电视机中的高频调谐器仍然适用，不必重新设计。

这种电路的缺点是输出控制量不是频率而是电压，精度和稳定性较低。

四、红外线遥控彩电的频段译码器

遥控电视机中的频段译码器有两类：一类是与频段切换电压为 BL，BH，BU 的高频调谐器配接，另一类是与频段切换电压为 BV，BS，BU 的高频调谐器配接。前一类频段译码器的电路如图 8-15 所示，各引脚的逻辑关系及高频调谐器相应引脚的电压见表 8-2。

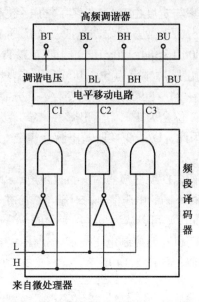

图 8-15　频段切换电压为 BL，BH，BU 的频段译码器

表 8-2　各引脚的逻辑关系及 BL，BH，BU 的高频调谐器相应引脚的电压

接收的频段	BL/V	BH/V	BU/V	频 段 数 据	
				L	H
—	0	0	0	0	0
VHF-L	12	0	0	0	1
VHF-H	0	12	0	1	0
UHF	0	0	12	1	1

后一类频段译码器的电路如图 8-16 所示，各引脚的逻辑关系及高频调谐器相应引脚的电压见表 8-3。

表 8-3　各引脚的逻辑关系及 BV，BS，BU 的高频调谐器相应引脚的电压

接收的频段	BV/V	BS/V	BU/V	频段数据	
				L	H
—	0	0	0	0	0
VHF-L	12	30	0	0	1
VHF-H	12	0	0	1	0
UHF	0	0	12	1	1

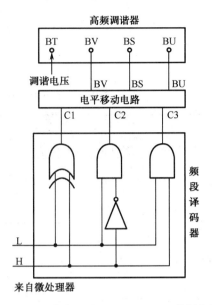

图 8-16　频段切换电压为 BV，BS，BU 的频段译码器

五、红外线遥控彩电的节目存储器

遥控电视机中的节目存储器用来将用户调试时所接收的电视节目频道的调谐电压、频段切换电压、自动频率微调（AFT）接入状态以及音量、亮度、色饱和度、定时时间、开关机状态等信息存储，这样一来可保证重新开机时这些信息不丢失，而且可以随时修改存储的各种信息。

节目存储器采用电可编程只读存储器的半导体存储器（EAROM），可以写入数据和读出数据，当供电电源消失后，写入的数据不会丢失，EAROM 按数据传送方式可分为并行方式与串行方式两种。并行 EAROM 数据传送得快，但引脚较多，串行 EAROM 数据的传送虽然慢，但引脚少，应用广泛。串行 EAROM 集成电路的结构如图 8-17 所示。

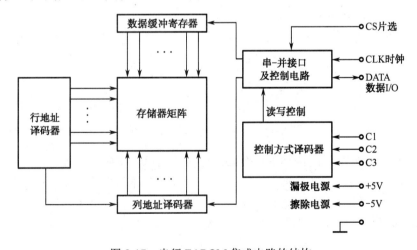

图 8-17　串行 EAROM 集成电路的结构

由图 8-17 可知，串行 EAROM 集成电路有一条双向数据线（传送地址与数据码），三条

工作状态控制线（C1、C2、C3），一条时钟脉冲线（CLK），两条电源线（+5V、-30V）和一条地线，加上片选线（CS）共计 9 条。C1、C2、C3 三条工作状态控制线可以组成 8 种工作方式，见表 8-4，实际使用了 7 种。

表 8-4　串行 EAROM 集成电路的 8 种工作方式

端脚	工作方式							
	准备	输入数据	输出数据	输入地址	写数	读数	擦除	未用
C1	H	L	L	H	L	L	L	H
C2	H	L	L	L	L	H	L	H
C3	H	L	L	L	H	H	H	L

注：H 为高电平，L 为低电平

六、红外线遥控彩电的字符显示器

遥控电视机中的字符显示器用来在电视屏幕上显示频道存储位号（即电视节目编号）、频段、音量、亮度、色度、色饱和度等模拟量控制等级和定时关机的剩余时间等字符。字符显示器放置在微处理机（CPU）内部，其结构方框图如图 8-18 所示。

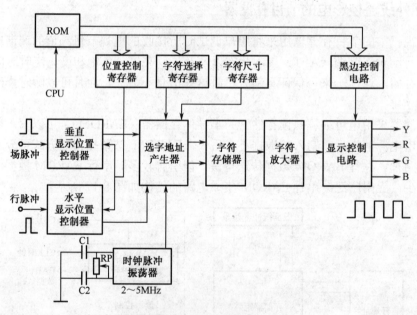

图 8-18　字符显示内部电路方框图

当按下任何一个按键时，按键指令经微处理器识别后，按照预先设计的控制程序进行操作。在控制程序执行完毕后自动执行显示程序。屏幕字符显示电路在微处理器的控制下，按照显示程序的要求，输出相应功能的字符显示信号，经显示驱动放大器进行放大和转换后，加到显像管的阴极，在屏幕预定的位置上显示相应的字符。

项目工作练习 8-1 遥控彩电 (面板按键和遥控器均不能开机故障) 的维修

班 级		姓 名		学 号		得 分	
实训器材							
实训目的							

工作步骤:

(1) 开启遥控彩色电视机,观察电视机面板按键和红外线遥控器都不能开机故障现象 (由教师设置不同的故障)。

(2) 分析故障,说明哪些原因会造成遥控彩色电视机面板按键和红外线遥控器都不能开机。

(3) 制定面板按键和红外线遥控器都不能开机故障的维修方案,说明检测方法。

(4) 记录检测过程,找到故障器件、部位。

(5) 确定维修方法,说明维修或更换器件的原因。

工作小结	

项目工作练习 8-2 遥控彩电 (本机键盘正常遥控功能失效故障) 的维修

班 级		姓 名		学 号		得 分	
实训器材							
实训目的							

工作步骤:

(1) 开启遥控彩色电视机,观察电视机本机面板键盘控制正常,但遥控功能失效故障现象 (由教师设置不同的故障)。

(2) 分析故障,说明哪些原因会造成遥控彩色电视机本机键盘控制正常,但遥控功能失效。

(3) 制定本机键盘控制正常,但遥控功能失效故障的维修方案,说明检测方法。

(4) 记录检测过程,找到故障器件、部位。

(5) 确定维修方法,说明维修或更换器件的原因。

工作小结	

项目工作练习 8-3　遥控彩电（遥控和本机控制音量失效故障）的维修

班　级		姓　名		学　号		得　分	
实训器材							
实训目的							

工作步骤：

（1）开启遥控彩色电视机，观察电视机接通电源指示灯亮，遥控功能和本机键盘控制音量失效，但其他控制正常的故障现象（由教师设置不同的故障）。

（2）分析故障，说明哪些原因会造成遥控彩色电视机遥控功能和本机键盘控制音量失效，但其他控制正常。

（3）制定接通电源指示灯亮，遥控功能和本机键盘控制音量失效，但其他控制正常故障的维修方案，说明检测方法。

（4）记录检测过程，找到故障器件、部位。

（5）确定维修方法，说明维修或更换器件的原因。

工作小结	

第二单元 数字彩色电视机

数字彩色电视与模拟彩色电视相比，克服了很多不足之处，可很好地还原现行彩电体制的图像和声音。

其一，采取数字方式使亮度信号和色度信号分离更加彻底，削弱了亮、色信号之间的串扰，图像质量得到提高；其二，采用数字技术可以实现抗干扰强的同步方式与逐行扫描方式，消除闪烁，降低噪声；其三，数字彩色电视机采用了超大规模半导体存储器，很容易在屏幕上进行多画面显示，还有静止显示功能；其四，数字化技术组成多媒体电视系统，可实现可视数据、文字图形及图像的综合显示，具备文字广播接收功能；其五，数字彩色电视机采用数字化技术元件，集成度高，实现自动化调整，从而生产效率提高，不但提高了数字彩色电视机的可靠性和稳定性，也大大降低了成本。

数字高清彩色电视机的电路组成与模拟彩色电视机没有本质差别，只是增加或者改进了某些电路。下面各章分别对数字彩色电视机的类型做讲解，要说明的是以下提到数字彩色电视机均指须外置数字电视机顶盒的分体机，今后会将数字电视机顶盒内置到数字高清彩色电视机内，那时才是真正的数字高清彩色电视一体机，其标识为 HDTV receiver 型一体机。

一、本单元综合教学目标

（1）通过本单元的教学，了解数字彩色电视机采用数字处理的信号传输、存储、接收和显示，以及数字电视的扫描标准、图像格式和图像清晰度。

（2）熟悉数字彩色电视机的整机结构和各单元电路的功能。

（3）了解各单元电路的组成框图和基本工作原理。

（4）学会用万用表、示波器、信号源等仪器测量相关电路的电参数及工作状态。

（5）掌握数字彩色电视机的故障分析与检修方法。

二、岗位技能综合职业素质要求

通过学生拆装数字彩色电视机结构、电路检测、故障分析、实践维修的技能训练，在教师的细心指导，结合学生的自学，形成自主性学习、研究性学习的新理念。

三、理论方面

学生应具有较强的计算与分析能力，同时推理和故障分析能力也得以提高。

四、技能方面

学生的形体感与空间感增强，手指和手臂动作灵活，协调性完好。

项目 9

液晶平板电视机

教学要求

（1）学会液晶平板电视机的拆卸与安装。

（2）掌握液晶平板电视机的结构、原理与组成。

（3）认识和学会分析液晶平板电视机的各功能电路。

（4）熟悉液晶平板电视机电源电路及维修流程。

（5）掌握液晶平板电视机电路常见故障的分析和检修方法。

（6）了解液晶平板电视机的背光源及其驱动电路。

任务 9.1　液晶平板电视机的拆卸和装配

技师引领一　学习液晶电视的拆卸和装配

器材：电工工具一套，液晶彩色电视机一台。

目的：学习液晶彩色电视机的拆装，为学习液晶彩色电视机的检测与维修做准备。

一、液晶电视的拆卸

图 9-1　拆卸液晶电视机的准备

陈技师：液晶彩色电视和等离子电视都属于平板电视。液晶彩色电视机分辨率高，机身更轻更薄。随着数字高清晰度电视广播节目的开通和普及，液晶彩色电视的前途越来越好。下面以夏普 37 英寸 AX/BX 系列为例，详细介绍 37 英寸 AX/BX 系列液晶彩色电视机的后盖拆卸步骤。

（1）在拆卸液晶电视机之前，一定要在平整的桌面铺上软布，然后将液晶电视机正面朝下平放，如图 9-1 所示，注意桌面不能凹凸不平，防止损坏液晶屏及前壳。

（2）先用十字起子拆下液晶彩色电视机的底座盖螺钉，拆除方法如图 9-2 中箭头所示，底座盖螺钉拆下后，取下底座盖。

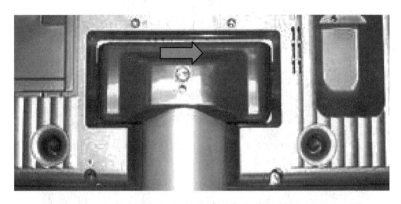

图 9-2　拆卸液晶电视机的底座盖螺钉

（3）底座的拆除：取下底座盖后便能看见 4 颗底座螺钉，如图 9-3 中箭头所示。拆除这 4 颗螺钉，轻轻地取下底座。注意底座较重，在拆除这 4 颗螺钉的同时，要用手托住底座，防止掉落损坏。

图 9-3　拆卸液晶电视机的底座螺钉

（4）固定端子和固定电源插座的螺钉拆除：用十字起子拆下固定端子和固定电源插座的 6 颗螺钉，拆除方法如图 9-4 中箭头所示。

图 9-4　拆除固定端子和固定电源插座的螺钉

（5）固定按键和后盖支架处的螺钉拆除：用十字起子拆除固定按键和后盖支架处的 5 颗螺钉，拆除方法如图 9-5 所示。

图 9-5　拆除固定按键和后盖支架处的螺钉

（6）后盖与前壳的连接螺钉的拆除：用十字起子拆下 15 颗后盖与前壳的连接螺钉，拆除方法如图 9-6 箭头所示。

图 9-6　拆除后盖与前壳的连接螺钉

（7）清点后盖与前壳拆下的 15 颗螺钉。

（8）确认完成上述各步骤后，保管好拆下的各种各样的连接螺钉，便可以准备将后盖拆除。

（9）后盖与前壳的连接夹缝内部贴有减振垫，后盖夹得较紧加之后盖面积较大，拆卸难度比较大，要特别小心，拆卸时不可用蛮力，防止后盖因施力过大而变形。

（10）取后盖：在取后盖时，双手应紧握住后盖的两端，待后盖垂直拿到一定高度时；平缓地从液晶电视机前壳上取下后盖再平行移出，避免后盖边缘拉断机器内的连接线。

二、液晶电视的装配

在装配液晶彩色电视机时，要记好拆卸的顺序与正确的位置，尤其是机器内的连接线位置和方向不能错。安装是拆卸的逆过程。

 知识链接一   液晶平板电视机的结构、原理与组成

一、液晶电视的概述

液晶电视采用的液晶显示器是关键部件。为此，我们先介绍液晶显示方面的知识和它的发展。

1. 液晶显示技术的发展概况

液晶显示技术从单色显示屏起步，先有小面积单色显示屏，其主要用于仪器、仪表、电子钟表、计算器字符显示及参数显示。随着文字、图像处理设备小型化，要求显示器件薄、轻、低功耗等，发展到目前液晶彩色显示屏，液晶电视采用的是液晶彩色显示屏。

液晶是一种固体和液体的中间状态物质，当光线透过或反射时，由于液晶分子排列状态的变化呈不同的光学特性。液晶本身并不发光，但它在外加电场、磁场、热的作用下，产生光密度或色彩变化，这是液晶显示器件（Liquid Crystal Display，LCD）的基本原理。液晶对外加的电场、磁场、热能等刺激很灵敏，通常将晶态物质加热到熔点就变成透明液体。但这一类物质加热到常温与熔点之间某一温度时，成为混浊黏稠体。它既有液体的流动性，又有晶体的光学各向异性特点，称为"液晶"态。能改变光线透射能力的称为透射型液晶，这种设备需要背光；能改变光线反射能力的称为反射型液晶，需要正面光源，在全黑环境下液晶没有显示能力。按开关元件和材料不同，有源矩阵 LCD 分为：晶体管式[包括非晶硅薄膜晶体管（A-Si-TFT）、多晶硅薄膜晶状管（P-Si-TFT）等]和二极管式。用于电视机方面的都是透射型液晶。目前，市场上，商品化的液晶 LCD-TV 的图像清晰度已经超过 CRT-TV 的水平，亮度已经接近 CRT-TV 的水平。37 英寸以上的液晶彩色电视机、拼接式宽屏幕电视和 100 英寸数字 HDTV 家用液晶投影电视已上市，并且正在快步朝着大屏幕彩色液晶高清晰度电视方向快速发展。或许今后，液晶电视可能逐渐代替 CRT 电视，现代家庭新添置彩色电视机时，优先考虑选购彩色液晶电视机。

2. 液晶电视的优点

液晶显示就是通过人为手段改变液晶分子排列方式，控制光的通断来显示图像的技术。液晶电视之所以能够迅速发展，主要由于它具有以下优点：

（1）所需电源电压低，约为 3～5V；

（2）驱动功率小，约为 $\mu W/cm^2$ 级；

（3）液晶屏是被动显示，本身不发光，眼睛不易疲劳；

（4）被动显示屏可以用环境光或太阳光作为光源，因而可以将液晶电视屏安装在室外；

（5）液晶屏薄而轻，便于实现袖珍型和壁挂式平板显示；

（6）无 X 射线和紫外线辐射损害。

为了进一步提高液晶电视的图像清晰度，增大电视液晶屏的面积，目前世界各国正在寻求新型液晶材料和驱动电路与液晶屏一体化制造的新工艺。

3. 液晶的显示原理

液晶分子的某种排列状态在电场作用下变为另一种排列状态时，液晶的光学性质随之改变，而产生光被电场调制的现象称为液晶的电光效应。液晶的电光效应是由液晶的介电系数、电导率和折射率的各向异性引起的。

液晶分子排列和构造有多种控制方式，从而派生出不同的液晶显示模式，其中应用于液晶显示的分类如下。

1）电场效应

电场效应可分为扭曲向列型（TN）效应和宾主型（GH）效应两类。

（1）扭曲向列型（TN）效应。

扭曲向列型液晶盒的组成及其工作原理如图 9-7 所示，基本构造是上下两层玻璃，中间加入液晶层。两层玻璃基片上涂覆有偏振成 90° 的涂层，液晶分子连续成 90° 方向扭曲排列。在液晶盒两侧各有一个偏振片，入射光侧的偏振片被为偏振器，出射光侧的为检偏器。起偏器的偏振方向与该侧基片表面的液晶分子轴反向一致。检偏器的偏振方向有两种选择：与起偏器的偏振方向平行或垂直。由于液晶分子的扭曲螺距为 40μm，远大于可见光，因此，射入液晶的直线偏振光的偏振方向在通过液晶层时沿着液晶分子轴扭曲旋转 90°。

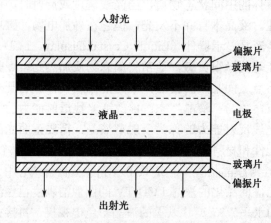

图 9-7　扭曲向列型液晶盒的组成

当不加电场，而且出射侧的检偏器的偏振方向与起偏器的方向平行，出射光的偏振方向与检偏器的偏振方向垂直时，则出射光被遮断，当起偏器和检偏器的偏振方向垂直时，出射光通过检偏器，则液晶盒呈透明。当液晶盒施加电场 E，而且外加电压高于阈值电压时，液晶分子排列改变为分子轴与电场方向平行，由于分子轴顺着电场 E 的方向，液晶的旋光性消失，入射光的偏振方向不旋转。当两侧偏振片的偏振方向平行时，出射光透过检偏器，若用于显示屏，则呈现黑底白像；当两侧偏振片的偏振方向垂直时，出射光被遮断，若用做显示器，则呈现为白底黑像。

扭曲向列电光效应是目前应用最广泛的液晶显示器件的机理。

当液晶盒上下基板两端的外加电压升高时，电场强度 E 随之升高，使液晶分子排列方向与电场平行（或垂直）改变为与电场垂直（或平行）时的电压称为阈值电压 V_{th}。若液晶的弹性系数小，介电系数各向异性大，则 V_{th} 低。一般扭曲向列（TN）型液晶的 V_{th} 约为 2～3V。

液晶在外加直流电压作用下容易发生化学变化，而使液晶性能恶化，寿命缩短。因此，通常用交流电压驱动液晶。又由于液晶材料有时间积分响应特性，因此液晶响应速率跟不上驱动电压的峰值，而是响应驱动电压的有效值（方均根值）V_{rms}，这称为液晶的 RMS 响应效应。图 9-8 所示的是液晶透明度与所加电压的关系，其中 NW 是基准为透明的 LCD，NB 是基准为不透明的 LCD。

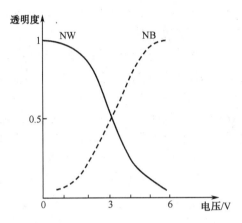

图 9-8　TN 型液晶透明度与电压的的关系

（2）宾主型（GH）效应。

将分子长轴方向与短轴方向对可见光吸收率不同的棒状分子的二色染料作为"宾"，溶解在作为"主"的一定规则排列的液晶中，则二色染料分子方向与液晶分子平行。当在电压作用下改变作为"主"的液晶分子的排列方向时，作为"宾"的染料分子的排列方向随着"主"分子的方向变化，从而改变了染料的可见关吸收特性，引起颜色变化。这种电光效应称为宾主效应。

此外，液晶在外加电场作用下还会产生电控双折射（FCB）效应、相变（PC）效应、动态散射（DS）效应等。

以上各种电光效应的显示器件性能比较见表 9-1。

表 9-1　几种电光效应显示器件的性能比较

性　　能	电光效应类型			
	动 态 散 射	扭 曲 向 列	电 控 双 折 射	相　　变
工作电压	最高（>10V）	最低（>1V）	低（>1V）	高（>5V）
视角	宽	中（约 30°）	窄	宽
功耗	大	小	小	小
彩色显示	不可以	可以	可以	可以
对比度	高	最高	动态散射高	低
寿命	短	长	长	长
价格	低	最高	高	高

2）电热光效应

加电场的同时改变液晶温度，会引起液晶的光学性质变化。例如向列-胆镏型混合液晶的电热光效应用于激光热写入的大型动画显示。

二、液晶电视的液晶显示原理

液晶显示的原理是利用液晶的电光效应，通过施加电压改变液晶的光学特性，造成对入射光的调制，使液晶的透射光或反射光受到所加信号电压的控制，从而达到显示的目的。

因此，使用液晶器件时，应注意以下特点。

（1）液晶显示器件本身不发光，它必须有外来光源。这种光源可以是高照度的荧光灯、太阳光、环境光等。它不同于 CRT 和发光二极管（LED）等发光型显示器件。

（2）驱动电压低，一般为 3V 左右。驱动功率小，一般为 μW/cm^2 级，所以能用 MOS 集成电路驱动。这是因为液晶材料的电阻率高（大于 $10^{11}\Omega\cdot cm$），流过液晶的电流很微小，而且由于液晶的各相异型物理特性，很容易在外电场作用下改变分子排列而发生光电效应。

（3）液晶光学特性对信号电压响应速度慢（TN 型液晶的响应时间 $\tau\approx150ms$，薄膜晶体管有源矩阵的 $\tau\approx80ms$），因此液晶跟不上驱动电压快速上升的峰值变化，液晶只能响应驱动电压的有效值（方均根值）。所以，一次扫描液晶屏不能显示图像，需要多次扫描，即利用液晶的累积响应效应显示图像。

滞留电压驱动液晶屏会引起液晶分子电化学反应，缩短液晶寿命。为避免这种电化学反应，必须使用交流电压驱动液晶屏，而且交流驱动电压波形应无平均直流成分。为此，通常给液晶屏的信号电极施加逐场导致极性的视频信号，以满足上述要求。同时，行扫描电极也加上交流驱动电压。

三、液晶平板电视机的组成

液晶电视整体主要由液晶彩色电视机前壳、液晶彩色电视机后盖、彩色液晶显示屏（LCD）、背光源、PCB 元器件板、液晶矩阵显示器的驱动电路、各种不同类型的集成电路、晶体三极管、电解电容器及阻容元件等组成。

根据液晶彩色电视机的拆装过程（图 9-1～图 9-6），我们初步了解了一些液晶彩色电视机的组成部件。下面介绍液晶彩色电视机的组成及其作用。

1. 液晶彩色电视机前壳与后盖

液晶彩色电视机前壳与后盖通常由塑料压制成形，其作用是支撑彩色液晶显示屏（LCD）、带元件的 PCB 元器件板、相关控制按钮和输入输出插座等。

2. 彩色液晶显示屏（LCD）

前面较详细地介绍了液晶显示屏，液晶显示器的彩色形成原理分为两大类，单板滤色镜型和三板分色镜型。单板滤色镜型采用一块液晶板，前面加一块微阵列滤色镜板，每个滤色镜板对准一个像素，30 万像素点的液晶，实际画面分辨率只有 10 万点（约 380×260）；三板分色镜型都用于高档投影机，R、G、B 三种信号分别用三片液晶板来还原。

1）液晶显示屏的分类和使用特点

液晶器件种类很多，根据电信号转换成光信号所依据的电光效应的机理不同，可分为：扭曲向列型（Twisted Nematic，TN）、宾主型（Guest-Host，GH）、电控双折射型（Electrically Controlled Birefringence，ECB）、相变型（Phase Change，PC）、动态散射型（Dynamic-Scattering，DS）、热光型（Therm Optic，TO）、电热光型（Electrotherm-Optic，ETO）。

根据液晶显示器件所显示光的类型可分为如下几类。

① 透射型显示：光源位于液晶显示板之后，用信号电压改变液晶显示板的光学传递特性

来调制光源透过液晶发出的光强度，由透射光的光强显示信号电压的信息，如图 9-9 所示。

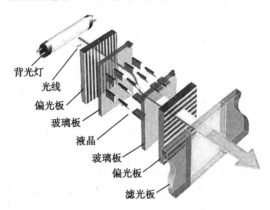

图 9-9 液晶显示屏组成结构图

② 反射型显示：光源位于液晶板之前，在液晶层的底面基板上设有反光板。当信号电压调制液晶的光学传递特性时，用反射光的强弱显示信号电压的信息。

③投影型显示：将液晶屏看成幻灯片，透过此幻灯片的光被图像信号调制，再经光学透镜放大后，透射到屏幕上。观众可以在透射侧的投影屏幕上观看到放大的图像，也可以在透射面之后的投影屏幕上观看放大的图像，如图 9-10 所示。

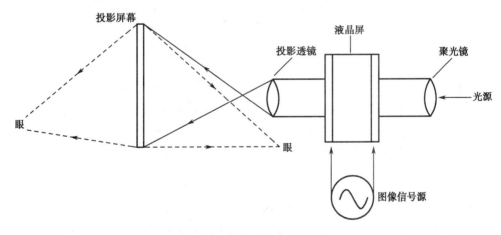

图 9-10 投影型液晶显示器件

根据液晶显示板上显示电极形状可分为段显示（用于数字显示）和矩阵显示（由水平和垂直两组条状电极及其间的液晶层组成，两组条状电极的焦点即为像素）。

2）逐场倒置的视频信号

逐场倒置的视频信号方案有以下两种。

① 一般驱动方式，如图 9-11 所示。图中公共电极为 4V，第 1 场与第 2 场视频信号的极性倒置，它们的平均直流成分为零。这种交流驱动信号的缺点是输出的视频信号幅度大，要求电源电压高，功耗大。

② 公共电极的反转驱动方式。这种驱动方式是在上述一般驱动方式的基础上，对公共电极施加逐场反转的方波，同时使第 1 场与第 2 场视频信号极性反转，如图 9-12 所示。这样既保证相邻两场视频信号的平均直流成分为零，而且逐场反转视频信号的总幅度减小，从而使

视频信号驱动器的供电电压降低，电池功耗减小。

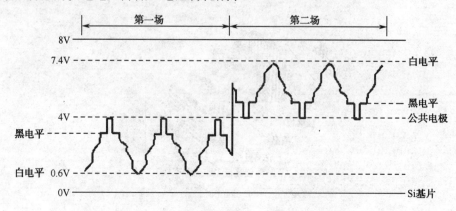

图 9-11　一般驱动方式的逐场倒置的视频信号

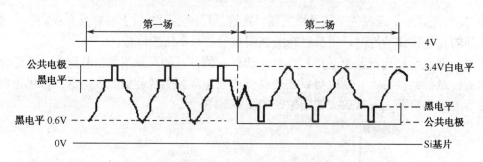

图 9-12　公共电极的反转驱动方式

③ 电视台广播的电视信号主要针对显像管的非线性做了非线性（γ）预先校正，而液晶显示屏的光电转换型近似线性，即 $\gamma \approx 1$。为使接收到的电视信号在液晶屏上显示为无灰度畸变的电视图像，应将接收到的电视信号经过非线性（γ）校正，再送到液晶屏上显示。显像管的非线性系数 $\gamma \approx 2.2$，为满足电视系统的 $\gamma \approx 1$，在摄像机的前置放大极，加了一个 $1/\gamma \approx 1/2.2$ 的预校正电路。

3. PCB 元器件板

PCB 元器件板大致有中频板、解码板、视频板、显示板和电源板等，其既带有相关的集成电路、晶体管、电阻电容等器件，也具有满足各个功能部件之间的连接插座。

4. 液晶矩阵显示器的驱动电路

液晶矩阵显示器的驱动方式分为简单矩阵方式和有源矩阵方式两种。

1）简单矩阵液晶屏的驱动

简单矩阵驱动方式的液晶显示器中，电极排列方式如图 9-13（a）所示。其中 x 电极为扫描电极，加扫描电压；y 电极为信号电极，加信号电压。x，y 电极的交叉点就是像素（x,y），像素数目决定于 x，y 交点数。液晶材料的电阻率约为 10^{11}ohm·cm。图中 x，y 电极一个交叉点液晶的等效电阻为 R，等效电容为 C。所有 x，y 电极群的各个交叉点液晶像素的等效 RC 并联电路通过 x，y 电极的连接，形成一个立体电路，如图 9-13（b）所示。

矩阵显示有两种常用的扫描方式。

① 点顺序扫描，如图 9-13（a）所示。选定 1 行 x_i 后，依次选择 y_1，y_2，y_3，…，y_n。扫描完 x_i 行，再选择 x_{i+1} 行。在点顺序扫描中，扫描 1 个像素的时间是扫描一幅图像所需时

间的 $1/n^2$，这个比值称为"占空系数"。当 n 很大时，占空系数很小。由于液晶对驱动信号的有效值产生响应，所以当占空系数太小时，对有效值电压的响应时间也少，这对液晶的响应不利，做显示图像的亮度低。

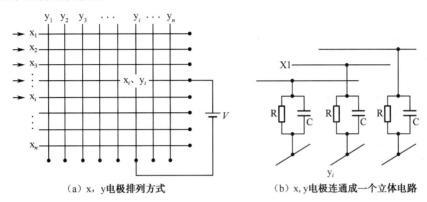

<table>
<tr><td>（a）x，y 电极排列方式</td><td>（b）x，y 电极连通成一个立体电路</td></tr>
</table>

图 9-13　简单矩阵驱动方式的显示器

② 行顺序扫描，如图 9-13（a）所示。选定这一行 x_i 后，对 y_1，y_2，y_3，…，y_n 同时加信号电压，即同时选择 y_1，y_2，y_3，…，y_n。这种行顺序扫描中，1 个像素的占空系数为 $1/n$，显然它比点顺序扫描的占空系数大。因此在简单矩阵显示中，一般都采用行顺序扫描。

分析点顺序扫描和行顺序扫描可知，在液晶简单矩阵显示中，由于矩阵的所有像素的等效 RC 电路通过 x，y 电极连通成一个立体电路，如图 9-13（b）所示。当选中的某一像素点（x_i，y_j）加有电压 V 时，邻近一些像素点得到约为 $V/2$ 的电压，称为"半选择点"，另一些非选择的像素点得到的电压也并非为零。这种现象称为"立体电路效应"，它将使半选择点和非选择点都得不到希望的信号电压，而且液晶电光响应的阈值特性不陡峭，在这些半选择点和非选择点上也产生不希望的电光效应，结果导致选择点显示图像对比度下降，这种现象也称"交叉效应"。电极数 n 越多，交叉效应越严重。所以，在简单矩阵液晶屏显示中，不能用增加电极数来提高分辨率。这是因为电极数增加时，虽然像素数增加会提高分辨率，但同时降低了图像对比度。解决上述问题的办法是采用多重矩阵法提高分辨率，而不增加扫描电极数。二重矩阵液晶显示屏的电极结构，扫描电极数减少为 $n/2$ 个，信号电极为 $2m$ 个。这样一个二重矩阵液晶屏相当于 $n×m$ 个像素的普通矩阵液晶屏。因为减少了扫描电极数，所以它的对比度提高到与（$n/2$）×m 的矩阵液晶屏相同。

由于二重矩阵液晶屏的每一个像素被图像信号作用的时间比帧周期短得多，所以当扫描电极数增加时，要准确控制液晶像素显示的灰度层次相当困难。

采用反式二重矩阵和反式四重矩阵液晶屏可以克服二重矩阵和四重矩阵液晶屏的缺点。在同样的扫描极数时，反式多重矩阵比多重矩阵液晶屏容易制造，对比度提高，且没有错误显示区，减少了散粒噪声。但当电极数增多时，反式矩阵的制造工艺要求更高。

2）有源矩阵液晶屏的驱动

简单矩阵液晶屏显示中，液晶电极间的交叉效应严重降低了图像的对比度，而且现有液晶材料的阈值特性不陡峭，扫描行数受到限制，因此显示图像的分辨率也不高。

有源矩阵液晶屏能克服简单矩阵液晶屏的上述限制。其办法是在扫描电极和信号电极的交叉处，安装透明的薄膜晶体管开关或非线性元件与液晶像素串联，使液晶电极之间的交叉效应减少，液晶像素的阈值特性变陡。

有源矩阵液晶显示屏分为晶体管驱动和非线性元件驱动两类。

① 晶体管驱动。

薄膜场效应晶体管（Thin Film Transistor，TFT）驱动。

每一个像素配置 1 个开关晶体管，晶体管导通、截止状态接近理想开关。因此各个像素之间的寻址完全独立，从而消除了液晶像素之间的交叉串扰，大大改善了液晶显示图像的对比度和清晰度。

通常作为开关的晶体管有非晶硅薄膜晶体管（Amorphous Silicon TFT，A-Si TFT）和多晶硅薄膜晶体管（Ploycrystal Silicon TFT，P-Si TFT）。前者的截止电流极小，存储电荷不易漏失，无须为液晶像素再制作附加存储电容，成品率高，有利于高行数图像的显示，因而广泛应用于液晶电视的显示屏。后者电光性能稳定，电荷迁移率高，可以用 P-Si TFT 将液晶像素部分和驱动电路制作在一块基片上，大规模集成，近来获得了广泛重视。

② 非线性元件驱动。

利用金属-绝缘体-金属（Metal Insulator Metal，MIM）、二极管环（两个相反极性二极管的并联）、背对背二极管（两个二极管的负极连接在一起）等的非线性开关元件与液晶像素串联，使液晶的阈值特性变陡，也可以有效地克服简单矩阵液晶像素间的交叉串扰。利用上述非线性元件作为开关的有源矩阵液晶屏，其制造工艺较简单，可以应用于便携式彩色液晶电视机。

5．集成电路

液晶彩色电视机的集成电路较多，超大规模集成电路与大规模集成电路各个厂家不同，比如夏普 45 寸液晶彩色电视机中超大规模集成电路有 IXB003WJ、IXB706W、S111161、S11169G、FA3675F 等，大规模集成电路有 M62320FP、PQ1C21H、BR24L01FIE、MD1422N、M62392FP 等，各集成电路的功能在此不详细介绍了。

6．晶体三极管、电解电容器及阻容元件等

液晶彩色电视机的晶体管名目众多，有高频晶体管、低频晶体管、开关晶体管以及大功率晶体管。各路功率输出电路为了保证具有一定的功率输出，功率驱动均采用了功率驱动晶体三极管，型号为 2SC3928、2SC4429、2SD1885 等，是 NPN 型；型号为 2SA1530AR 等，是 PNP 型，通常 β 在 60～100 倍范围，除此之外，液晶彩色电视机中还用了大量的场效应晶体管和集成反向器 DTC114EE。液晶彩色电视机的电解电容器及阻容元件，与普通彩色电视机一样，根据电源电压的高低和通过电流的大小来选择电解电容器的耐压值和电阻的功率。

7．背光源

背光源是液晶彩色电视机的重要部分，因为液晶本身并不发光，它的亮度很大程度和背光源的光通量有关，根据液晶屏的尺寸大小不同，配备的背光源灯管数量和功率也不尽相同，例如，37 寸液晶彩色电视机背光源灯管数量要配到 7 根。

 知识拓展一　典型液晶平板电视机的电路

一、彩色液晶电视接收机的组成

图 9-14 是采用 A-Si TFT 有源矩阵液晶屏的彩色液晶电视机的组成框图。

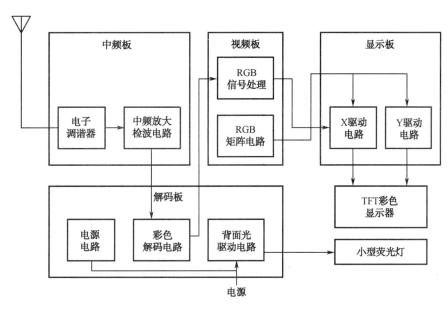

图 9-14 彩色液晶电视机的组成框图

彩色液晶电视机不同于黑白液晶电视机的是：在视频检波器后，增加了色度信号解码电路和 R、G、B 信号处理电路，以及采用 A-Si TFT 有源矩阵的彩色液晶显示屏。因为彩色液晶屏的三基色滤色片对光的吸收较大，使液晶显示图像的亮度大大降低，为此须用小型高照度的荧光灯作为背光源来增加液晶显示亮度。

由图 9-14 可见，彩色液晶电视机与普通阴极射线管（CRT）显示电视机的区别仅在于图像显示部分采用液晶显示器件及其驱动电路，其他部分与普通阴极射线管电视机相同。

目前彩色液晶电视有两种驱动方式，简单矩阵的驱动和有源矩阵液晶屏的驱动。如前所述，简单矩阵的驱动的优点是制造工艺简单，价格便宜，缺点是图像质量差。为了加快响应速度，液晶电视多采用有源矩阵液晶屏的驱动中的点顺序扫描和行顺序扫描。

为了获得良好的色彩重现，彩色液晶电视机多采用三波长发光型荧光等作为背光源。目前有的 TFT-LCD 采用场序列全彩色技术取代彩色滤色膜，使 LCD 的亮度、分辨率、对比度都达到了新的水平。

二、彩色液晶显示屏

液晶器件的彩色显示方法有两种：相减混色法和相加混色法。相减混色法的原理是将青色、绛色、黄色滤波片叠在一起，只要将其中某一个滤色片变成透明，就能获得红、绿或黄 3 种单色光。这里液晶作为控制阀门来控制其中 1 个滤色片变成透明，这时入射白光穿过另两个滤色片，于是出射光就成为彩色光了。但是 3 个滤色片重叠在一起对入射白色的吸收很大，使得液晶显示的彩色图像亮度大为降低。因此在液晶彩色电视中，通常采用嵌镶式三基色滤色片进行相加混色。起偏光片和检偏光片的偏振方向相同，同为垂直方向。TN 液晶阀中掺有黑色染料分子，有利于关闭滤色片，使其不透光。不加电场时，液晶分子与上、下基片表面平行，但 TN 液晶分子在上、下基片之间连续扭转 90°，使入射液晶的直线偏振光的偏振方向通过液晶层时，沿液晶分子扭转 90°，因而出射光的偏振方向垂直于检偏光片的偏振方向，结果出射光被遮断。即入射白光通不过滤色片，故在出射光端看不到滤色光。

当透明的 Y 电极与 X 电极之间加的电压大于液晶的阈值电压时，外加电场改变 TN 液晶分子的排列方向，液晶分子轴与电场方向平行，液晶的 90° 旋光性消失，使得入射白光经 R 滤色片透过检偏光片，出射 R 色光，结果在出射端能看到红色基色光。每一个彩色像素由 R、G、B 3 个基色滤色片组成，当一组 R、G、B 三基色滤色片之中有 1～3 个滤色片能使入射白光被其滤色而透过检偏光片时，在出射端就能看到 1～3 种基色光的相加混色。这里 TN 型液晶对基色光起控制阀门的作用。

X、Y 透明电极的交点之间夹着一组 R、G、B 三基色滤色片，形成 1 个彩色像素。每个像素有 1 个 A-Si TFT 晶体管开关形成晶体管开光有源矩阵，以消除像素间的交叉串扰。

彩色液晶屏需要电着色、真空蒸镀、彩色油墨印刷或感光等工艺，彩色液晶屏的信号电极 Y 数目是单色光的 3 倍，而扫描电极 X 数目只需 1 套。

三、整机电路介绍

由图 9-14 可知，该彩色液晶电视接收机的整机电路主要由调谐器和中频电路，R、G、B 基色信号处理电路，开关电源电路和液晶屏驱动电路等组成。

1. 调谐器和中频电路

调谐器接收射频信号并转换为中频信号，中频信号再经视频检波和伴音解调，输出视频图像信号和第二伴音信号，第二伴音信号经过鉴频器输出伴音信号。

2. R、G、B 基色信号处理电路

R、G、B 基色信号处理电路是彩色液晶电视接收机的核心电路，主要完成中频信号的接收、解码和伴音解调，输出视频和音频信号，并能进行数字图像处理、驱动液晶屏和扬声器进行工作。

3. 开关电源电路

开关电源电路将 220V 交流电转换为主板所需的 +24V、+12V、+5V、+3.3V、+2.5V、+1.8V 等主要电压及上屏电压（不同的屏，上屏电压也不同）。

4. 采样保持和 Y 电极的信号驱动电路

在简单矩阵液晶电视机中，Y 电极的信号驱动电路通常采用 A/D 转换器将视频信号转换成 4bit 代码的数字信号，再利用存储器将这种点顺序像素转换成行信号，进行行顺序扫描，以适应液晶显示器件响应速度慢的特点。然后将每一行信号中的每一个像素的数字信号转换成脉宽调制信号，产生 16 灰度层次的脉冲电压，驱动液晶像素，形成液晶电视图像。

在 TFT 有源矩阵彩色液晶电视机中，通常 Y 信号电极可以用采样-保持得到的模拟电视的样值信号驱动。图 9-15 是 210 行×180 列的 TFT 有源矩阵彩色液晶屏的驱动电路示意图。行扫描驱动器产生 210 字节的逐行扫描电压，每一行扫描电压在显示期内为恒定值，但整个扫描期内的平均直流成分应为零。Y 电极的信号驱动器由 180 字节的采样-保持所需的采样脉冲产生电路和 3×180 路模拟开关所组成。或者说，R、G、B 3 路 Y 电极的信号驱动器是由 3×180 个采样-保持电路所组成的。3 路采样-保持电路对属于同一行的 R、G、B 视频信号，同时采得 180 组 R、G、B 三基色像素。每一行的 180 组 R、G、B 采样值同时驱动 3×180 列 Y 信号

电极，当某一个扫描电极 X_i 加有行扫描电压时，该行的 3×180 个 TFT 晶体管全导通，采样得到的 180 组 R、G、B 样点信号就通过 TFT 晶体管存储在像素液晶电容器中，并且调制液晶像素显示的灰度层次，同时像素液晶阀控制该组 R、G、B 滤色片透过何种基色光以及相加混合成某种彩色。随着逐行扫描的进行，彩色液晶屏上显示出一幅 210×180 的彩色液晶电视图像。

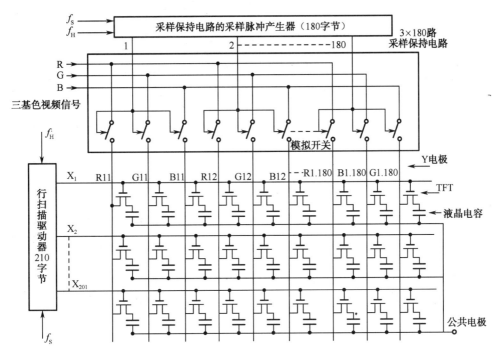

图 9-15　210 行×180 列的 TFT 有源矩阵彩色液晶屏的驱动电路示意图

任务 9.2 液晶平板电视机常见故障的检修

技师引领二　学习液晶平板电视机的维修

客户杨先生："我家购买的大屏幕夏普 37 英寸 BX/AX 系列液晶彩色电视机，昨天，收看电视节目时，突然出现满屏幕雪花，但是播放 VCD 或 DVD 均正常。调节面板按钮和遥控器按钮都不能消除故障，我把电视机输入的有线电视插头插入另一台彩电，那台彩电一切均正常，是不是我的液晶彩色电视机坏了？"

陈技师观察夏普 37 英寸 BX/AX 系列液晶彩色电视机故障现象后说："杨先生，你说的故障现象的确存在，根据故障现象分析，此台液晶彩色电视机电源和扫描部分都是好的，故障出在图像通道。我理解你在液晶彩色电视机出现故障时的着急心情，我一定尽力修复故障。"

技师维修

用十字起子打开夏普 37 英寸 BX/AX 系列液晶彩色电视机后盖，步骤如图 9-1～图 9-6 所示。夏普 37 英寸 BX/AX 系列液晶彩色电视机图像通道局部电路如图 9-16 所示。

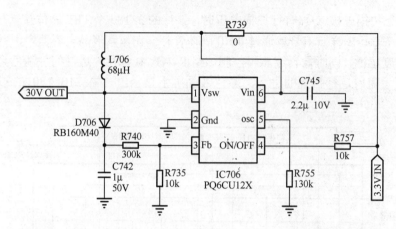

图 9-16　夏普 37 英寸 BX/AX 系列液晶彩色电视机图像通道局部电路图

维修步骤如下：

（1）打开液晶彩色电视机电源，先用万用表测量集成电路 IC706（PQ6CU12X）第⑮脚调谐电压，应为 31V 左右。

（2）若测量⑮脚结果没有电压，接着测量集成电路 IC706（PQ6CU12X）第⑥脚 Vin 电压（红表笔接⑥脚，黑表笔接地）约为+3.3V，说明 Vin 电压没问题，再测量第④脚 ON/ OFF 电压为+3.3V，正常，最后测量第①脚 Vsw 电压为+30V，也正常。

（3）接着用示波器测量集成电路 IC706（PQ6CU12X）第⑩脚 SCL 与第⑪脚 SDA 的波形，均正常，再用示波器测量第⑤脚的振荡波形略有失真，接着用示波器测量集成电路 IC706（PQ6CU12X）第①脚的波形，没有 500kHz 的波形，测量此点电感 L706（68μH）时，发现电感 L706 发黑烧毁。

（4）更换 L706 电感（68μH）后，电路恢复正常。再用十字起子将液晶彩色电视机的所有后盖螺钉装上，打开夏普 37 英寸 BX/AX 系列液晶彩色电视机，经过收看电视节目机器恢复正常，故障排除。

 技能训练一　液晶平板电视的液晶显示屏的拆卸和重新组装

器材：万用表 8 只，液晶平板电视机 8 台，稳压电源 8 台，示波器 8 台，电工工具 1 套/人。

目的：学习液晶平板电视机的故障检测与维修技能。

情境设计

以 1 台液晶平板电视机为一组，全班视人数分为 8 组。液晶平板电视机电路出现故障时，故障现象一般能反映其组成电路的功能特点，因此在分析故障原因时，要结合电路功能分析故障的可能产生的原因，缩小故障范围，查找故障点，准确快速地进行维修。所以 8 台电视机的故障可分别设置在不同电路部分，引导学生首先区分故障在什么电路部分。

液晶平板电视机的故障现象通常表现为信号异常和显示异常。信号异常时首先要检查相关电路的关键信号是否异常。如果伴音正常图像显示不良，图像异常、无图、花屏等，则要先判断是图像信号通道的问题还是屏线和液晶屏的问题，可通过检查电视机输出的视频信号是否正常进行判别。电视机输出的视频信号正常则是屏线和液晶屏的问题，输出的视频信号不正常则是图像信号通道的问题。

注意事项：

① 拆卸前，断开液晶平板电视机电源。

② 显示屏包含静电敏感器件，处理这些部件时应小心。

1. 拆卸

（1）把显示器面向下置于铺有垫子的桌子上。从底座拆除 3 个螺钉，拆除方法如图 9-17 所示。

图 9-17　拆卸液晶电视机的底座螺钉

（2）拆除底座和前盖（图 9-18）。

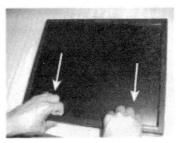

图 9-18　拆卸液晶电视机的底座和前盖

（3）提起后盖并使用开启工具拆除护板灯（图 9-19）。

图 9-19　拆除护板灯

（4）断开连接电缆（图 9-20）。

图 9-20　断开连接电缆

（5）提起护板并断开 LVDS 电缆（图 9-21）。

图 9-21　提起护板断开 LVDS 电缆

（6）提起液晶显示屏（图 9-22）。

图 9-22　提起液晶显示屏

2．组装

组装步骤与拆卸步骤相反。

知识链接二　液晶平板电视机电路分析

彩色液晶电视接收机的整机电路主要由调谐器和中频电路，R、G、B 基色信号处理电路，开关电源电路和液晶屏驱动电路等组成。

1．调谐器和中频电路

调谐器俗称高频头，它的功能是将电视天线信号或有线电视信号进行调谐放大，然后与本机振荡信号进行混频后产生差频，形成图像和伴音的中频信号。

图 9-23 是高频头工作原理框图，其基本电路有：输入回路、高频调谐放大级、混频器和本机振荡四大部分。调谐器处理的信号频率很高，为了避免外界电磁信号干扰，通常都将它封装在金属盒中。

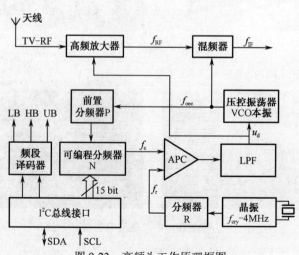

图 9-23　高频头工作原理框图

彩色液晶电视接收机的调谐器和中频电路主要有两种结构形式：一是调谐器和中频电路各自独立，电视信号经调谐器处理后再输出到中频电路。二是调谐器和中频电路集成在一起的一体化调谐器，电视信号的高频放大、混频、中频放大、视频检波和伴音解调等都在这一体化调谐器中完成。表 9-2 是长虹 LS10 机芯所用的一体化调谐器各引脚功能。

表 9-2 一体化调谐器各引脚功能

引 脚	引 脚 定 义	引脚功能描述	引 脚	引 脚 定 义	引脚功能描述
1	AGC1	自动增益控制	11	IF1	中频信号输出端口 1
2	NC1	未接	12	IF2	中频信号输出端口 2
3	ADD	地	13	SW0	伴音制式控制
4	SCL	I²C 总线时钟信号输入	14	SW1	伴音制式控制
5	SDA	I²C 总线数据信号输入	15	NC4	未接
6	NC2	未接	16	SIF	第二伴音中频信号
7	+5V1	+5V 电源	17	AGC2	自动增益控制
8	AFT	未接	18	VEDI0	CVBS 信号输出
9	+32V	形成 0～32 调谐电压	19	+5V2	+5V 电源
10	NC3	未接	20	AUDI0	音频信号输出

中频电路的功能是从高频调谐器输出中频信号，经耦合电容传送到前置中放电路（又称预中放电路）放大后传送至声表面滤波器（SAWF），按所需的中频特征处理后送到中放集成电路中进行处理。

2. R、G、B 基色信号处理电路

视频检波器输出的彩色电视信号，一路送到伴音处理电路，产生伴音；另一路送到同步分离电路，产生行、帧同步脉冲；还有一路经 γ 校正后，送到色度解码电路和 R、G、B 基色信号处理电路，输出 R、G、B 基色视频信号。R、G、B 三个基色信号分别经采样保持和 Y 电极驱动后，输出 Y 电极信号。行、帧同步脉冲触发扫描驱动器，产生每帧行扫描电压，送到彩色液晶显示屏的 X 扫描电极进行扫描。R、G、B 基色信号处理电路工作原理如图 9-24 所示。

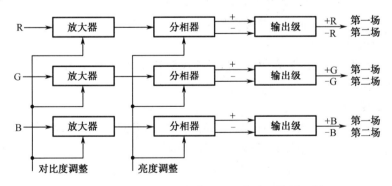

图 9-24 R、G、B 基色信号处理电路工作原理图

从色度信号解码电路送来的 R、G、B 三个视频基色信号分别送到各处的放大器中的分相器和输出级。放大器和分相器分别设置对比度与亮度调节器。分相器输出两个波形相同，但极性逐场相反的交流信号，其平均值的直流成分为零，以适应液晶显示器件对驱动信号的要求。

3. 开关电源电路

通常，40 英寸以下液晶电视机开关电源电路输出电压主要分为+24V 背光灯主电源、+12V 主板用电源和+5V CPU 待机电源；40 英寸以上的一般输出+24V 背光灯主电源、+12V 主板用电源、+5V CPU 待机电源和+18V 的伴音电路电源。

4. 液晶屏驱动电路

液晶显示屏的图像驱动非常复杂；首先要把传统的专门为显像管显示图像而制定的"串行"的模拟像素电信号，转换为适合液晶屏显示的以"行"为单位的"并行"的数字像素电信号，并且还要有配以适应液晶屏"矩阵"显示方式的源极、栅极驱动阵列。

 ## 知识拓展二　液晶平板电视机的电源电路

液晶（LED）平板电视机开关电源电路包含信号电源、功率因数校正（PFC）控制电源、待机电源（EC0）及背光电源等多个部分组成。电源电路结构如图 9-25 所示。

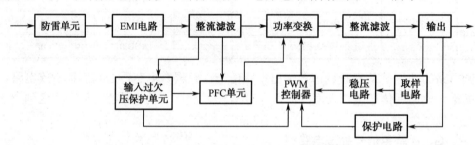

图 9-25　液晶电视电源电路结构框图

一、电源电路分析

图 9-26 为 LG42LB7RF 液晶电视电源电路图。

1. 抗电磁干扰（EMI）电路

由外接插头输入的 220V 交流市电，经过熔丝和滤波电感等组成的共模滤波器，把供电电路引入的各种电磁干扰抑制掉，消除其中的高频干扰脉冲。

2. 整流滤波电路

经抗干扰电路处理后的 220V 交流电压，通过桥式整流滤波电路，把 220V 交流电压转换为约 300V 直流电压。

3. 开关稳压电路

开关电源的稳压原理采用 PWM 脉冲调宽式的稳压方式，通过自动改变开关功率管的关闭和导通时间的比例，或者通过调节振荡器输出脉冲占空比的比例实现稳压的目的。稳压部分的电路由取样、比较、控制三部分组成，很多机芯的开关稳压电路采用集成模块 IC 和光耦件组合而成。

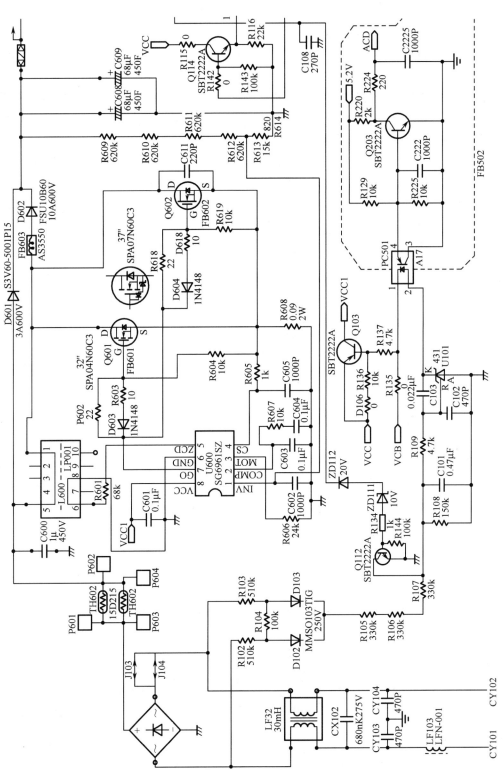

图9-26　LG 32LG30R-TA液晶电视电源电路图

4. 待机电源电路

电源接通交流市电后，经变压器转换输出 12VSB（19～22 英寸 18V，24 英寸 22V）和 5VSB 供电，当电视机接收到遥控开机信号时，驱动电路开关三极管导通，输出 12V、5V、24V 电压。

5. 有源功率因数校正（PFC）控制电路

平板彩色电视机（液晶平板彩色电视机与等离子平板彩色电视机）与 CRT 彩色电视机的开关电源的明显区别是采用了有源功率因数校正电路。

有源功率因数校正（PFC）电路主要由集成电路 IC 及其外围元件组成，集成电路 IC 是一个宽电压输入范围的功率因数校正控制器，主要运用于 50Hz/60Hz 电源电路，实现较大幅值的宽电源输入。输入电压和输出电流的变化分别从 IC 的相应引脚输入，IC 内部根据这些参数进行对比、运算，确定出工作占空比，以维持输出电压的稳定。

液晶平板彩色电视机中有源功率因数校正的典型电路如图 9-27 所示。

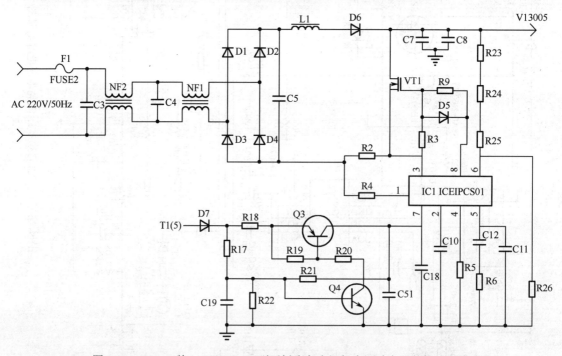

图 9-27　TCL 王牌 LCD3026H/S 型平板彩色电视机有源功率因数校正电路

6. 保护电路

在液晶彩电开关电源中，除具有常见的尖峰吸收保护电路外，还设有+24V、+12V 和+5V 电压的过压、过流、过热和短路保护等保护电路，其保护方式均是使电路停振。保护电路多采用四运算放大器 LM324、四电压比较器 LM339、双电压比较器 LM393 或双运算放大器 LM358。

过流保护电路的过流取样点，大部分电视机中都是在主振功率管的发射极电位上。过压保护电路的取样点一般取自 220V 交流经整流滤波后的电压或主负载供电电压，通过一个稳压二极管管进行取样判别。短路保护电路的取样点一般在稳压电源输出的低压组电源上，通过一个二极管来进行判别取样。

保护电路在维修时可断开不用，如果断开后电压恢复正常，说明故障由保护电路引起，此时可分步断开，判断哪一路保护电路动作，然后再进行维修。

二、电源电路的 PFC 故障分析与维修

1．+12V、+24V 电压的检查

液晶电视机电源通电后，副电源先工作，输出+5V 电压给数字板上的 CPU，此时整机处于待机状态。当按"待机"键后，CPU 输出开机电平，PFC 电路先工作，将+300V 脉动直流电压转换成正常的直流电压（+380V）后，这时主开关电源的脉宽振荡器才开始工作，接着主开关变压器次级输出+12V、+24V 电压，整机进入正常工作状态。

2．确认保险管状态

检修液晶电视机电源时，首先确认保险管状态，保险管完好，通常 PFC 校正电路中的开关管等没有失效。再测量大电解电容对地是否存在短路，有几十千欧以上充电电阻，表明电源没有击穿。

3．检测开关管的好坏

如果保险管损坏，首先要检查 PFC 校正电路开关管，其次要检查副电源 IC。

4．熔断器烧断，待机红色指示灯不亮

此类故障大部分是有源功率因数校正（PFC）电路故障所致，检修流程如下：

（1）先检测电源开关管 VT1 是否击穿，对照图 9-26 所示电路，万用表置电阻挡测量，如开关管 VT1 击穿就会烧断熔断器 F1，且待机红色指示灯不亮。

（2）如果开关管 VT1 是好的，则检测集成电路 IC1 是否起振，用万用表直流 500V 电压挡或示波器直接测量滤波电容 C6 正端电压，如此电压约 280V 就可判定为停振。

（3）如 IC1 停振，测量⑦脚 VCC 的电压，若低于 10.5V 的话，就检查 VT3、VT4 组成的电源控制电路，如电源控制电路正常则查 IC1 集成电路的④脚外接定时电阻 R5，③脚外接检测电流电阻 R2，⑥脚外接 RC 补偿网络的 R7、R7A、R7B、R8 电阻。

 ## 技能训练二　液晶平板电视机的故障检查与维修

器材：万用表 8 只，液晶平板电视机 8 台，稳压电源 8 台，示波器 8 台，电工工具 1套/人。

目的：学习液晶平板电视机的故障检测与维修技能。

情境设计

（1）以 1 台液晶平板电视机为一组，全班视人数分为 8 组，8 台电视机的故障可分别设置在不同电路部分，引导学生首先区分故障在什么电路部分。

（2）液晶平板电视机电路出现故障时，故障现象一般能反映其组成电路的功能特点，因此在分析故障原因时，要结合电路功能分析故障的可能产生的原因，缩小故障范围，查找故障点，准确快速地进行维修。

（3）液晶平板电视机的故障现象通常表现为信号异常和显示异常。信号异常时首先要检查相关电路的关键信号是否异常。当开机后接收节目不良时，可改用 D V D 作为节目源进行测试，如果更换为 DVD 节目源后信号正常，则检查调谐器和中频电路及 A V 切换电路等。

（4）如果伴音正常图像显示不良，图像异常、无图、花屏等，则要先判断是图像信号通道的问题还是屏线和液晶屏的问题，可通过检查电视机输出的视频信号是否正常进行判别。

（5）电视机输出的视频信号正常则是屏线和液晶屏的问题，输出的视频信号不正常则是图像信号通道的问题。

（6）伴音不良，先判断是扬声器的故障还是伴音通道的故障，可用逐级信号注入法进行判断。

（7）无图无伴音故障应重点检查公共通道，特别是调谐器和中频电路，有时开关电源电路不正常，也会引起图像伴音全无的故障。

（8）不能开机或整机不工作，则故障通常在开关电源电路和系统控制电路。

下面我们以 LG42LB7RF 液晶平板彩色电视机为例，检修不开机、无图像但伴音正常、无声音但有图像等典型故障，并将检修流程进行介绍，其他的故障请按照这样的流程进行分析，同时编制相应的检修流程图。

1. 不开机

不开机故障的检修流程图如图 9-28 所示。

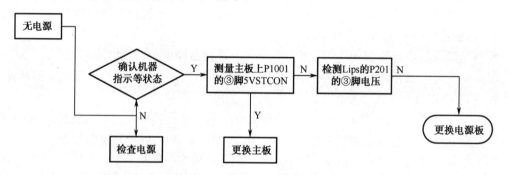

图 9-28　不开机故障检修流程图

2. 无图像但伴音正常

无图像但伴音正常的故障的检修流程图如图 9-29 所示。

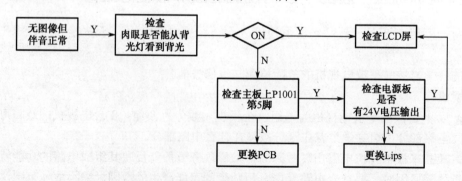

图 9-29　无图像但伴音正常检修流程图

3. 无声音但有图像

有图像但没有伴音的故障的检修流程图如图 9-30 所示。

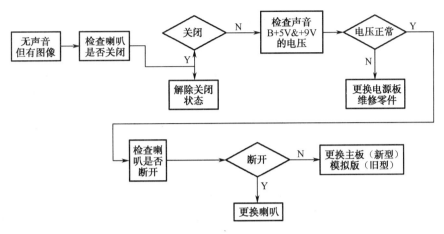

图 9-30 无声音但有图像检修流程图

 知识链接三 液晶平板电视机的背光源及其驱动电路

由于液晶本身不发光，需要通过背光照明，目前，市场上液晶电视机的背光源主要是阴极射线荧光灯（CCFL）背光源和发光二极管（LED）背光源。

一、阴极射线荧光灯（CCFL）背光源

由于液晶本身不发光，需要通过背光照明，因此目前大多数产品采用阴极射线荧光灯（CCFL）作为背光源。CCFL 还是高压驱动光源产品，为了最大化灯管的寿命和发光效率，CCFL 需要采用交流正弦的波形驱动。因此，CCFL 灯管通常需要一个直流-交流逆变器来将直流电源电压变成 40~80kHz 的交流波形，工作电压通常在 500~1000V$_{rms}$。逆变器也是 CCFL 技术背光模组重要的构成组件。同时高压工作的特点也使产品检测和修理的危险性加强。

如图 9-31 所示，背光源由背光灯管及供电电路（背光高压板）组成。供电电路由电源控制部分、振荡控制集成电路部分、功率放大电路部分和高压输出及取样电路部分组成。

电源控制部分将开关电源送来的 12V 直流电源进行稳压处理后送到振荡控制集成电路启动其工作。振荡控制集成电路输出激励振荡信号，驱动两组全桥功率放大电路。放大后的振荡信号经过升压变压器升压后，由高压输出接口输出点亮 CCFL 背光灯管。

振荡及信号处理部分由振荡器和分频器组成，振荡器产生的方波振荡信号经由分频电路输出。振荡控制集成电路外接振荡定时电容，调整其电容量即可调整振荡频率。在大屏幕多灯管液晶屏中，可以两块甚至多块振荡控制集成电路级联应用，振荡控制集成电路设有接口可保证多块集成电路振荡频率的同步。分频电路经过分频后，提高振荡信号的频率稳定性，分频次数越多，频率的稳定性越高。分频后的振荡信号分为两路，一路经过 PWM 调制、波形时间叠加、保护控制等处理后，输出方波信号，激励全桥功率放大电路的功放管；另一路经过反相器倒相，变成反相的振荡信号，也经过相同的处理后输出方波信号，激励全桥功率放大电路的另一只功放管。

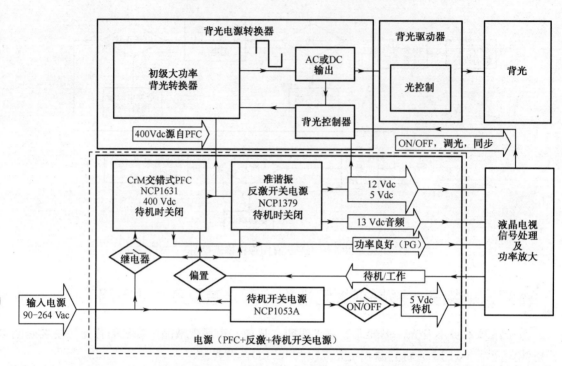

图 9-31　阴极射线荧光灯（ CCFL）背光源电源电路

　　输出取样电路对每一只工作的背光灯管的工作状态进行监测，对供电高压、背光灯管的工作电流、背光灯管是否断路进行工作状况取样。每只升压变压器的输出电压都有一个电压取样电路，采用电容分压取样的方式。灯管的取样电压输出到集成电路的过压保护端。灯管电流的流通电路中串联有两只电阻。当灯管有电流流过时，电阻上的压降正比于流过灯管的电流，电阻上读取的电压变化就是灯管电流的变化。此电压变化经整流、滤波后，送入振荡控制集成电路。振荡控制集成电路根据灯管电流的变化，控制 PWM 信号的占空比，起到控制灯管电流的作用。

　　断路保护电路由取样电路、检测电路、比较电路、控制电路组成。升压变压器的次级升压线圈有两个一样的绕组，这两个绕组输出电压相同，并且绕组负载的 A、B 两组背光灯管数量、功率、尺寸、特性均相同。这样当背光灯管全部点亮时，两组背光灯管流过灯管的电流是相同的，每组背光灯管供电的变压器绕组下端分别接两只极性相反的二极管，四只二极管均经过四只阻值相同的电阻接地，这四只电阻就是电流取样电阻。四只二极管和四只电阻的连接点就是背光灯管电流的取样输出点；四只二极管的取样输出点分别设定为 V_1、V_2、V_3、V_4。由于四只取样电阻阻值均相同，两组背光灯管数量相同、特性相同，电流也就相等，因此四个取样点的取样电压相等，即 $V_3=V_4=V_1=V_2$。但是由于二极管是极性相反连接的。所以 V_1 与 V_2 反向，V_3 与 V_4 反向；V_1、V_3 为负，V_2、V_4 为正。V_1、V_2、V_3、V_4 输出电压即为背光灯管断路保护的取样电压，V_1、V_2 是 A 组背光灯管的取样输出，V3、V4 是 B 组灯管的取样输出。当液晶屏有任意一只背光灯管短路时，矩阵比较电路就会输出电压信号并进行放大处理，使电路进入保护状态。

二、发光二极管（LED）背光源

目前，LCD 显示器占据平板电视机中的主流地位，而现有的 LCD 显示器大多数是透射型的。对于透射型的 LCD 显示器，背光源是其不可缺少的组成部分。在 LCD 背光源中，虽然大多数液晶电视的背光源采用的还是冷阴极荧光灯（CCFL），但这种光源并不是平面光源，为了实现背光源均匀的亮度输出，还需要为液晶面板的背光模组搭配扩散片、导光板、反射板等众多辅助器件。即使这样，也很难获得如 CRT 那样均匀的亮度输出。在图像显示效果上，同 CRT 相比，采用冷阴极荧光灯（CCFL）的液晶显示器的色域表现还存在明显不足。

而 LED 具有宽色域、白点可调、高调光率及长寿命等优点，被开发为一种新型的 LCD 背光源技术（简称 LED 背光源），在 LCD 电视中得到越来越广泛的应用。LED 背光源由于众多平面光源特性，可以实现相当好的色彩和色度调节，从而实现更好的色彩还原；LED 背光源采用的是低压驱动，使用的是 5~24V 的低压电源，非常安全；驱动电路模块的设计也较为简单，稳定性更好；平面状结构让 LED 拥有稳固的内部结构和良好的抗振性能。另外由于 LED 内部驱动电压远低于冷阴极荧光灯（CCFL），因而其功耗要比冷阴极荧光灯更低，非常节电，更加安全环保。LED 背光源电源电路如图 9-32 所示。

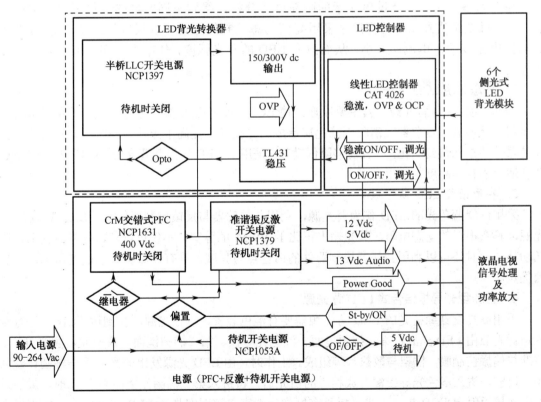

图 9-32　发光二极管（LED）背光源电源电路

目前 LED 背光源种类主要有以下几类。

1. 点阵式 LED 动态背光源

点阵式 LED 背光源，就是将 LED 均匀地分布在整个背光面上，每个 LED 所照射出的光均匀地投射在整个背光膜上，通过每个 LED 都为液晶的一定区域提供照明，最大限度地提高 LCD 的显示质量。点阵式 LED 如图 9-33 所示。

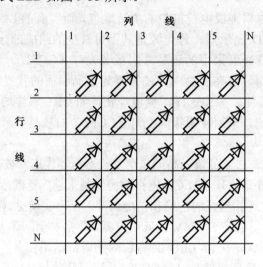

图 9-33　点阵式 LED 背光源原理图

亮度动态控制就是通过对显示的画面进行分析，得到不同区域的最佳亮度的同时控制 LED 背光源达到相应的亮度。采用亮度动态控制的方式可以很方便地调节 LED 背光源电源电压或输入电流的大小，从而改变 LED 的发光强度，使电视机在较低能耗条件下工作。

2．静态照明 LCD 背光源

静态照明 LCD 背光源，其主要原理是使 LCD 的每个亚像素只通过与其相应的色元件进行照明，从而省去滤色器，消除因滤色层造成的光损失，提高了光效。同时，这种背光源又能使器件的结构得到简化，并且能够降低功耗。采用了 LED 作为其背光源，功耗进一步降低，非常适合进行高亮度的应用。

3．在反馈型 LED 背光源

采用红绿蓝色光的 LED 作为背光源，利用色传感器与反馈控制器做成的反馈式 LCD 背光源，具有很低的动态电阻，其光输出正比于 PWM 的脉宽，不仅可以获得优异的色质，降低功耗，而且还可以利用其任意控制器件的白色点与亮度，具有色域宽、色品度可调及环保的优点。

4．在新型光导板结合式 LED 背光源

采用高亮度红绿蓝光的 LED 背光源需要有混色装置，以在光源的光到达 LCD 前进行混色。背光源由 LED 光源、第一椭圆镜面、混色光导板、第二椭圆镜面、反射膜、主光导板、校准与偏振控制膜、框架与散热片等组成。工作时，由 LED 光源发出的光经第一椭圆作镜面 90°反射，进入混色光导板混合成相应的白光后，再进入第二椭圆作镜面 90°反射，最后进入主光导板射向 LCD 板。主光导板具有屏像素图案，该图案是为 LED 光源的光分布而做了优化的。为了进一步改进色均匀度，在主光导板光进入的一边还配备了一条微棱镜，以增加光的角分布，改进光色的混合。

5．高亮度直接型 LED 背光源

高亮度直接型 LED 背光源是一种边光式背光源，具有以下几个特点：一是发光面可以沿其光学轴作 360°发射；二是可以用较薄的镜片覆盖较大的面积；三是可以用简单的结构进行混色。这种背光源不用光导板，而是通过在 LCD 板后面的空腔中放置 LED 阵列代替。这种 LED 背光源可以在保持良好光效的同时，较好地控制亮度与颜色的均匀性。

项目工作练习 9-1　满屏幕雪花，播放 VCD 或 DVD 均正常故障的维修

班　级		姓　名		学　号		得　分	
实训器材							
实训目的							

工作步骤：

（1）开启夏普 37 英寸 BX/AX 系列液晶彩色电视机，屏幕上突然出现满屏幕雪花，但是播放 VCD 或 DVD 均正常。（由教师设置不同的故障）。

（2）根据夏普 37 英寸 BX/AX 系列液晶彩色电视机满屏幕雪花的故障现象，调节面板按钮和遥控器按钮都不能消除故障，把电视机输入的有线电视插头插入另一台彩电，那台彩电一切均正常。说明电源部分基本正常，分析故障可能出在图像通道。

（3）制定维修方案，拆卸液晶彩色平板电视机，并说明检测方法。

（4）记录液晶彩色平板电视机检测过程，找到故障器件、部位。

（5）确定维修方法，说明维修或更换器件的原因。

工作小结

项目工作练习 9-2　屏幕上无光栅，待机红色指示灯不亮故障的维修

班　级		姓　名		学　号		得　分	
实训器材							
实训目的							

工作步骤：

（1）开启 TCL 王牌 LCD3026H/S 型平板彩色电视机，屏幕上无光栅，待机红色指示灯不亮。（由教师设置不同的故障）。

（2）根据 TCL 王牌 LCD3026H/S 型平板彩色电视机屏幕上无光栅，待机红色指示灯不亮的故障现象，打开机器检查，熔断器烧断，说明电源部分故障可能性较大。

（3）此类故障大部分是有源功率因数校正（PFC）电路故障所致，制定维修方案，拆卸 TCL 王牌 LCD3026H/S 型平板彩色电视机，并说明检测过程和检测方法。

（4）记录检修流程，找到故障器件、部位。

（5）确定维修方法，说明维修或更换器件的原因。

工作小结	

项目 10

等离子（PDP）平板电视机

教学要求

（1）了解等离子彩色显示屏。

（2）掌握等离子（PDP）平板电视机整机电路的结构与组成。

（3）熟悉等离子平板电视机的原理。

（4）认识和学会分析等离子平板电视机的各功能电路。

（5）掌握等离子平板电视机电源电路的原理分析和故障检修方法。

（6）掌握等离子（PDP）平板电视机图像处理电路常见故障的检修。

任务 10.1　等离子（PDP）平板电视机电源电路

 问题导读一

技师引领一

客户李先生："我家购买的长虹 42 英寸 PT4209 型等离子电视机，开机后，指示灯亮，但显示屏不亮，请您检修，谢谢！"

张技师接通电源，开机观察后说："李先生，您的等离子电视机的确出故障了，根据故障现象分析，这台电视机的故障很可能是电源电路故障。我帮您开机检查后，明确原因，尽力维修好，请您放心。"

张技师维修：用十字起子打开长虹 PT4209 型等离子电视机后盖，观察电源板上的指示灯均正常点亮，而逻辑板上指示灯 LED2000 不亮。

检测步骤：

① 用万用表检测 IC8026 的第②脚和 IC8024 的第②脚电压，发现应分别输出为 5V 和 3.3V 的电压均显示为零，再测量 VA 电压输出端电压也为 0V，正常 VA 电压输出端电压应为 70V，这表明该电路不工作，应对此电路上的元器件进行检测。

② 用万用表测量为逻辑板电路供电的 PFC 电路输出电压，PFC 电路输出的 400V 电压正常。则可断定故障在逻辑板电路上。

③ 用万用表测量保险管 F8003，发现已开路，造成保险管开路的原因可能是后续电路的元器件过载。继续检查发现二极管 D8040 击穿短路，检查其他元件未见异常。

④ 更换二极管 D8040 和保险管 F8003 后，电视机恢复正常。

 技能训练一　等离子（PDP）平板电视机的电源电路分析和检修

器材：万用表8只，长虹 PT4209 型等离子（PDP）平板电视机8台，电工工具1套/人。
目的：学习等离子（PDP）平板电视机的电源电路的故障检测与维修技能。

情境设计

以1台等离子平板电视机为一组，全班视人数分为8组。长虹 PT4209 型等离子平板电视机的电源电路主要由交流电输入电路、待机5V（VSB）电压形成电路、PFC 直流高压产生电路、逻辑板5V和3.3V供电电压产生电路、整机稳压电路及保护电路等组成。电源电路的各个电路的功能不同，出现故障时，表现出的现象也有较明显的差异，在技能训练中，要对照图纸，认识区分各个电路，通过检测相关电路的关键电压，找出故障所在的电路，进而查找故障点并进行排除。

 知识链接一　等离子（PDP）平板电视机的电源电路原理

等离子平板电视机的电源电路采用开关式电源电路，但与 CRT 彩色电视机的开关电源相比，从电路组成到电路原理都要复杂得多。它的主要功能是将输入的 220V 交流电转换为多种数值的直流电，为等离子平板电视机的各电路供电。

一、长虹 PT4209 型等离子（PDP）平板电视机的电源电路

以长虹 PT4209 型等离子（PDP）平板电视机为例，电源电路如图 10-1 所示。

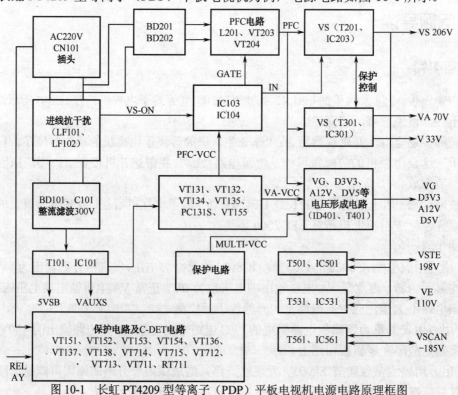

图 10-1　长虹 PT4209 型等离子（PDP）平板电视机电源电路原理框图

1. 交流电输入电路

交流电 220V 输入电路将输入的 220V 交流电经过 LF101、LF102 抗干扰处理后，变成稳定的 220V 电压，然后分别输送给 PFC 直流高压产生电路和待机 5V（VSB）电压形成电路。

2. 待机 5V（VSB）电压形成电路

交流电输入电路输出的 220V 电压经 BD101、C101 进行整流、滤波后，得到 300V 左右不稳定的直流电。300V 直流电送入 IC101、T101 组成的 5VSB 形成电路，加至开关变压器，开关变压器输出的一路电压再经整流、滤波后形成 5 V（VSB）电压，给主板 CPU 供电，使主板上的 CPU 进入工作状态。

3. PFC 直流高压产生电路

长虹 PT4209 型等离子（PDP）平板电视机采用 IC103（ML48241P1）及外围电路来实现 PFC 功能，如图 10-2 所示。

ML48241P1 是飞兆公司出品的电流型升压式功率因数校正（PFC）/脉宽调制（PWM）控制组合集成电路，仅须提供 1 个时钟，就能控制两级（PFC 和 PWM）电路，并具有多重保护功能。

4. 逻辑板 5V 和 3.3V 供电电压产生电路

300V 直流电压在 IC101 内部分成两路：一路直接加在功率 MOSFET 管的漏极，另一路通过内部高压电流源对 IC101 的④脚的外接电容 C104 充电。当④脚电压上升到 14.5V 时，内部各功能电路开始正常工作，T101 的一次绕组、二次绕组产生感应电压。电源工作后，④脚供电由 10-11 绕组感应电压经 D102 整流、C10 滤波提供 15.5V 电压，电流源停止对④脚外接电容充电，T101 的二次绕组⑤-③脚感应电压经 D105 整流及 C109、L101、C110、C111 滤波后得到约 5.2V 的 5V 电压。5V 电压经 DC-DC 变换电路，输出 3.3V 稳压直流电。

5. 整机稳压电路及保护电路

整机其他稳压电路参考图 10-1 中 VS、VA、VE、VSTE、VSCAN 等输出电压，保护电路与保护控制在左下角。

二、等离子（PDP）平板电视机电源电路的特点

1. 宽的输入电压

等离子（PDP）平板电视机的电源电路的电压适应性范围要宽，允许的交流输入电压为 90～265V，电源频率可适应 50Hz/60Hz，这种宽的输入电压，可适应世界各国的电源电压和电源频率。

2. 电源功耗大

等离子（PDP）平板电视机开关电源电路的功耗大，以 42 英寸等离子（PDP）屏为例，输出的功率要求大于 400W。为了减小无功率消耗，提高有用功率。通常等离子（PDP）平板电视机采用功率因数校正（PFC）电路。

3. 多电压输出

等离子（PDP）平板电视机的开关电源由多种不同的开关电源电路组成。根据等离子屏的特点及技术要求，等离子屏正常工作时，驱动电路必须提供 5 种基本电压，经过 X、Y 驱动电路转换成规定的波形、幅度的驱动电压，所以开关电源要提供等离子屏放电、维持、熄灭等基准电压，即 VS 维持电压、VA 寻址电压、VE 擦除电压、VSTE 初始电压、VSCAN 扫描电压，还要提供信号处理和伴音电路需要的电压。对于电压的产生还必须有时序关系，例如长虹 PT4209 型等离子（PDP）平板电视机的开关电源就由 8 个不同的开关电源组成，共同完成等离子平板电视机正常工作的供电。

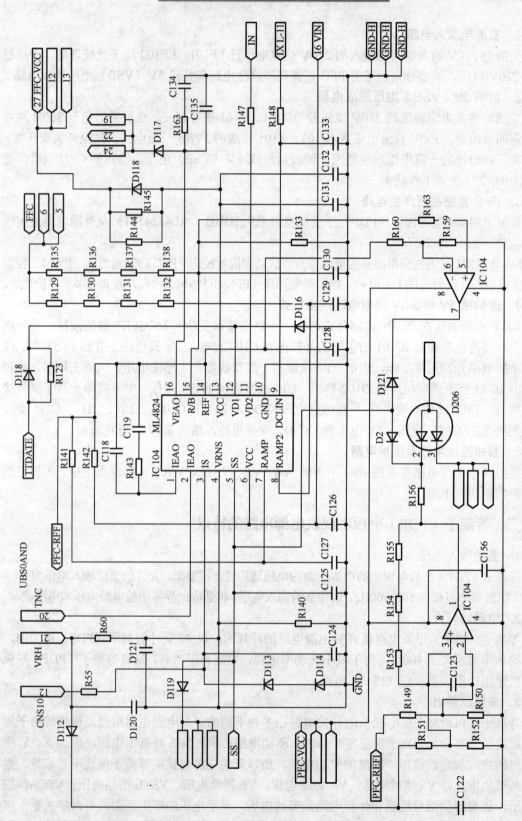

图10-2　等离子显示器屏PFC直流高压产生电路

4. 开机时序与关机时序

等离子（PDP）平板电视机在开关电源时，有严格的工作开机时序与关机时序。当插入接通电源后，输出待机电源电压 VSB，做好待机准备。按下红外遥控电源开机键，打开等离子（PDP）平板电视机。数字电路中的 CPU 向开关电源电路发出电源控制信号，等离子（PDP）的开关电源电路向各种逻辑电路、控制电路、保护电路及音频放大电路提供电源电压，当电源检测信号端口为高电平时，等离子（PDP）平板电视机的开关电源电路向维持电极 X、扫描电极 Y 驱动电路送出维持电压 VS、寻找电压 VA、初始电压 VSET、扫描电压 VSCAN，其中先有 VA，再有 VS，时间的间隔为 100～200ms，起到保护等离子（PDP）显示屏的作用。

三、等离子（PDP）平板电视机电源电路检修要点

（1）一般电源电路设计中会分为热地和冷地部分。热地指直接与 220V 输入电源相连的接地端，冷地是经过变压器电压转换后的次级绕组的接地端。在线路板上，冷地和热地之间通常会用白色线分开，电路板上的散热片上有感叹号和闪电标记的是热地，检修热地时一定要注意区分，以防触电。检修时测电压要区分好热地和冷地，否则测试不准确。检修电源板时最好接入 1∶1 隔离变压器进行检修，接线方式如图 10-3 所示。

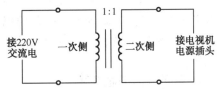

图 10-3　1∶1 隔离变压器接线图

（2）电源板上的元器件，一般都是专用元器件，检修要求使用原装配件。应急修理时，除必须考虑代换的元器件参数指标与原型号一致以外，部分元器件的体积和外观还需要与原型号一样，否则会造成整机装配不良、无法安装。强行安装甚至可能造成对其他元器件的损伤。对于工作电流大，功率也大，整机工作温度较高的电源，选用元器件时一定要注意是否能耐高温，尤其要注意选择耐高温的电容，否则电容很快就会因为过热而损坏。

（3）判定故障部位首先检查电源板输出的 5V 电压，当发现无此电压，说明电源板输出或控制电路部分可能存在短路现象，可通过断开电源板输出接口判断故障到底是在电源板还是在控制电路。

📷 知识拓展一　等离子（PDP）平板电视机的彩色 PDP 显示屏

一、彩色等离子显示屏（PDP）概述

等离子体电视机由等离子显示屏（Plasma Display Panel，PDP）等组成。等离子平板电视（PDP）近几年来已大量上市，因显示原理与 CRT 彩电完全不同。

以往的电视机都是由阴极射线管（简称 CRT）技术制造的。CRT 主要由电子枪、偏转线圈及阴极射线管组成。CRT 体积庞大，它的屏幕面积越大，显像管就要越长，只有这样才能保证扫描电子枪有足够的深度空间把电子束打到整个屏幕上。阴极射线管是由玻璃制造的，特别容易碎，并且屏幕也有不易察觉的抖动。

新型的 PDP 电视具有和基于 CRT 技术生产的电视一样宽大的显示屏，但它的厚度只有 10cm 左右，它是在两张超薄的玻璃板之间注入混合气体，并施加电压利用荧光粉发光成像的设备。与 CRT 显像管显示器相比，PDP 电视具有分辨率高、屏幕大、超薄、色彩丰富、鲜艳

的特点。与 LCD 相比，具有亮度高、对比度高、可视角度大、颜色鲜艳和接口丰富等特点。

1．什么是等离子

等离子是指一团带有不同正电的离子，由于缺少电子，故在遇到带有负电的电子时很容易与其结合。而惰性气体的离子在与电子结合时，具有极易发生光电转换的特性，因此常被使用在照明和发光的用途上。

2．等离子怎么做成显示器件

通常以氦（He）原子为例，在真空的环境下，施加外加的能量（光能或电能），将会使光子或电子赶走原本在氦（He）原子内的电子，使氦（He）原子转变成带正电的氦离子（He+）和带负电的电子（e-）。而当带正电的氦（He）原子和带负电的电子（e-）互相结合时，根据能量守恒定律，则会将能量放出，而此能量放出通常以光能的形态呈现，即称为电激辉光放电原理。屏幕以玻璃作为基板，基板间隔一定距离，四周经气密性封接形成一个个放电空间。放电空间内充入氖、氙等混合惰性气体作为工作媒质。在两块玻璃基板的内侧面上涂有金属氧化物导电薄膜作为激励电极。当向电极加上电压，放电空间内的混合气体便发生等离子体放电现象。气体等离子体放电产生紫外线，紫外线激发荧光屏，荧光屏发射出可见光，显现出图像。

3．彩色等离子显示屏

1）彩色等离子显示屏的结构原理

彩色等离子显示屏的工作原理与日光灯很相似。属于主动发光型。它采用了等离子管作为发光元件，屏幕上彩色等离子显示屏由数十万至数百万个等离子管组成，每一个等离子管对应一个像素。这些等离子管是在两块玻璃基板之间用许多障壁将放电空间分隔而成的。每个显示单元都设有一组电极，并按一定排列形式涂敷有红（R）、绿（G）、蓝（B）荧光粉。放电单元内充入一定压力的惰性气体。等离子显示的方式，是透过施以外加电场在不同混合比例的惰性气体上，在密闭真空状态下，使气体因辉光放电产生等离子，在等离子和电子不断结合和分离的过程中，便会放出紫外线光。由于产生的紫外线光的频率远高于 R、G、B 三色可见光的频率，故等离子显示屏表面涂布的三色磷光粉末在受到紫外线光照射激发后，发出 R、G、B 三种不同颜色的可见光。再透过地址电极的电压来调整等离子放电的时间长度，便可以控制色彩的明暗灰阶，并通过驱动电路的设计，将三种基色的光混合成各式各样的颜色，形成全彩的画面。等离子显示器屏内部结构原理如图 10-4 所示。

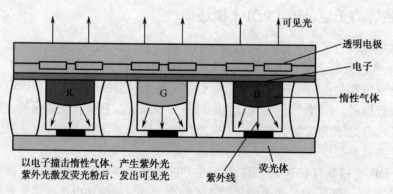

图 10-4　等离子显示器屏内部结构原理

2）等离子显示屏的特点

① 屏幕厚度约 15cm，可做成超薄型、平板式壁挂电视机。

② 超大屏幕，目前已制成 60 英寸以上 PDP。

③ 高亮度，约 $600\sim1000cd/m^2$。

④ 高清晰度（约 150 万彩色像素/帧），对比度最高约为 3000∶1，灰度约 256∼1024 级。

⑤ 没有 X 射线损害问题，抗电磁干扰能力强。这是因为 PDP 的显示机理不同于 CRT 显像管。PDP 利用气体放电产生紫外线激发荧光粉，发光显示。

⑥ PDP 显示器件可组成平板型高清晰度电视机和多媒体系统。

4. 等离子平板电视机和液晶平板电视的区别

1）成像原理不同

等离子平板电视机和液晶平板电视机都属于平板电视机，虽然表面看来十分相似，但本质上有很大差别。首先，成像原理不同。等离子平板电视机是靠高压来激活显像单元中的特殊气体，使它产生紫外线来激发磷光物质发光。而液晶平板电视机的液晶面板本身不发光，它是通过电流来改变液晶面板上的薄膜型晶体管内晶体的结构，由背光源使它显示图像。

2）彩色还原不同

等离子平板电视机的彩色还原与 CRT 彩电是一样的，都是通过三基色红、绿、蓝三色荧光粉受激发光来实现的，所以彩色还原能力可以达到 NTSC 制 CRT 彩电的水平。液晶平板电视机的彩色还原是由白色背光来实现的。采用 CCFL 背光源达到的最好彩色表现范围是 NTSC 制 CRT 彩电的 75%，采用 LED 发光二极管背光源达到的最好彩色表现范围与 CCFL 背光源差不多，所以，当把液晶平板电视机与等离子平板电视机放在一起时，能明显感觉等离子平板电视机的颜色鲜艳度较高。

3）发光显示不同

等离子平板电视机采用自发光显示技术，不需要背光源，因此没有视角和亮度均匀性问题。三色荧光粉共用同一个等离子管避免了聚焦和汇聚问题，所以图像非常清晰。液晶平板电视机的液晶面板本身不发光，液晶板只能使光线通过或者不通过，采用背光源发光，带来的问题是可视角度小，亮度与对比度较差。

等离子平板电视机属于高压成像，适合大屏幕远距离观看，但功耗较大。而液晶平板电视机属于低压成像，因此功耗比等离子平板电视机小得多。不过液晶面板上的坏点是无法维修的。

4）图像分辨率

等离子平板电视机采用微小的荧光发光室作为单元显示像素组成屏幕，发光性能与 CRT 彩电类似，它比液晶平板电视机亮度高、对比度大和层次感好，但因为荧光小室不能做到很小，所以等离子平板电视机的分辨率不如液晶平板电视机。

5）纯平面与免磁场干扰

由于等离子显示屏中发光的等离子管在平面中均匀分布，所以图像的中心和边缘显示完全一样，不会出现扭曲现象，也没有任何图像失真，实现了真正的纯平面。显示过程没有 CRT 的电子束运动，不用借助外磁场，所以外部的磁场不会对等离子平板电视机产生干扰。

二、等离子（PDP）显示器的主要功能要求

等离子（PDP）显示器是等离子（PDP）平板电视机的关键部件，它具有多功能、多显示

格式和多接口，属于固定分辨率显示器件，它的寻址、激励方式都属于数字方式，特别适用在数字电视机中作为显示器。等离子（PDP）显示器主要功能如下。

1. 场频变换功能

此功能指 50Hz 场频变换到 60Hz 或其他场频。

2. 全部红外遥控功能

其包括频道切换、自动顺序选台、数字直接选台、亮度、对比度、色饱和度、音量、左右声道平衡、静音、AV/TV 切换、16∶9 与 4∶3 转换、定时关机、待机等功能。

3. 16∶9 宽屏与 4∶3 普通屏切换功能

早期生产过 4∶3 普通屏，在等离子（PDP）显示器中，大多都有扫描格式变换电路，通过上/下遮幅方式，在 4∶3 普通屏实现 16∶9 宽屏幕显示区，兼容接收、显示高清晰度电视信号。

4. 多画面显示

多画面显示主要指画中画、双视窗和多画面功能。画中画功能是在主画面的一角，插入一个或者多个子画面，插入子画面面积的比例为 1/9 或者 1/16；双视窗则把一个屏幕划分为左、右两个显示区，同时显示两套不同的节目；多画面有 9 画面与 16 画面，可以用来快速浏览其他频道的电视节目或者用于对快速运动画面各瞬时的动作细节进行分解。

5. 色温选择

彩色电视系统在摄像端摄取（分解）电视画面前要调整白平衡，理论上应使红、绿、蓝三基色合成 D_{65} 的白场色温。如果电视系统为一个线性传输系统，摄像端和显像端调整为同一色温，那么彩色图像的色调最逼真。等离子（PDP）显示器有色温选择功能，可选择合适的色温。

三、等离子（PDP）显示器的显示格式

等离子（PDP）显示器大多支持逐行、逐点显示方式，下面介绍等离子（PDP）显示器支持的标准清晰度电视（SDTV）系统、高清晰度电视（HDTV）系统和计算机显示格式。

1. 标准清晰度电视（SDTV）系统显示格式

表 10-1 是等离子（PDP）显示器支持标准清晰度电视（SDTV）系统和模拟电视系统的主要显示格式。

表 10-1　标准清晰度电视（SDTV）信号显示格式

信号输入	显示格式	480p 50Hz	480p 60Hz	576p 50Hz	576p 60Hz
输入数据率：13.5MHz 每行总像素864 场频：50Hz 输入信号格式：720×576p	每行总像素数	858	858	864	864
	每行有效像素数	640	720	720	720
	每帧总行数	525	525	625	625
	信号显示格式	640×480p	720×480	720×576	720×576
	输入/输出像素宽高比	1:1	1.125:1	1:1	1:1
	行频/kHz	31.5	31.5	31.5	37.5
	帧频/Hz	50	60	50	60
	显示时钟频率/MHz	27.02	27.02	27	32.4

2．高清晰度电视（HDTV）系统显示格式

标准清晰度电视（SDTV）系统和高清晰度电视（HDTV）系统的行频=每帧总行数×帧频，显示时钟频率=每行总像素×每帧总行数×帧频，对数字寻址的 PDP 显示器支持逐行寻址显示格式，输入/输出像素宽高比=输入信号显示格式/输出信号显示格式。

高清晰度电视（HDTV）信号显示格式见表 10-2。

表 10-2　高清晰度电视（HDTV）信号显示格式

信号输入	显示格式	720p　50Hz	720p　60Hz	1080p　50Hz	1080p　60Hz
输入数据率： 74.25MHz 每行总像素： 2200 场频：50Hz	每行总像素数	1650	1650	2200	2200
	每行有效像素数	1280	1280	1080	1080
	每帧总行数	750	750	1125	1125
	信号显示格式	1280×720p	1280×720p	1920×1080p	1920×1080p
	输入/输出像素宽高比	1:1	1:1	1:1	1:1
输入信号格式： 1920×1080i	行频/kHz	37.5	45	56.25	67.5
	帧频/Hz	50	60	50	60
	显示时钟频率/MHz	61.875	74.25	123.75	148.5

3．可支持的计算机显示格式

PDP 显示器可支持的计算机显示格式行频=帧频×垂直实际像素数，点频=实际像素数×帧频，计算机显示仅支持逐行显示格式。

可支持的计算机显示格式见表 10-3。

表 10-3　可支持的计算机显示格式

序　号	显示格式名称	有效像素数/H×V	行频/kHz	帧频/Hz	点频/MHz
1	VGA480-50	640×480	31.46	50.02	25.17
2	VGA480-60	640×480	31.46	59.93	25.17
3	S-VGA-72	800×600	48.08	72.19	50.00
4	S-VGA-75	800×600	46.88	75.00	49.50
5	XGA-60	1024×768	48.08	59.80	65.00
6	XGA-66	1024×768	53.95	66.11	71.64
7	XGA-70	1024×768	56.48	70.07	75.00
8	SXGA-57	1280×1024	60.68	57.03	100.00
9	SXGA-60A	1280×1024	63.50	59.68	106.93

四、等离子（PDP）平板电视机显示器的接口

1．RF 射频输入接口

当前是传统模拟电视向数字电视的过渡期，PDP 显示器设置 RF 射频输入接口主要用来处理、显示 PAL-D 模拟电视信号。

2. 复合视频信号输入接口

复合视频信号（CVBS）输入接口主要用来解码、显示具有 CVBS 输出信号的 VCR 录像机、VCD、DVD 激光视盘、数字电视机顶盒等视频信号源。

3. Y/C 输入接口

Y/C 输入接口又称亮度/色度分离型彩色电视信号接口，主要用来解码 VCR 录像机等模拟信号源。

4. Y、P_R、P_B 色差分量信号输入接口

Y、P_R、P_B 色差分量信号是数字电视机顶盒的模拟量输出信号，所以 PDP 显示器必须具备 Y、P_R、P_B 色差分量信号输入接口，才能显示数字电视图像信号。

5. R、G、B 基色信号输入接口

R、G、B 三基色信号输入接口用来接某些数字电视机顶盒的输出信号，其同步混在 G 信号中对于标准清晰度电视（SDTV）而言，标称视频带宽为 6MHz，对于高清晰度电视（HDTV）而言，标称视频带宽为 30.0MHz。

6. D-Sub 15 针 VGA 输入接口

VGA 输入接口适用于计算机输出的 R、G、B 三基色信号及行、场同步信号。

7. 数字视频接口（DVI）

数字视频接口（DVI）用来传输未压缩的高清晰度数字视频信号，可以连接计算机和数字电视显示器。

8. 高清晰度多媒体接口（HDMI）

高清晰度多媒体接口（HDMI）专门用于数字视频/音频信号传输。

9. 音频输入信号接口（左、右声道）

PDP 显示器有左、右声道音频输入接口，以便重现立体声。

10. AV 输出接口

AV 输出接口包括复合视频信号输出接口和左、右声道音频输出接口。

11. USB 接口

USB 接口可用来对移动存储设备中的音、视频文件直接播送，它传输的数据流，叫做流媒体。

任务 10.2　等离子（PDP）平板电视机的图像处理电路与整机电路

技师引领一

客户王先生："李技师，您好！我的这台长虹 PT4209 等离子平板电视，屏幕上出来的只有黑白图像，声音正常，怎么调颜色都不能出现彩色图像，这到底是什么方面的毛病呢？"

李技师："这种故障通常以解码电路的故障为主，请您放心，我一定会把它修好。"

李技师维修：重点检查解码电路，由于解码电路已集成到 U9（MST9U88L）内部，但彩色副载波需要由㉕④、㉕⑤脚外接元件及内部相关电路产生振荡信号，再将该振荡波形进行分频，因此检修重点放在 Y1（14.318MHz）晶振、移相电容 C67/C74 及 IC 组成的振荡电路上。经检测，发现电容 C67 失效，更换后 C67 图像彩色恢复正常，故障排除。

技能训练二　等离子（PDP）平板电视机图像处理电路常见故障

分析和检修

器材：万用表 8 只，长虹 PT4209 型等离子（PDP）平板电视机 8 台，电工工具 1 套/人。
目的：学习等离子（PDP）平板电视机图像处理电路常见故障的检测与维修技能。
情境设计

以 1 台等离子平板电视机为一组，全班视人数分为 8 组。长虹 PT4206 型等离子平板电视机的图像处理电路主要包括解码电路、模拟/数字（A/D）信号转换电路、数字图像处理电路和数字视频处理电路等。图像处理电路功能较多，出现故障也比较频繁。因此在技能训练中，要根据故障现象沿着电路的检修流程进行检修，重点检测各电路的关键器件，查出故障所在，进行排除。

 知识链接二　学习等离子（PDP）平板电视机信号处理电路和显

示屏驱动电路

等离子平板电视机基本电路由信号处理电路、等离子显示屏驱动电路和开关电源电路组成，其电路基本框图如图 10-5 所示。下面介绍信号处理电路和显示屏驱动电路。

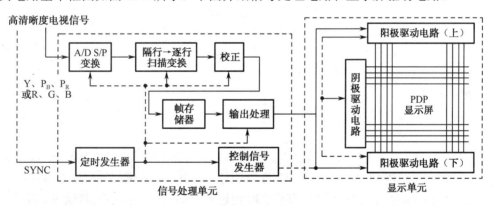

图 10-5　PDP 彩色电视机电路框图

一、信号处理电路

等离子平板电视机的信号处理电路是其核心电路，等离子平板电视机的图像处理电路与液晶平板电视机相同，分为模拟信号处理电路与数字信号处理电路，包括射频信号解调、模拟电视信号转换成数字信号并进行处理、TV/AV 信号解码电路、视频格式转换、音效处理、音频功率放大电路、系统控制电路等。它的功能是将输入信号转换成统一的驱动等离子屏的上屏信号和伴音信号。

等离子显示屏一般只能接收 LVDS（低压差分信号）格式的信号，在等离子平板电视机里都要把所有的信号转换成 LVDS 信号，等离子显示屏才能显示彩色图像。

二、显示屏驱动电路

等离子显示屏驱动电路有 Y 驱动电路板、Y 上/下选址电路板（缓冲板）、COF 插头、左/中/右 COF 选址电路板、X 驱动电路板、FPC 插头等。

一台等离子平板电视机的额定功耗有 60%～70%消耗在 Y 驱动电路板上，Y 驱动电路板主要工作在大功率和高压状态，比较容易损坏。Y 驱动电路在逻辑控制板的时序控制下，对等离子显示屏进行驱动，如果 Y 驱动电路板损坏，就会导致黑屏、花屏（图像杂乱无规则）；X 驱动电路板的功耗虽然没有 Y 驱动电路板大，但也是等离子显示屏里耗电多的部件，X 驱动电路板也工作在逻辑控制板的时序控制下，当 X 驱动电路板出故障时，一般现象为黑屏或花屏。

等离子平板电视机中由数字电路板送来的数字图像信号直接进入逻辑控制板，由逻辑控制板把数字化的图像信号和同步信号，根据 8 位数字和 8 个副场互相配合的显示原理，逐行地送入 E、F、G 三块数据缓冲板，写入由 Y 主板和上下缓冲板指定的某行像素，直至 480 行全部写好之后，由 X 主板进行屏幕点亮的驱动和时间控制。

知识拓展二　典型等离子（PDP）平板电视机的结构和组成

1. 简要介绍康佳 PDP4618 等离子彩色电视机

PDP4618 等离子彩色电视主要由显示屏、显示屏驱动电路和信号处理部分组成。信号处理部分分为主板和副板两部分。主板部分包括主画面高、中频处理，主子画面视频、声频处理及各路 AV 输入，VGA、DVI、RGB 信号的输入选择。其中数字电路包括数字解码、高效存储解交织器、图像缩放功能和 A/D 变换四部分。幅板部分包括声频功放，RF 分支放大，子画面高、中频处理，电源接口等。

2. 整机系统框图

整机系统框图如图 10-6 所示。

3. 图像信号处理流程

射频（RF）信号经天线分配器后进入高频头，高频头输出 IF 中频信号经主中放集成电路 TDA9886 解调出 CVBS 全电视信号和 SIF 音频信号，其中内部视频信号和外部输入的视频信号输入主画面视频数字解码集成电路 VPC3230 内进行 A/D 转换、数字梳状滤波、彩色解码，然后再将信号送到数字扫描格式变换集成电路 PW1231 进行数字解码处理：采用 2:2 或者 3:2 电影模式处理后送到像素处理集成电路 PW181 的 V 端口。外部输入的 YP_bP_R 分量信号和 RGB 信号、DVI 信号通过 MST3788 A/D（模/数）变换送到像素处理集成电路 PW181 的 G 端口。像素处理集成电路 PW181 把各个方面输入的信号进行图像缩放处理，输出到 DS90C385 转换成 LVDS 信号，最后送到 PDP 等离子显示屏，由显示屏的驱动电路对此信号进行处理后，控制等离子显示屏显示彩色图像。

4. 伴音信号处理流程

高频头输出的第二伴音中频信号、各路外部输入的音频信号，均送到集成电路 MSP3463 音频处理器中进行数字解码，输出一路监视信号去 DA1308 集成电路进行监听，输出一对立体声（L 声道、R 声道）信号至 TDA2616 立体声音频功率放大电路，放大后输出推动 L 声道、R 声道喇叭。

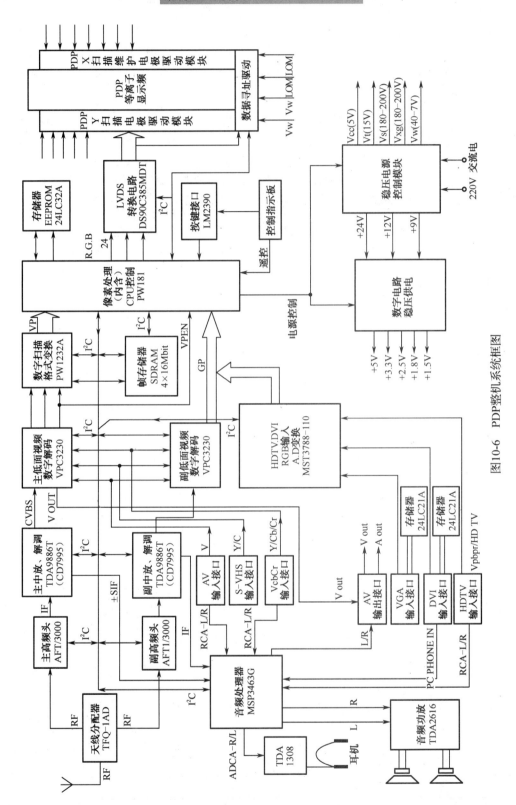

图10-6 PDP整机系统框图

5. 主板的电源变换与供电（主板一块）

等离子彩色电视主板上面集成电路很多，还有 PDP 等离子显示屏的供电，需要提供 5V、3.3V、1.8V、1.5V 等多种电压，所以当 5VSTB 和 3.3V 加到主板上时还要进行电源变换。

6. 付板的功能（付板一块）

付板包括电源接口的转接变换电路、立体声音频功率放大电路、等离子彩色电视画中画的高频头和中频放大电路。

7. 控制板

在控制板上分别设有按键板和遥控板。按键板上有各种不同类型按键，它装在等离子彩色电视的侧面，遥控板上有遥控接收电路和状态指示灯，它安装在等离子彩色电视前部中间的下面。

项目工作练习 10-1　指示灯亮，但显示屏不亮的故障

班　级		姓　名		学　号		得　分	
实训器材							
实训目的							

工作步骤：

（1）插上等离子（PDP）平板电视机电源插头，并打开电源开关，观察彩电指示灯亮，但显示屏不亮的故障现象（由教师设置不同的故障）。

（2）观察指示灯亮，但显示屏不亮的故障现象，根据故障现象分析，这台等离子（PDP）平板电视机的问题可能出在电源电路上。

（3）制订等离子（PDP）平板电视机维修方案，拆卸电视机后盖，观察电源板上的指示灯均正常点亮，而逻辑板上指示灯 LED2000 不亮。按照步骤检测，并说明检测方法。

（4）记录等离子（PDP）平板电视机检测过程，找到故障器件、部位。

（5）确定维修方法，说明维修或更换器件的原因。

工作小结	

项目工作练习 10-2　无彩色但有黑白图像、有伴音的故障

班　级		姓　名		学　号		得　分	
实训器材							
实训目的							

工作步骤：

（1）开启长虹 PT4209 等离子平板电视机，屏幕上无彩色，出来的只有黑白图像，观察彩电有黑白图像、有伴音的故障现象（由教师设置不同的故障）。

（2）根据等离子平板电视机无彩色有黑白图像的故障现象，说明电源部分基本正常，分析故障可能出在解码电路上。那么哪些原因会造成此类故障呢？

（3）制定重点检查等离子平板电视机解码电路的维修方案，拆卸等离子平板电视机，并说明检测方法。

（4）记录等离子平板电视机检测过程，找到故障器件、部位。

（5）确定维修方法，说明维修或更换器件的原因。

工作小结

项目 11

数字电视机顶盒

任务 11.1 数字电视机顶盒的维修

 问题导读一

技师引领一

客户毛先生："我家一台熊猫牌 3212 型数字电视机顶盒，正常使用快两年了，最近新添了台液晶彩电，正常接有线电视网，彩电的部分频道图像出现马赛克，检查了连线，确认没有错误，但是这种现象肯定不正常，是我彩电的毛病还是熊猫牌 3212 型数字电视机顶盒出了故障？"

汪技师观察彩电的马赛克故障现象后说："毛先生，根据彩电上看到此故障现象分析，这个故障基本上是由线路阻抗不匹配造成的，信号电平偏低，如果信号损耗再大的话，就所有频道均产生马赛克。引起失配的原因大部分是到两台电视机的接口没有用分配器来分配，我检查一下，能修好的，请您放心。"

汪技师维修

维修步骤如下：

（1）关闭熊猫牌 3212 型数字电视机顶盒与彩电的电源开关，拔掉电源插头。

（2）检查毛先生家的两台彩电同时收看有线数字电视节目，在原来的线路上加简易两分配转换接口，接了一根 75-5 型同轴电缆，发现错用了阻抗为 50Ω 的同轴电缆，造成线路阻抗不匹配。

（3）检查中发现又没有使用专门的分支分配器，用 DS1191 数字电视综合测试仪进行频谱扫描，有马赛克频道的信号电平高高低低，像锯齿波，必须采用一个二分配器（图 11-1）正确连接有线数字电视机顶盒。

图 11-1　有线电视二分配器

（4）维修如图 11-2 所示，有线电视进户先接二分配器的"IN"信号输入端，二分配器的两个"OUT"信号输出端接有线数字电视机顶盒。

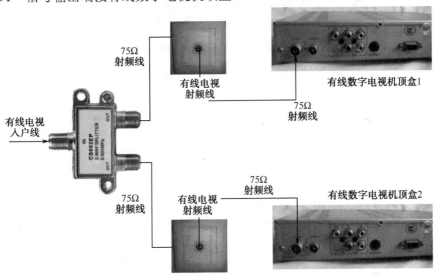

图 11-2　两台有线数字电视机顶盒与有线电视网络的正确连接

（5）打开熊猫牌 3212 型数字电视机顶盒与彩电的电源开关，收视恢复正常。

 ## 技能训练一　数字电视机顶盒的拆卸和检测

器材：万用电笔一只，示波器一台，频率计一台，电工工具一套，数字电视机顶盒一台。

目的：学习数字电视机顶盒的检测和拆装，为学习数字电视机顶盒的维修做准备。

测试步骤：

（1）用十字起子按图 11-6 的提示，分别拆下数字电视机顶盒的后面 3 颗螺钉和左、右各一颗螺钉。

（2）取下顶盖板，根据被测点的需要，将万用表调到合适的挡位，测量时要注意被测点周围的元器件不要与之相碰。

（3）准备示波器，如果万用表很难找出故障部位，就需要用示波器来测量频率、波形的测量点。

一、数字电视机顶盒概述

1. 数字电视机顶盒外形

国内外有线数字电视机顶盒类型十分广泛，各具特色。但基本硬件组成是一致的，大致由主板、开关电源板、智能卡插卡板、显示操作板四部分构成。下面以创维 C6000 有线数字电视机顶盒为例进行介绍。它的外形如图 11-3 所示。

从图 11-3 中可看到创维 C6000 有线数字电视机顶盒前面板由电源开关、红外遥控接收窗口、前开按键门等部分组成。

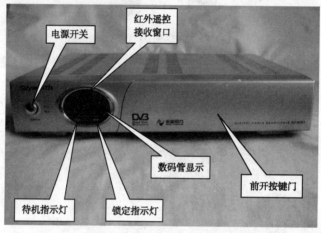

图 11-3　创维 C6000 有线数字电视机顶盒的外形

红外遥控接收窗口里有数码管显示、待机指示灯、锁定指示灯。

下面先介绍创维 C6000 有线数字电视机顶盒的外形、内部结构，再介绍拆卸步骤。

前开按键门内有智能卡入口（配数字电视智能卡）、左移按键（调节音量减小）、右移按键（调节音量增加）、上移按键（节目递增）、下移按键（节目递减）、菜单键、确认键和退出键，如图 11-4 所示。

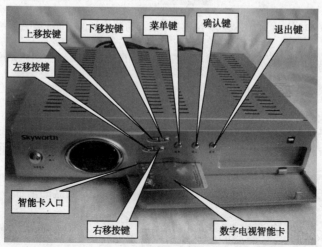

图 11-4　创维 C6000 有线数字电视机顶盒前开按键门的内部按键

2. 数字电视机顶盒背板接口

创维 C6000 有线数字电视机顶盒的背板接口有信号输入接口(用于连接有线电视信号)，信号输出接口（用于连接其他接收机），视频输出插座（用于连接电视机视频输入），音频输出插座[有两路音频输出，左右声道（用于连接电视机音频输入）、S 影像输出（高分辨率视频输出，用于连接电视机音、视频输入）]、RS232 插座（数据接口）和电源线，如图 11-5 所示。

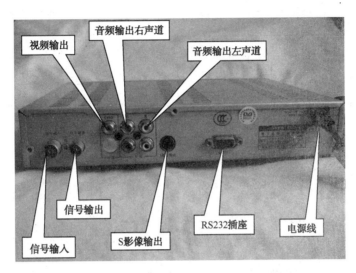

图 11-5 创维 C6000 有线数字电视机顶盒的背板接口

3. 数字电视机顶盒的拆卸

打开创维 C6000 有线数字电视机顶盒的外壳需要拆卸 5 颗螺钉，选用十字起子按图 11-6 所示，分别拆下后面 3 颗螺钉和左、右各一颗螺钉。

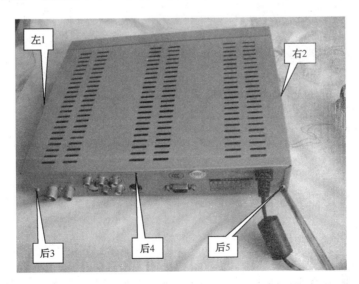

图 11-6 创维 C6000 有线数字电视机顶盒的外壳拆卸步骤

二、数字电视机顶盒的内部结构

1. 数字电视机顶盒的组成框图

数字电视整体转换的成本中，机顶盒的投资占据了绝对的份额，达到整个投资的 90% 以上。图 11-7 所示为一种有线数字电视机顶盒的组成框图。图中虚线框内 QAM 解调等功能均可由数字信号处理芯片 DSP 变成软件实现，并且可以通过软件下载更新、改变功能。

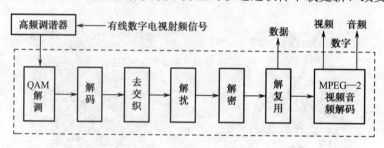

图 11-7　有线数字电视机顶盒的组成框图

2. 数字电视机顶盒的内部结构

创维 C6000 有线数字电视机顶盒的内部结构如图 11-8 所示。从图中可以看到塑料前面板框内的显示操作板、主板、开关电源板、智能卡插卡板和电源开关。

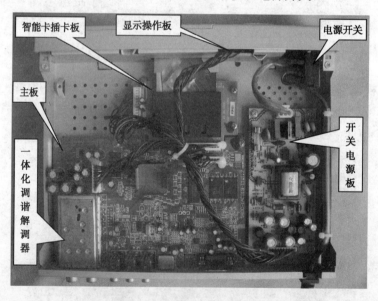

图 11-8　创维 C6000 有线数字电视机顶盒的内部结构

三、数字电视机顶盒的检测

1. 用万用表检测数字电视机顶盒

1）检测前的注意事项

检测前先要看懂被检测的这台数字电视机顶盒电路原理图，对各级各路的工作电压、在线电阻等参数做到胸中有数，如果没有原始数据，也要测量和搜集同型号工作正常的数字电视机顶盒的上述数据。

检测的万用表要选用内阻高的，最好选用数字式万用表，因为万用表内阻高，测量的精度较高。特别提醒，使用万用表时一定要注意量程，同时在测量时不要拨动转换开关，表笔不要短路被测元器件的两脚。

2）元器件在路电阻的检测

在路检测元器件电阻不用拆下元器件，但必须确定在数字电视机顶盒断电后检测。根据被测数字电视机顶盒的在线电阻参数，万用表选择合适的量程，如果测量二极管或三极管，还需要调换表笔的极性测量。如果所检测的在路电阻大于该被测电阻，说明该电阻已经损坏，如果在线检测无法确定其好坏，就只能拆下测量。

3）电路静态工作电压的检测

数字电视机顶盒电路中，测量电路静态工作电压就是测量电路中的电源电压、各级集成电路和各级晶体管的各脚对地直流电压值，测量后，将所测得的结果与原始数据对照，以判别故障部位。

2. 用示波器测量的方法

1）测量前的注意事项

在检修过程中，如果万用表很难找出故障部位，比如判断不了 CPU 的时钟振荡是否正常，当然，更无法知晓时钟的振动频率，对于总线信号也无法直观测量。如果应用示波器进行检测，观察相关波形是否正常，可大大缩短判断故障的时间。测量前，先要检查示波器是否完好，采用探头在示波器上提供的 1kHz 方波检测端口，再检查示波器是否接地良好，然后接通示波器电源，预热 3～5min，让示波管预热，了解数字电视机顶盒电路原理图，以及各级各路的信号流程和波形，这样才能根据所测得波形来判断故障的部位。

2）检测主芯片的工作电源

数字电视机顶盒主板上的主芯片是核心器件。首先，用示波器检测主芯片的供电电源的纹波，如果电源滤波电容失效，稳压电路异常，将导致主芯片内的 CPU 等电路的不正常，导致不开机，开机速度慢，或者 CPU 出现反复复位，致使数字电视机顶盒在待机与开机之间反复转换，图像异常等现象。检查时示波器用 DC 耦合方式测量 VCC 电压，主芯片上的直流工作电压为 3.3V，观察屏幕的网格判别正常与否。

3）检测主芯片的复位电路

数字电视机顶盒电路的 CPU、MPEG 解码器、程序存储器、同步动态存储器等电路要正常工作，除必须供电电压正常外，还需要有正常的复位、时钟、片选信号等条件。用示波器观察复位（RESET）信号，可在开机瞬间（大约 1ms）出现基线的瞬间抖动，这就是复位时电压的启动过程。CPU 与 MPEG 解码器每次开机瞬间均有一次复位（清零）过程，此信号将随机存储器清零。

4）时钟振荡电路的频率测量

用示波器测量时钟振荡电路的频率时，将示波器探头放在 10:1 的位置，这样可提高探头的输入阻抗，避免探头的负载效应误导致时钟电路停振。用示波器探头测量主芯片外接的石英晶体器件，观察到的信号频率就是石英晶体器件上标注的标称值，观察屏幕的网格水平方向的格数，结合 X 旋钮选择的挡位，计算出它的频率，判别正常与否。

5）总线信号 SDA、SCL 的测量

数字电视机顶盒在开机瞬间（大约 1ms），主芯片内的微处理器 CPU 要通过 I^2C 总线来读出 Flash 和 E^2PROM 里面的数据，决定数字电视机顶盒的工作状态。总线信号 SDA、SCL 波形的幅度大小就是主芯片的电源直流工作电压 3.3V，用示波器检测 I^2C 总线信号的 SDA、SCL 波形的幅度大小是否正常，就可判定故障范围。

6）面板键盘控制电路及遥控信号的测量

数字电视机顶盒的遥控信号波形的幅度等于电源直流工作电压，面板上键盘控制电路多数是电压形式的，用示波器检测主要观察直流电压的幅度和稳定性，有否波动，有否按键干扰脉冲等。

情境设计

学生 4 人为一组，配备数字电视机顶盒一台，全班视人数分为若干组。数字电视机顶盒的测量需要用到万用表和示波器。

检测步骤如下：

（1）按图 11-6 所示，先分别拆下数字电视机顶盒的后面 3 颗螺钉和左、右各一颗螺钉。

（2）取下顶盖板，根据数字电视机顶盒的电原理图与印制电路板图，找到被测点的位置。

（3）先检测开关电源板上的熔断器。数字电视机顶盒不通电的情况下，将万用表调到欧姆挡 $R \times 1$ 位置，用表笔测量开关电源板上的熔断器两端，正常状态，指示应为 0Ω，（若是指针式万用表可看见指针摆动很大）。如果指示为 ∞（若是指针式万用表则指针不动），表明该熔断器已损坏。

（4）再在数字电视机顶盒不通电的情况下，测量开关电源板上的桥式整流电路，根据电原理图与印制电路板图找到组成桥式整流电路的元器件 D601～D604 整流二极管，将 MF-47 型模拟万用表调到欧姆挡 $R \times 1k$ 位置，测量 D601 整流二极管，先用红表笔接整流二极管的负极，黑表笔接整流二极管的正极，此时指针摆动很大（电阻小），再用红表笔接整流二极管的正极，黑表笔接整流二极管的负极，此时指针摆动很小（电阻大），说明 D601 整流二极管正常，然后用上述方法分别测量 D602、D603、D604，如果结果相同，说明桥式整流电路正常，如果发现测量的整流二极管结果不同，则该整流二极管损坏，用电烙铁焊下后，再次测量，以证实该整流二极管已损坏，须更换同型号的整流二极管。

（5）将数字电视机顶盒通电后，测量电路静态工作电压，就是测量电路中的电源电压。根据电原理图与印制电路板图找到各路电压的测试点，将万用表调到直流电压 10V 挡位置，分别测量 3.3V 和 5V，再将万用表调到直流电压 50V 挡位置，分别测量 12V 和 30V，观察测量的电压是否符合规定，如果均符合规定的电压，则表示电源供电电压正常。如果哪一路电压不正常，说明故障就在这一路，沿着该不正常的一路电压继续测量。

（6）最后，应用示波器测量时钟振荡电路的频率，为了避免探头的负载效应误导致时钟电路停振，将示波器探头放在 10:1 的位置，这样提高探头的输入阻抗，根据电原理图与印制电路板图找到时钟振荡电路的频率测试点，用示波器探头测量主芯片外接的石英晶体器件两端的波形，正常时应为 27MHZ 的正弦波，如果观察不到正弦波，检查石英晶体器件两端电容是否漏电、短路，观察屏幕的网格水平方向的格数，结合 X 旋钮选择的挡位，计算出它的频率，判别频率正常与否。

根据以上测量，研究讨论现象和检测方法，为后面维修数字电视机顶盒时对故障的分析及检修提供参照，同时也复习前面学到的知识。

由讨论出的故障原因与研究的检测方法，检修更换元器件。检修完毕，进行试用，检查自己的检测和检修成果。完成任务后，同组内的学生交换数字电视机顶盒的故障，再次进行维修。

项目工作练习 11-1　数字电视机顶盒的拆卸与检测

班　级		姓　名		学　号		得　分	
实训器材							
实训目的							

工作步骤:

（1）用十字起子，按图 11-6 所示，先分别拆下数字电视机顶盒的后面 3 颗螺钉和左、右各 1 颗螺钉，取下顶盖板（由教师设置不同的故障检测）。

（2）检测开关电源板上的熔断器，并根据测量结果判断其好坏。

3. 测量开关电源板上的桥式整流电路，并根据测量结果判断整流二极管是否损坏。

（4）测量电路静态工作电压，如果不正常，根据测量结果判断故障范围。

（5）应用示波器测量时钟振荡电路的频率。

工作小结	

知识链接一　数字电视机顶盒基本功能与种类

数字电视机顶盒是一种将数字电视信号转换成模拟信号的变换设备，它对经过数字化压缩的图像和声音信号进行解码还原，产生模拟的视频和声音信号，通过模拟电视机提供高质量的电视节目。

目前，我国处于模拟电视广播向数字电视广播的过渡时期，模拟电视接收机还在大量使用之中。为能在模拟电视接收机上收看数字电视节目，可以在模拟电视接收机上外加一个接收数字电视的数字电视机顶盒（Set Top Box），英文缩写为"STB"，数字电视机顶盒把有线数字电视广播信号接收下来，进行数字信号解调、信道解码、解复用、信源解码，再转换成标准 PAL 制电视信号或 R、G、B 视频信号送给普通模拟电视接收机，供人们收看数字电视节目或数据信号。

一、数字机顶盒的基本功能

（1）能接收和解码、解密数字电视广播节目，提供高质量视频、音频输出信号。

（2）提供友好界面便于用户操作使用，能交互通信选择自己所需节目。

（3）高速数据广播提供电子报表、票务、股市、热门网站等信息。

（4）应用软件系统可以下载升级，满足数字电视技术发展和服务多样化的需要。

二、数字电视机顶盒的种类

1. 卫星数字电视机顶盒（DVB—S）

我国卫星数字电视广播标准暂定采用欧洲 DVB—S 标准，所以卫星数字电视机顶盒基本上按 DVB—S 标准来制造。

数字电视技术随着世界各国高清晰度电视节目快速传播，HDTV（高清晰度电视）与模拟信号电视系统不同，它具备比普遍使用的清晰度标准还要更加清晰的效果，分辨率最高达 1920×1080，HDTV 的视角也由原先的 4：3 变成 16:9，同时由于运用了数字技术，信号抗噪声能力也大大加强，在音频系统上 HDTV 支持杜比 5.1 声道传送，享受高保真级别的音响效果。

卫星数字电视机顶盒目前也是有线电视台大量使用的卫星节目信源接收终端，从卫星发射传输端来看，理论上在地球赤道上空相对于地球静止的卫星轨道上放置 3 颗间距为 120°的卫星，那么，就可覆盖全球，实现全球通信或全球广播。

2. 地面数字电视机顶盒（DVB—T）

我国正在制定地面数字广播标准，目前上海市已按欧洲 DVB—T 标准进行商业试播。数字电视信号可以通过卫星、有线系统传输，地面数字电视的电视信号通过电视塔向空中广播，再由用户以普通天线接收下来，如图 11-9 所示。

3. 有线数字电视机顶盒（DVB—C）

目前，我国有线数字电视标准已在北京市、南京市等大城市按欧洲 DVB—C 标准进行试播，北京市在 2002 年完成了欧洲 DVB—C 标准的有线数字电视试播，效果良好。南京市在 2006 年全面推广欧洲 DVB—C 标准的有线数字电视试播，每天装机容量达 5 千台，主要用的有线数字电视机顶盒有"熊猫"和"创维"，受到了市民好评。到 2015 年，我国将关闭模拟电视广播，取而代之的全部是数字电视广播。

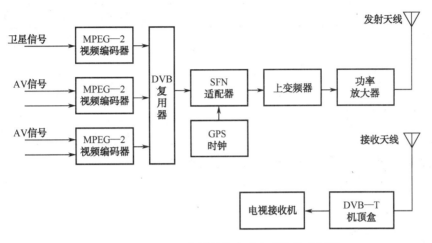

图 11-9 DVB—T 信号传输方式和系统组成框图

DVB—C 有线数字电视机顶盒与有线电视网连接，它是数字有线电视转换推出的过渡产物，与 DVB—S 卫星数字电视机顶盒比较，虽然视频系统方式上都用了 MPEG—2，但不同的是 DVB—C 有线数字电视机顶盒采用 QAM 解调器接收信号，而 DVB—S 卫星数字电视机顶盒采用 QPSK 解调器。它们的核心部件均是解调器。此外，数字有线电视的传输频率上限为 860MHz，卫星数字电视机顶盒的接收频率是 950～2150 MHz。

在 QAM（正交幅度调制）中，数据信号由相互正交的两个载波的幅度变化表示。模拟信号的相位调制和数字信号的 QPSK（相移键控）可以认为是幅度不变、仅有相位变化的特殊的正交幅度调制。因此，模拟信号频率调制和数字信号的 FSK（频移键控）也可以被认为是 QAM 的特例，因为它们本质上就是相位调制。QAM 调制器的原理是发送数据在串-并转换器内分成两路，各为原来两路信号的 1/2，然后分别与一对正交调制分量相乘，求和后输出。接收端完成相反过程，正交解调出两个相反码流，解扰、解密、解复用并映射回原来的二进制信号。

4. 通用数字电视机顶盒

通用数字电视机顶盒可以接收有线数字电视信号、卫星数字电视信号、地面数字电视信号。欧洲 DVB—C 射频有线数字电视采用 QAM 解调，DVB—S 射频卫星数字电视采用 QPSK 解调，DVB—T 射频地面数字电视采用 COFDM 解调（编码正交频分复用）。COFDM 调制方式有利于提高数字电视接收端抗多径传输干扰能力和车载快速移动接收能力。

三、有线数字电视机顶盒（DVB—C）的主要功能与硬件配置

1. 有线数字电视机顶盒（DVB—C）的主要功能

有线数字电视机顶盒(DVB—C)与创维 C6000 有线数字电视机顶盒的功能对照见表 11-1。

表 11-1 有线数字电视机顶盒（DVB—C）及创维 C6000 有线数字电视机顶盒的功能对照

序 号	项 目	DVB—C	创维 6000
1	开机画面	有	有
2	中文电子节目指南（EPG）	有	有

续表

序　号	项　　目	DVB—C	创维 6000
3	数据广播	有	有
4	支持有条件接收系统（CA）	有	有
5	软件在线升级	有	有
6	快速换台功能	有	有
7	自动搜台	有	有

2. 有线数字电视机顶盒（DVB—C）的硬件配置

有线数字电视机顶盒（DVB—C）与创维 C6000 有线数字电视机顶盒的硬件配置对照见表 11-2。

表 11-2　有线数字电视机顶盒（DVB-C）与创维 C6000 有线数字电视机顶盒的硬件配置对照

序　号	项　　目	DVB—C	创维 6000 型
1	CPU 主振频率	≥130MHZ	180 MHZ
2	Flash ROM	≥4MB	8MB
3	SDRAM	≥16MB	24MB
4	E^2PROM	≥16KB	-
5	智能卡接口	有	有
6	S-VIDEO	有	有
7	RS232 接口	有	有
8	AV 接口（音视频接口）	有	有

四、我国主流有线数字电视机顶盒的应用

随着我国数字电视市场的覆盖率加大，一线电视机生产厂商肯定会考虑将数字电视机顶盒与现在的模拟电视机进行功能整合，特别是平板电视机（液晶电视、等离子电视等）生产厂商因为功能先进、成本较高等种种原因，更会将数字电视机顶盒与其进行功能整合。电视从黑白电视向彩色电视过渡时，采用了兼容的办法，从模拟电视向高清晰度数字电视过渡，是一个跨越式的过渡，可以说无法直接兼容，也就是说目前的所有的模拟电视是不能使用的，所以一步到位是不现实的，世界各国采用了一个过渡式的办法——数字机顶盒，使用了数字机顶盒后将数字信号转变成模拟信号输入给现在的模拟电视机显示信息，这样有效地避免了电视信号在传输过程中导致的干扰和损耗，电视接收的信号质量得到了很大程度的改善。这只是一种过渡，由于模拟电视机的扫描线已定，所以它与高清晰度数字电视相比，还有相当大的距离。目前，平板电视价格已达消费者预期，通过数字电视机顶盒预置到平板电视机内，这样整合更多功能提高市场认可度，长虹、创维、TCL 都在研制此类产品，预计 3～5 年数字电视机顶盒将淡出市场，统一内置进平板电视。

目前全国现有 6 套数字电视条件接收系统，各个系统的智能卡包含了不同的加密与解密方案，就如同我们通信用的手机选用"移动公司"的，还是"联通公司"的一样，只要更换SIM 卡就选用了该系统的方案。不同地区的数字电视机顶盒获得不同的收看数字电视的权限，

插入带有不同加密解密方案的数字电视智能卡到电视机特殊接口，就能在不同地区收看不同制式的数字电视，犹如在手机上更换"移动公司"或"联通公司"的 SIM 卡以使用两个不同网络一样。我国主要城市有线数字电视机顶盒的应用状况见表 11-3。

表 11-3　我国主要城市有线数字电视机顶盒的应用状况

城　市	制造供应商	型　号	主要硬件配置	主集成芯片
北京	长虹	DVB-C8800	CPU 200MHZ, Flash 8M, SDRAM 32MB	Sti5105, ST5107
天津	创维	C6100	CPU 200MHZ, Flash 8M, SDRAM 32MB	ST5107
南京	熊猫	3212	CPU 81MHZ, Flash 4M, SDRAM 16MB	STi5518
苏州	银河	DVB-C2000	CPU 120MHZ, Flash 8M, SDRAM 24MB	MB86H20A
深圳	创维	C6000	CPU 180MHZ, Flash 8M, SDRAM 24MB	QAMI5516
大连	大显	DC-628C	CPU 130MHZ, Flash 4M, SDRAM 16MB	MB86H20A
长春	大亚	DS4100	CPU 160MHZ, Flash 8M, SDRAM 32MB	CX24380
无锡	银河	DVB-C2010	CPU 202.5MHZ, Flash 8M, SDRAM 32MB	MB86H20C

目前，有线数字电视机顶盒市场占有率排名前几位的主流厂商有创维数字技术（深圳）有限公司、南京熊猫电子股份有限公司、长虹网络科技有限责任公司、青岛海信电器股份有限公司、江苏银河电子股份有限公司等。数字电视机顶盒的功能没有变，只是在外形结构上做了调整。

在推广数字电视应用过程中，让模拟彩色电视机站完最后一班岗，还少不了有线数字电视机顶盒。

知识拓展一　DVB/MPEG—2 技术标准

DVB（欧洲广播联盟组织）研究的无线数据系统（RDS）、数字音频广播（DAB）、数字视频广播（DVB）、高清晰度电视（HDTV）等技术方案和不同的编解码标准在全世界得到了广泛应用。其中，DVB 和 MPEG—2 标准是针对标准数字电视和高清晰度电视在各种应用下的压缩方案和系统层的详细规定，MPEG—2 压缩格式能够提供广播级的视像和 CD 级的音质。

MPEG—2 解压缩电路包含视频、音频解压缩和其他功能。在视频处理上要完成主画面、子画面解码，最好具有分层解码功能。MPEG—2 的音频编码可提供左、右、中及两个环绕声道，以及一个加重低音声道和多达七个伴音声道。MPEG—2 的另一特点是可以提供较广泛的可变压缩比，以适应不同的画面质量、存储容量和带宽的要求，MPEG—2 特别适用于广播级的数字电视的编码和传送，被认定为标准清晰度电视（SDTV）和高清晰度电视（HDTV）的编码标准。MPEG—2 技术是实现 DVD 的标准技术。

MPEG—2 是数字电视中的关键技术之一，目前实用的视频数字处理技术基本建立在 MPEG—2 技术基础上，MPEG—2 是从网络传输到高清晰度电视的全部规范。

任务 11.2　数字电视机顶盒的故障分析和检修

 问题导读二

技师引领一

客户江先生："我使用的液晶彩色电视机开机几分钟后，电视机黑屏，前面板液晶显示一亮即暗，配的数字电视机顶盒是创维 C6000 型，不知是彩色电视机出了问题，还是创维 C6000 型数字电视机顶盒出了问题？麻烦您检修。"

郑技师打开创维 C6000 型数字电视机顶盒与彩色电视机电源，观察彩电的故障现象，听见数字电视机顶盒内有"吱吱"响声，对江先生说："您仔细听，根据此故障现象分析，这个故障基本上在创维 C6000 型数字电视机顶盒。"

技师维修

维修步骤如下：

（1）关闭彩色数字电视机与电视机顶盒开关，拔掉电源插头，打开创维 C6000 型数字电视机顶盒，观察江先生家的有线数字电视机顶盒。

（2）机顶盒内有"吱吱"响声，大约响 8s 停 2s，重复不断。用万用表直流电压挡分别测量各路电压。

（3）30V 输出电压为 32V，3.3V 输出电压为 3.39V，5V 输出电压为 5.19V，12V 输出电压为 12.49V，在无响声期间，各路电压均无输出。

（4）显然故障在电视机顶盒电源部分，电源电压不正常，是不是由于电路负载过重导致电源保护？拔下电源输出插头 CN621，让电源空载，通电测试，发现各路输出电压全部正常。

（5）关机用万用表欧姆挡分别测量各路电源对地电阻，未发现有短路或电阻降低现象。怀疑电源负载能力下降与输出滤波电容有关，经检查未发现明显的电容量降低，当检查电源主电路高压滤波电容 C605 时，虽然外观没有明显的漏液或鼓包，但检测发现其电容容量已由标称的 22μF 变为 0，显然 C605 电容已经失效。

（6）更换一只同型号 22μF/400V 电解电容，通电后响声消失，将数字电视机与电视机顶盒信号线连接后试机，工作正常，故障排除。

 技能训练二　数字电视机顶盒的故障分析和检修

器材：万用电笔一只，示波器一台，电工工具一套，直头镊子，弯头镊子，恒温烙铁，数字电视机顶盒若干台。

目的：学习数字电视机顶盒的故障检测与维修技能。

我们已经了解到数字电视机顶盒基本硬件由四部分组成，分别是主板、开关电源板、显示操作板、智能卡插卡板。下面以创维 C6000 有线数字电视机顶盒为例，讨论各部分故障的分析与检修。

1. 数字电视机顶盒主板

创维 C6000 有线数字电视机顶盒包括调谐解调器、主芯片、主芯片外接存储器、视频编码器、音频 D/A 转换器、音视频放大电路、各种外接插口电路、智能卡接口电路，实际上它包括了数字电视机顶盒绝大部分电路。主板上大部分采用贴片元件（SMC）和贴片器件（SMD），应用贴片技术（SMT）的生产工艺，因此电路质量可靠，一般较少出现故障，尤其是主芯片与外接存储器等大规模集成芯片，在低电压下工作很少会出现故障。

主芯片 QAMi5516 是一款高集成度、高性价比的解调解码单芯片，它内部集成了 32 位 ST20 CPU、QAM 解调器、音频 / 视频 MPEG—2 译码器、显示及图像处理功能和各种系统外设接口等。除了具有数字有线电视机顶盒的全部基本功能外，它还具有以太网接口、USB 接口等外设接口，不仅为实现增值服务建立了硬件环境，而且也能够满足用户上网浏览、电子商务以及电子节目指南等方面的需求。

1）数字电视机顶盒面板指示灯亮，但彩电上无开机画面

先检查电源板输出的各级电压是否正常，确定电源板无故障后，再重点检查主板。一般情况下，此类故障大部分是解码电路的系统控制部分。IC001 主芯片 QAMi5516，外接 Flash、SDRAM、晶体振荡器、复位电路某处异常，均会引起 IC001 主芯片 QAMi5516 内 CPU 工作失常，先检查 QAMi5516 主芯片 CPU 的工作条件，再检查程序存储器 M29W320DT 和 Flash、E^2PROM 的各供电引脚的电压是否为 3.3V，然后检测系统工作时钟，用示波器来测量外接晶体振荡器两端波形，正常应为 27MHz 正弦波，如果没有正弦波信号，可检测晶振旁的两个电容是否漏电或短路，如电容无问题，则更换晶振可排除故障。

若上述检查均正常，接着检查复位电路。开机后用万用表检查复位电路晶体管的发射极，如电压为 0.7V 左右，再用示波器测量该点波形，如果观察到 3.3V 上升沿时复位信号有一正向脉冲，之后维持 200～300ms 低电平，然后出现明显上升沿，上升到 3.3V，说明复位电路正常，否则复位电路有故障，通常是复位电路晶体管损坏所致，更换同型号的即可。

2）有图像，有声音，但无彩色

数字电视机顶盒出现这种故障的原因是主芯片 QAMi5516 外接的晶体振荡器频率发生了变化。主芯片 QAMi5516 内的图像数/模转换电路正常工作时，需要 27MHz 晶振，并有一定的 VCXO 可调范围，若调整范围不够，就会造成图像无彩色。检修时用示波器测量外接晶体振荡器两端波形，是否为 27MHz 正弦波，若不是，则检测晶振旁的两个电容是否漏电或短路，如电容无问题，则更换晶振。

3）无图像，但有声音

数字电视机顶盒造成有声音无图像的故障，一般问题出在 IC001 主芯片 QAMi5516 内部的数字视频 DAC 与视频编码电路或芯片外部的视频输出电路。此类故障需要采用示波器观察波形来分析判断。先检查 IC001 主芯片 QAMi5516 视频输出端口，再用示波器检查视频信号输入与输出端点，排除视频输出电路与外围元器件没有损坏后，可以考虑更换集成电路。

4）图像出现马赛克

出现这种故障首先要排除外接信号的电平是符合要求的，开机后，开机画面正常，搜索节目过程图像出现停顿或马赛克，说明数字电视机顶盒内部调谐器的增益下降所致。能够搜索节目，表明本机振荡和混频电路基本正常，常见故障在滤波器、放大器和自动增益控制电路。用万用表对这几部分电路进行检测，因为电路采用 SMC 与 SMD 贴片元件，检查时可借助放大镜观察是否有元件虚焊或元件表面烧焦等现象。

5）有图像无声音

数字电视机顶盒造成有图像无声音的故障范围在 IC001 主芯片 QAMi5516 内部的音频数/

模转换电路，还有芯片外的音频放大电路与音频输出端口。音频信号通过 QAMi5516 内部的 D/A 转换输出 4 路音频信号，检修时先用示波器测量 QAMi5516 主芯片是否有 4 路音频输出，再检修音频信号处理电路与音频信号放大电路。

6）数字电视机顶盒断电后无记忆

从数字电视机顶盒断电后无记忆的故障分析，机顶盒的断电记忆是频道参数通过 E^2PROM 实现的，如果断电后失忆，说明 E^2PROM 损坏。E^2PROM 通过 I^2C 总线与 IC001 主芯片 QAMi5516 内部的 CPU 通信完成指令，而调谐器也是通过 I^2C 总线完成通信的，因此，数字电视机顶盒断电后无记忆的故障更换 E^2PROM 存储器即可解决。

2. 数字电视机顶盒开关电源板

1）开机后，指示灯和数码管都不亮，电视机屏幕无显示

数字电视机顶盒开机后无显示，先检查电源开关是否良好，用万用表可以判断。再检查熔断器是否损坏，如果熔断器完好则测量 C605 电解电容器 22μF/400V 两端是否有+300 多 V 的电压，并且关机后此电压很快消失，此为正常。如果没有电压或者电压不足，说明问题出在整流与滤波电路，若电解电容器 22μF/400V 两端有+300 多 V 的电压，但是关机后此电压需较长时间才慢慢消失，说明开关电路没有起振。

2）电路输出电压不稳

如果数字电视机顶盒的负载正常，电路输出电压不稳，大多是稳压电路不良造成的。首先对稳压电路中的取样电阻和输出滤波电容进行检查，再检测 IC602 光电耦合器 PC817，用万用表的电阻 R×1k 挡在断电的情况下，测量 IC602 光电耦合器 PC817 的①脚与②脚，这里相当于晶体二极管，正常时有一边阻值很小，调换表笔测量，电阻很大，说明光电耦合器 PC817 原端是好的，再测量光电耦合器 PC817 的③脚与④脚，这里相当于晶体三极管的发射极与集电极之间的特性，根据被测结果，可判断光电耦合器 PC817 的好坏。

3）某路输出无电压

这种故障的出现，基本上可以在电压输出不正常的那路检查。大部分是整流二极管的正向电阻变大或者开路造成的，其次滤波电感、限流电阻的损坏也占一定比例，还有滤波电容的短路或者开关变压器次级线圈接触不良也会造成此故障现象。这些故障均可用万用表进行测量后，分析排除。

4）开机后，待机指示灯微亮，其他无显示

根据开机后，待机指示灯微亮的故障现象，说明开关电源在工作，指示灯不亮又说明电压不足。开关电源电路中有元器件损坏或者性能变差，这样开关电源振幅不够，使次级线圈输出回路带负载能力下降。用万用表进行测量滤波电容 C605 电解电容器 22μF/400V 两端有+300 多 V 的电压后，再测量次级输出电压。如果 C605 电解电容器两端电压低，则检查 1N4007 整流二极管 D601～D604，分析后，能判断出故障元器件，更换同型号的元器件后，此故障排除，指示灯亮度回复正常，连接彩试机，收视正常。

3. 数字电视机顶盒显示操作板

1）遥控不起作用

数字电视机顶盒遥控不起作用的故障分为两方面，一方面是遥控器的发射部分，另一方面是遥控接收部分。先检查遥控器的发射部分电池电压是否正常（3V），电池是否接触良好，遥控发射板上的晶振、按键与集成电路是否接触不良。接收部分从红外接收头开始检查，用示波器检测该输出端口波形是否随遥控发射器操作而跳变，如无反应，说明接收头损坏，更

换即可解决遥控不起作用的故障。

2）遥控正常和操作面板按钮均正常，收看电视也正常，只是频道不显示

这种故障现象，说明数字电视机顶盒主板与显示面板之间的连线正常，主板到显示面板的电压基本上正常，DATA、CLK 和 DFS 信息流三路信号也正常。可以在显示数码管和它的驱动电路外围引脚连线与相关元器件进行检查。

3）部分按钮不起作用

数字电视机顶盒面板的部分按钮不起作用，初步判断有一根扫描线不通，先检查连接线有否断开或脱焊，再检查相关的插座有否松动或脱落。用万用表的电阻 $R×1$ 挡在断电的情况下仔细测量主板芯片之间的连线情况，发现主芯片对应的引脚有一根线路不通，补焊后，全部按钮均起作用，故障排除。

4. 数字电视机顶盒智能卡插卡板

系统不能识别智能卡的故障，先应检查 IC 卡座或检查连接线，可先用直观法查看卡板上是否有虚焊等，不能排除故障后测量关键点 RESET、CLK、DETECT、I/O 信号和 VCC 电压是否正常。

知识链接二　创维 C6000 有线数字电视机顶盒（DVB—C）

目前，有线数字电视机顶盒都由数字调谐器、信道解调器、信源解复用器、MPEG—2/H.264 解码器、视频编码器、音频 D/A 转换器、嵌入式 CPU 系统和外围接口、CA 模块等组成。

一、创维 C6000 有线数字电视机顶盒的功能与结构

1. 创维 C6000 有线数字电视机顶盒的功能示意图

创维 C6000 有线数字电视机顶盒是我国创维数字技术（深圳）有限公司在 2006 年生产的，它符合 DVB—C 标准，采用 ST 公司的单芯片处理器 QAMi5516，其功能示意图如图 11-10 所示。

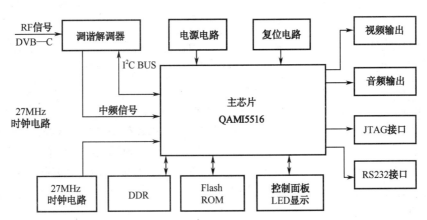

图 11-10　创维 C6000 有线数字电视机顶盒的功能示意图

2. 机顶盒结构

由图 11-10 可以看到机顶盒的结构还是比较简单的。从结构上看，机顶盒一般由主芯片、内存、调谐解调器、回传通道、CA（Conditional Access）接口、外部存储控制器以及视音频

输出等几大部分构成。其中最主要的部分是主芯片和调谐解调器，这两个部分的差异，很大程度上决定了机顶盒的性能与价格。

目前我国市场上存在着多种 CA、下载器、EPG、数据广播和中间件系统，各种增值应用更是多种多样，大大提高了机顶盒厂商的研发、生产、市场推广和技术支持的门槛，机顶盒难以量产、降低成本、提高可靠性。工信部公布了数字电视机卡分离标准（技术规范 SJ/T 11336—2006 和测试规范 SJ/T 11337—2006）。这个标准的实施，一是可以减少机顶盒功能，降低机顶盒的成本；二是靠这个扩展接口增加功能，开展增值业务增加收入；三是在不太需要再投入的情况下，靠百姓自愿购买的扩展业务，减少重复投资；四是有力地支持了数字电视一体机（将机顶盒内置于电视机）的生产和研发；五是为数字电视机顶盒的"家电化"，销售网点从网络公司走向家电商场，让用户自主选择机顶盒品牌提供了可能。SJ/T 11336—2006 范围规定了数字电视接收设备条件接收系统的通用接口，适用于机卡分离方式的数字电视接收设备。

二、创维 C6000 有线数字电视机顶盒的信号流程

目前的数字电视机顶盒已成为一种嵌入式计算设备，具有完善的实时操作系统，提供强大的 CPU 计算能力，用来协调控制机顶盒各部分硬件设施，并提供易操作的图形用户界面，如增强型电视的电子节目指南，给用户提供图文并茂的节目介绍和背景资料。

数字有线电视的传输频率上限一般在 860MHz，有线数字电视机顶盒与数字有线电视连接，采用 QAM（正交幅度调制）解调器接收信号，在 QAM 中数据信号由相互正交的两个载波的幅度变化表示。

创维 C6000 有线数字电视机顶盒通过有线电视网同轴电缆接收 DVB—C，输入的电视射频（RF）信号送到 THOMSON 高频调谐器（频率范围为 50～860MHz）进行调谐放大处理，下变频输出一个 43.75MHz 的中频信号，并通过 A/D 转换（模/数转换）产生数字信号，然后到主芯片 QAMi5516 内部的 QAM 解调器，以完成对信号的定时恢复、载波恢复、数据成型、自适应均衡、维特比解码、解交织、RS 解码和去随机化，得到符合 MPEG—2 标准的传输流经过 TS-OUT 串/并口输出，从 TS 流（数据信息的传送流）输出的 MPEG—2 传输流又送到芯片内信源解码模块进行解复用、视频解码和音频解码，然后再经过 PAL/NTSC/SECAM 视频编码器、音频 D/A 等处理模块，输出相应格式的视频信号和音频信号，此视频输出信号和音频输出信号接用户的彩色电视机的 AV 接口。

创维 C6000 有线数字电视机顶盒中 Flash ROM 模块用于存放用户应用程序，E^2PROM 用于存放系统的信息、用户配置信息及所有节目的信息；DDR 模块是创维 C6000 有线数字电视机顶盒系统和应用程序运行的地方，而视频 DDR 则用于视频解码缓冲区存放 OSD（屏幕显示）数据。创维 C6000 有线数字电视机顶盒还具备了用户智能卡接口和各种接口，智能卡要进行用户身份识别，确认授权许可后，才能从载波中分离出视频、音频和其他数据信息的传送流（TS 流）。

创维 C6000 有线数字电视机顶盒中解复用器用来区分不同的节目，并用于提取用户指定节目的 PES 数据，包括视频、音频和数据流，送入 MPEG—2 解码器及其相应的解析软件，完成视频和音频信息的解压与还原。最后将解码后的视频数据输出到 PAL/NTSC/SECAM 视频编码器，重新编码成模拟电视信号供彩色电视机使用。

OSD 是一层单色或伪彩色字幕，主要用于用户操作提示。

三、创维 C6000 有线数字电视机顶盒的一体化调谐解调器

创维 C6000 有线数字电视机顶盒采用 THOMSON（汤姆逊）公司生产的一体化调谐解调器，它将调谐器、解调器和信道解码器等做在一起，并用金属屏蔽盒封闭装配，形成一个独立组件，俗称高频头。这种调谐解调器是专为数字有线电视机顶盒设计的。它完全兼容于欧洲数字电缆标准 ETS300429，其前端包括 VHF/UHF 调谐器、可选的天线环穿功能、用于数字信号的频道滤波器、增益受控的中频放大器等。

一体化调谐解调器主供电电压为 5V，3.3V 电压是一体化调谐解调器解复用需要的，调谐电压与模拟电视高频头一样为 30V，调谐电压范围为 0～30V。某一频点的调谐电压数值记忆在 E^2PROM 中，一体化调谐解调器与主芯片 QAMi5516 通信采用 I^2C 总线技术，一体化调谐解调器内置 RF-AGC 控制。

四、创维 C6000 有线数字电视机顶盒的软件

电视数字化后，数字电视技术中软件技术占有更为重要的位置。创维 C6000 有线数字电视机顶盒软件除了音视频的解码由硬件实现外，包括电视内容的重现、操作界面的实现、数据广播业务的实现，直至机顶盒和 Internet 的互连都需要由软件来实现，具体如下。

1. 硬件驱动层软件

驱动程序驱动硬件功能，如射频解调器、传输解复用器、A/V 解码器、OSD、视频编码器等。

2. 嵌入式实时多任务操作系统

嵌入式实时操作系统结构紧凑，功能相对简单，资源开销较小，便于固化在存储器中。嵌入式操作系统的作用与 PC 上的 DOS 和 Windows 相似，用户通过它进行人机对话，完成用户下达的指令。指令接收采用多种方式，如键盘、鼠标、语音、触摸屏、红外遥控器等。

3. 中间件

开放的业务平台的特点在于产品的开发和生产以一个业务平台为基础，开放的业务平台为每个环节提供独立的运行模式，每个环节拥有自身的利润，能产生多个供应商。只有采用开放式业务平台才能保证机顶盒的扩展性，保证投资的有效回收。

4. 上层应用软件

执行服务商提供的各种服务功能，如电子节目指南、准视频点播、视频点播、数据广播、IP 电话和可视电话等。上层应用软件独立于 STB 的硬件，它可以用于各种 STB 硬件平台，消除应用软件对硬件的依赖。

情境设计

以四台数字电视机顶盒为一组，全班视人数分为若干组。四台数字电视机顶盒的可能故障点是：

① 数字电视机顶盒的主板电路；

② 数字电视机顶盒的开关稳压电源电路；

③ 数字电视机顶盒的操作面板电路；

④ 数字电视机顶盒的遥控电路或智能卡读卡电路。

根据以上故障，研究讨论故障的现象和检测方法（参考数字电视机顶盒的故障分析），在维修数字电视机顶盒的故障的同时回顾与复习前面学到的数字电视机顶盒的知识。

由讨论出的故障原因与研究的检测方法，检修并更换损坏的器件，修理完毕后，进行试用。检测自己的维修成果。完成任务后恢复故障，同组内的学生交换开关式稳压电源故障再次进行维修。

 知识拓展二　QAMi5516 解调解码单芯片和音频解码

QAMi5516 是法国著名的芯片厂商 STMicro（意法半导体）公司最新推出的一款专门针对中低端市场的高性价比数字有线电视（DVB—C）机顶盒单芯片，是将前端 QAM（正交幅度调制）数字有线信号解调器与后端 MPEG 视频解码集成在一起的芯片，因而能够很好地使模拟电视用户收看数字有线电视节目。

QAMi5516 是一款高集成度、高性价比的解调解码的大规模集成芯片，同时，QAMi5516 单芯片内部集成了 32 位 ST20 CPU 、QAM 解调器、音频／视频 MPEG—2 译码器、显示及图像处理功能和各种系统外设接口等。

嵌入式 CPU 是数字电视机顶盒的心脏，当数据完成信道解码以后，首先要解复用，把传输流分成视频、音频，使视频、音频和数据分离开，在数字电视机顶盒专用的 CPU 中集成了 32 个以上的可编程 PID 滤波器，其中两个用于视频和音频滤波，其余的用于 PSI、SI 和 Private 数据滤波。

信源解码器必须适应不同编码策略，正确还原原始音、视频数据。除了具有数字有线电视机顶盒的全部基本功能外，它还可以运行中间件以实现数字电视营运商的增值服务，同时具有以太网接口、USB 接口等丰富的外设接口，从而不仅为实现增值服务建立了很好的硬件环境，而且也能够满足用户上网浏览、电子商务以及电子节目指南等方面的需求。

QAMi5516 除了传统的音频、视频解码功能以外，还具有很强的扩展能力、增强型图形处理功能和提高音视频质量的后处理功能。同时，由于将 QAM 解调器和 MPEG 解码器集成在了一起，因而降低了硬件芯片组的成本，简化了电路设计，提高了产品的可靠性和性价比，也有助于降低生产成本。

在音频方面，由于欧洲 DVB 采用 MPEG—2 伴音，美国的 ATSC 采用杜比 AC-3，因而音频解码要具有以上两种功能。

 知识链接三　数字电视显示技术与加解扰技术

1. 显示技术

对于数字电视机和计算机显示器而言，CRT 显示是一种成熟的技术，但是用低分辨率的电视机显示文字，尤其是小于 24×24 的小字，问题就变得复杂了。电视机的显像管是大节距的低分辨率管，只适合显示 720×576 或 640×480 的图像，它的偏转系统是固定不变的，是为 525 行 60Hz 或 625 行 50Hz 设计的，而数字电视的显示格式有 18 种以上。上网则要符合 VESA 格式，显然，电视机的显示系统无法适应这么多格式。另外，电视采用低帧频的隔行扫描方式，当显示图形和文字时，亮度信号存在背景闪烁，水平直线存在行间闪烁。如果把逐行扫描的计算机图文转换到电视机上，水平边沿就会仅出现在奇场或偶场，屏显时间接近人眼的视觉暂留，会产生严重的边缘闪烁现象，因而要用电视机上网，必须要补救电视机显示的缺陷。

根据技术难度和成本，目前用两种方法进行改进，一种是抗闪烁滤波器，把相邻三行的图像按比例相加成一行，使仅出现在单场的图像重现在每场中，这种方式叫三行滤波法。三行滤波法简单易实现，但降低了图像的清晰度，适用于隔行扫描方式的电视机。另一种方法是把隔行扫描变成逐行扫描，并适当提高帧频，这种方式要成倍地增加扫描的行数和场数，为了使增加的像数不是无中生有，保证活动画面的连续性，必须要进行行、场内插运算和运动补偿，必须用专用的芯片和复杂的技术才能实现，这种方式在电视机上显示计算机图文的质量非常好，但必须在有逐行和倍扫描功能的电视机上才能实现。另外把分辨率高于模拟电视机的 HDTV 和 VESA 信号在电视机上播放，只能显示部分画面，必须进行缩小，这就像 PIP 方式，要丢行和丢场。同样为保证图像的连续性，也要进行内插运算。

2. 加解扰技术

加解扰技术用于对数字节目进行加密和解密。其基本原理是采用加扰控制字加密传输的方法，用户端利用 IC 卡解密。在 MPEG 传输流中，与控制字传输相关的有两个数据流：授权控制信息（ECMs）和授权管理信息（EMMs）。由业务密钥（SK）加密处理后的控制字在 ECMs 中传送，其中包括节目来源、时间、内容分类和节目价格等节目信息。对控制字加密的业务密钥在授权管理信息中传送，并且业务密钥在传送前要经过用户个人分配密钥（PDE）的加密处理。EMMs 中还包括地址、用户授权信息，如用户可以看的节目或时间段、用户付的收视费等。

用户个人分配密钥（PDK）存放在用户的智能卡（Smart Card）中，在用户端，机顶盒根据 PMT 和 CAT 表中的 CA-descriptor，获得 EMM 和 ECM 的 PID 值，然后从 TS 流中过滤出 ECMs 和 EMMs，并通过 Smart Card 接口送给 Smart Card。Smart Card 首先读取用户个人分配密钥（PDK），用 PDK 对 EMM 解密，取出 SK，然后利用 SK 对 ECM 进行解密，取出 CW，并将 CW 通过 Smart Card 接口送给解扰引擎，解扰引擎利用 CW 就可以将已加扰的传输流进行解扰。

 ## 知识拓展三　数字电视机顶盒的产业现状与发展趋势

1. 产业发展现状

近年来，中国机顶盒发展迅速。由于机顶盒产业的资源供给或产品需求正在发生一系列的变化，导致这一产业正逐渐从其他国家或地区梯度转移到中国生产和制造。中国已经成为全球最大的机顶盒生产制造中心。2007 年，中国机顶盒市场以有线电视机顶盒为主。机顶盒市场出货量达到了 6500 万台以上，相比 2006 年增长 41.3%。其中国内机顶盒出货量超过 3000 万台，相比 2006 年增长 49.32%，国内市场机顶盒出货量首次超出国外市场；有线机顶盒市场保有量在 2007 年年底突破了 2500 万台，相比 2006 年增长了近 60%。2008 年中国数字电视进入了蓬勃发展期，除有线数字电视仍旧表现出强劲增长势头外，地面数字电视也有了突破性的发展。2010 年，中国机顶盒市场依然处于景气周期。

2. 发展趋势

根据《广播影视科技"十五"计划和 2010 年远景规划》，2010 年中国将全面实现数字广播电视，2015 年将停止模拟广播电视的播出。毋庸置疑，数字电视节目的普及已成为必然趋势，而中国现行的"模拟电视+机顶盒"的转换形式使机顶盒市场蕴藏了巨大商机。这对有着近一亿个有线电视家庭用户的中国机顶盒市场来说无疑具有重要推广意义。

有人问目前数字机顶盒接收的信号是高清晰度数字电视吗？不是，使用了数字机顶盒后将数字信号转变成模拟信号输入现在的模拟电视机显示信息，这样电视接收的信号质量虽然有了很大程度的改善，由于模拟电视机的扫描线已定，所以它与高清晰度数字电视相比，还有相当大的距离，这只是一种过渡。

数字电视机顶盒将改变我们现有的电视的概念，也将为互联网提供一个崭新的消费终端，而且这个消费终端将比其他任何终端如 PC、手机、PDA 都普及、方便、吸引人。随着各地有线数字电视的试播，数字电视机顶盒的推广与几年前相比已有长足的进步，但是数字机顶盒在国内还没有得到广泛的应用，这主要有以下几个原因。

其一，资费偏高，对多数用户而言也是不小的开支。

其二，中国人的消费心理是可以承受一次性较大的购置成本，却不大愿意接受长期持续不断的、没有明显回报的消费支付。

尽管当前数字机顶盒的推广受到了很大的限制，但是数字电视机顶盒不仅是用户终端，也是网络终端，它能使模拟电视机从被动接收模拟电视转向交互式数字电视（如视频点播等），并能接入因特网，使用户享受电视、数据、语言等全方位的信息服务。随着数字技术、多媒体技术和网络技术的发展，数字电视机顶盒功能完善，尤其是单片 PC 技术的发展，将促使数字电视机顶盒内置和整个成本下降，让大多数用户在普通模拟电视机上实现娱乐、上网等多种服务。

项目工作练习 11-2　数字电视机顶盒（有图像无声音故障）的检修

班　级		姓　名		学　号		得　分	
实训器材							
实训目的							

工作步骤：

（1）开启数字电视机顶盒和彩色电视机，观察有图像、无声音故障现象（由教师设置不同的故障）。

（2）分析故障，说明哪些原因会造成彩色电视机有图像、无声音的故障。

（3）制定有图像、无声音的故障维修方案，说明检测方法。

（4）记录有图像、无声音的故障检测过程，找到故障器件、部位。

（5）确定维修方法，说明维修或更换器件的原因。

工作小结	

项目工作练习 11-3　数字电视机顶盒（有光栅无图像无伴音故障）的检修

班　级		姓　名		学　号		得　分	
实训器材							
实训目的							

工作步骤：

（1）开启数字电视机顶盒并打开彩色电视机，观察彩电无图像、无伴音、但有光栅的故障现象（由教师设置不同的故障）。

（2）观察中发现数字电视机顶盒面板指示灯不亮。分析故障，有光栅，说明彩色电视机无信号输入，可能问题出在数字电视机顶盒。那么哪些原因会造成数字电视机顶盒故障呢？

（3）制定数字电视机顶盒维修方案，拆卸数字电视机顶盒并说明检测方法。

（4）记录数字电视机顶盒检测过程，找到故障器件、部位。

（5）确定维修方法，说明维修或更换器件的原因。

工作小结

项目 12

彩色电视机新技术

（1）了解数字高清电视机的概念。

（2）理解数字高清电视机与普通彩色电视机的差异。

（3）掌握数字高清彩色电视机故障的分析和检修方法。

（4）了解 3D 彩色电视机分类。

（5）理解眼镜式和裸眼式三维立体影像电视的显示技术。

（6）了解投影电视的分类和组成。

（7）了解液晶电视机与等离子电视机的比较。

彩色电视机新技术主要表现在以下几方面。

（1）提高彩色电视机的图像质量。使彩色电视机图像更清晰。目前高清晰的液晶彩色电视机配合图像处理技术，已实现 1920×1080 分辨率的细腻画质。

（2）屏幕尺寸。显示屏的高宽比为 16 : 9。

（3）清晰度要求。水平清晰度及垂直清晰度达到 720 电视线，并能正确显示高宽比为 16 : 9 的图像。

（4）多声道技术。能解码、输出独立的多声道声音。

（5）提高彩色电视机的色彩亮艳。对于彩色电视机画质来说，色彩是其中的一项重要指标。为了使画面色彩更丰富，在保持红、绿、蓝三色平衡的基础上，拓宽色彩领域。

（6）增加功能。如一机多用，高保真立体声功能，数字影音信号连接 HDMI 接口，电脑接口，图像冻结功能，计算机连网等。

（7）信号处理。从模拟信号到数字信号，信号可记忆、存储、重新编排等。

（8）传播手段。使电视信号远距离传播覆盖面更广、更可靠、保密性更强。

下面我们将分别介绍数字高清晰度电视机、3D 彩色电视机和投影电视等。

任务 12.1　数字高清电视机

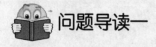 问题导读一

技师引领一　数字高清电视机的拆卸及内部差异的观察

器材：电工工具一套，数字高清晰度电视机一台。

目的：学习数字高清晰度电视机的拆装，观察内部电路结构的差异，为学习数字高清晰度电视机的检测与维修做准备。

一、外部接口的区别

1. 分量信号接口

拆卸后盖前，看到数字高清晰度电视机的输入信号种类比模拟彩电多，它既有 50Hz 隔行扫描的模拟射频全电视信号、AV 音视频信号或 S 端子输入亮/色（Y/C）分离信号，又有逐行扫描的色差分量信号（Y/PB/PR），它是数字彩色电视机或数字电视机顶盒的模拟分量输入、输出接口，数字彩色电视机上的分量接口如图 12-1 所示。

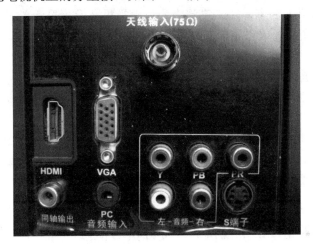

图 12-1 数字彩色电视机上的分量接口与 VGA 接口

2. VGA 接口

数字彩色电视机上的 VGA（Video Graphices Array）接口，也叫 D-Sub 接口。它是一种 D 型接口，上面共有 15 个针孔，分成 3 排，每排 5 个，如图 12-1 所示。VGA 接口是计算机显卡上应用最广的接口类型，目前大多数计算机都通过模拟 VGA 接口与数字彩色电视机连接。

二、内部电路的差异

打开电视机后盖，看到数字彩色电视机与模拟彩色电视机差别不大，实际上部分电路是有差异的。

1. 主电压不是固定值

CRT 高清晰彩色电视机的主电压（B+）与普通模拟彩电不同，大多数 CRT 高清晰彩色电视机的主电压（B+）都经过一个 DC/D 转换为另一种数值的电压，此电压称为二次 B+电压，再提供给行扫描电路，以保证显示不同频率信号的图像时，行、场幅度不变。

2. 扫描方式

根据分辨率的不同可工作在逐行扫描方式，也可以工作在隔行扫描方式，不同于普通模拟彩电只工作在隔行扫描方式。

3. 行频和场频

高清晰彩色电视机可在 22～31.5kHz 行频范围内工作，有的可在 38kHz 或 48kHz 的行频工作，而普通模拟彩电只工作在单一行频 15625Hz 或 15750Hz；高清晰彩色电视机场频自同步范围为 50～100Hz，而普通模拟彩电只工作在单一场频 50Hz 或 60Hz。

4. 彩色显像管

液晶（LCD）显示屏与等离子（PDP）显示屏在项目 9 与项目 10 有详细讲述，可参考项目 9 与项目 10 中相关内容。高清晰度彩色电视机中采用的是细点距 CRT 彩色显像管，保证达到 620 行扫描线以上。

5. 显示管灯丝与阳极供电

普通模拟彩电显示管灯丝供电是由行输出变压器提供的，而高清晰度彩色电视机显示管灯丝供电是由主开关电源提供的，普通模拟彩电显示管阳极高压供电是由行输出变压器提供的，参阅项目 5 与项目 6 内容，CRT 高清晰彩色电视机显像管阳极高压供电由专门的电路产生，为了保证在不同的信号及节目源下图像稳定，CRT 高清晰彩色电视机采用了显像管阳极高压稳定技术。

6. 切换 S 校正电容

数字 CRT 高清晰彩色电视机虽然通过 DC/DC 电路切换，提供了合适的二次 B+电压，保证了行幅的同步和稳定，但无法保证在不同的节目源和扫描模式时的行线性，为了解决这个问题，在数字 CRT 高清晰彩色电视机中采用继电器或者电子开关，对行 S 校正电容进行切换。CPU 根据不同的节目源和扫描模式来控制扫描电路，接入或断开一只或两只 S 校正电容，以改变 S 校正电容的容量，实现对行线性的补偿，保证不同的节目源和扫描模式下图像的线性良好。

技师引领二　数字高清电视机的故障分析与检修

陈技师："您好！杨先生。你送来的夏普 94cm BX/AX 系列液晶彩色电视，接通电源后，收看电视及播放 AV 均正常，但是数字输入端口 HDMI 无图像，是吗？"

客户杨先生："是的，此台夏普 94cm BX/AX 系列液晶彩色电视，我们收看电视及播放 AV 均正常，但是接 DVD 激光视盘机的数字输入端口 HDMI 无图像。不知是我们不会操作还是出了故障？全家人都束手无策，请您帮助修理一下。"

陈技师接上电源插头，打开电源开关，观察夏普 94cm BX/AX 系列液晶彩色电视显像后分析：根据液晶彩色电视能收看电视，也能播放 AV，说明电源、图像通道和扫描电路均正常，接 DVD 激光视盘机的数字输入端口 HDMI 无图像是此条通道出了故障，这是数字 HDMI 输入端口局部工作不正常。

陈技师维修

维修步骤如下。

（1）用十字起子打开夏普 94cm BX/AX 系列液晶彩色电视机后盖，拆卸步骤参阅项目 9 技能训练一，HDMI 输入端子如图 12-1 所示。

（2）维修此故障先从信号的输入端开始，首先应找到主板上的数字 HDMI 输入端子 SC402，插上 HDMI 信号线，然后把液晶彩色电视机调到 HDMI 状态（IN PUT4 状态）。

（3）先将万用表打在直流电压 10V 挡，测量 HDMI 输入端子 SC402 第⑮脚 SCL 与第⑯脚 SDA 的电压，如图 12-2 所示，测量的电压均为+4.9V，正常，测量第⑱脚为 5V，正常，此电压由 DVD 激光视盘机输出的端口提供，再测量第⑲脚电压为 0V，正常值为 5V，此电压是 HDMI 的控制电压，从图纸上找到与之相关连的元器件 R412 电阻（1kΩ）；估计是 R412 电阻有问题。夏普 94cm BX/AX 系列 LCD TV 数字 HDMI 输入端口原理图如图 12-2 所示。

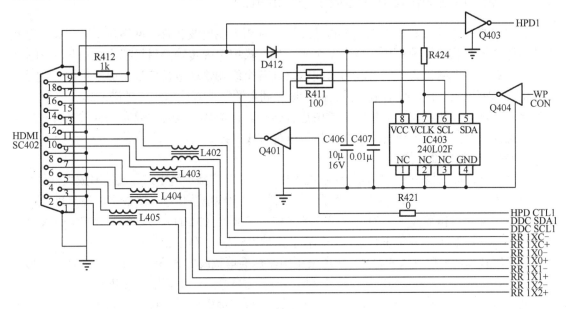

图 12-2　夏普 94cm BX/AX 系列 LCD TV 数字 HDMI 输入端口原理图

（4）经上述检查，判断出故障范围后，将夏普 94cm BX/AX 系列液晶彩色电视总电源关闭，万用表置欧姆挡，用万用表测量 R412 电阻（1kΩ）为无穷大，说明 R412 电阻（1kΩ）已经损坏。

（5）更换 R412 电阻（1kΩ）后，数字 HDMI 输入端口电路恢复正常。装好后盖，再用十字起子将液晶彩色电视机的所有后盖螺钉装上，打开夏普 94cm BX/AX 系列液晶彩色电视机，经过接 DVD 激光视盘机的数字输入端口 HDMI 收看节目，机器恢复正常，故障排除。

知识链接一　数字电视与数字高清电视

数字电视是指音视频信号从编辑、制作、信号传输到接收和处理均采用数字技术的电视系统。

一、数字电视的概念

数字电视与数字高清电视往往被人们混淆，认为数字电视就是数字高清电视，高清电视就是数字电视，这是错误的。数字电视与数字高清电视（包括高清数字电视与高清数字电视机）是两种不同的概念，数字电视是指包括节目摄制、编辑、发送、传输、存储、接收和显示等环节全部采用数字处理的全新电视系统，而数字电视机是一种能接收、显示数字电视节目的终端设备。数字电视是在信源、信道、信宿三方面全实现数字化和数字处理的电视系统。其中电视信号的采集（摄取）、编辑加工、播出发送（发射）属于数字电视的信源，传输和存储属于信道，接收端与显示器件属于信宿。

数字电视按照扫描标准、图像格式或图像清晰度、传送图像的速度（比特率）的不同，一般分为标准清晰度（标清）电视（SDTV）、高清晰度（高清）电视（HDTV）。

二、数字电视的传输方式与数字信号的调制

数字电视的传输方式与模拟电视传输相同，利用无线电波和有线网络传输。但是数字电视的传输技术与模拟电视的传输技术完全不一样。模拟电视传输是将模拟电视信号调制在无线电射频载波上发射出去，或者利用有线网络向各个终端输送电视信号，而数字电视则是先进行信源压缩编码，再进行信道纠错编码，最后利用数字调制技术实现频谱搬移，把由"0"、"1"序列组成的二进制码送入传输信道中进行传输。目前数字电视主要有三种传播方式：数字电视地面广播、数字电视卫星广播、数字电视有线广播。

1. 数字电视地面广播

数字电视地面广播是将传输码流调制在 VHF 或 UHF 广播信道上，通过功率放大器放大送到发射铁塔的发射天线，数字电视与模拟电视一样，用无线电波传输各路数字电视节目。目前，地面电视广播无线覆盖技术中的组网有三种方式：多频网（MFN）、双频网（DFN）、单频网（SFN），中央电视台 2008 年 1 月元旦开始在北京地区试播数字电视节目，试播中采用双模式，即高清晰度（高清）电视（HDTV）频道采用国家标准单载波方案覆盖，主要用于固定接收；标准清晰度（标清）电视（SDTV）频道采用多载波方案覆盖，主要用于移动接收。

数字地面广播环境复杂、干扰严重，为了适应数字地面广播的特点，调制方式的选择，也不同于数字有线传输与卫星传输两种方式。目前国际上数字地面广播主要采用两种制式，一是美国的 VSB（残留边带）调制方式，另一种是欧洲 COFDM（编码正交频分复用）调制方式。2007 年 8 月 1 日，我国数字电视传输标准 GB20600—2006《数字电视地面广播传输系统帧结构、信道编码和调制》开始实施，该标准支持在 UHF 和 VHF 频段内的 8MHz 数字电视频道，传输 4.813～32.486Mbit/s 的净荷载数据率。

2. 数字电视卫星广播

数字电视三大体系之一的数字电视卫星广播系统主要由地面上行发射站、卫星转发器、下行接收系统和遥测遥控跟踪站组成。根据"九五"广播电视发展目标，我国广播人口节目覆盖率要达到 85%，电视人口覆盖率要达到 90%。

通过卫星传送广播电视节目，具有覆盖面大、传送质量高的优点。为提高广播电视的人口覆盖率，必须发展卫星广播并使之向数字化发展。目前世界上许多国家都已开发数字电视，原因在于数字电视系统具有独特的优点：首先，数字电视通过卫星传输后，接收端的信号质量可与发送端的相比拟，这是因为它采用了数字传输和误码保护技术；而普通模拟电视信号采用的是模拟处理和传输方式，接收质量容易受噪声及干扰的影响。第二，数字电视由于采用码率压缩技术及数字调制技术，在只能传送模拟电视节目的一个 27MHz 带宽的卫星转发器上，可传输 5～6 路电视节目。第三，数字电视系统比较灵活，图像、声音、图文、数据等都以数字方式按规则被转换成数据流而传送，可增加新业务，实现视频点播、双向通信与交互业务等。第四，可采用大规模集成电路，使设备功耗降低、体积减小、可靠性提高并易于与计算机连网。

数字电视具有上述突出的优点，再加上近年来高速信号处理技术和超大规模集成电路技术的发展。一颗大容量卫星可转播 100～500 套节目，调制方式采用 QPSK（正交移相键控）方式。欧洲数字电视广播集团陆续制定了一系列数字电视标准，即 DVB。欧洲的 DVB 标准在亚洲、澳洲、美国都得到了响应。

3. 数字电视有线广播

数字电视有线广播利用有线电视（CATV）系统来传送多路数字电视节目，其调制方式大

多采用 QAM（正交幅度调制）方式，数字电视有线广播传输不但传输质量优异，而且资源丰富、节目频道多，但是其成本在数字电视三种传播方式中最高。

目前，数字电视有线广播普遍采用同轴电缆与光缆（光纤）混合网形式进行有线传输，即主干部分采用光纤，到用户小区再用电缆接到用户终端。在双向网络中，有线电视前端还需要处理回传的交互信号，这与单向的广播方式不同。在调制方面，模拟有线电视是从直接转播地面广播开始的，所以它的调制采取与地面广播相同的方式，数字电视有线广播采用高阶的 QAM 调制方式，电视信号经调制后，经过合成器合成一个完整的包括所有频道的信号，然后经光端机将信号调制到主干网络上传输。主干网络将信号传输到分前端，分前端再通过二级光缆分布到光节点，每个光节点由光端机将光信号转换为电信号，经干线、支线分配到各个终端。在双向网络中干线放大器、支线放大器、分配器、接收调制解调器等部件均支持回传，在光节点和分前端，都有专门的设备收集回传信号，并进行处理。在最新的规定中双向数字电视有线系统的工作频率范围是 5～1000MHz。其中 5～65MHz 用于反向上行传输，65～87MHz 为正、反向隔离带，87～108MHz 为正向模拟声音频段，108～111MHz 空闲，111～550MHz 为正向模拟电视频段，550～860MHz 为正向数字信号频段，860～900MHz 为预留扩展正、反向隔离带，900～1000MHz 为预留反向上行频段。

三、数字高清晰度电视显示器

目前我国彩电生产公司已生产出 SDTV（标准清晰度）和 HDTV（高清晰度）的 DVB—S、DVB—T、DVB—C 和 ATSC 制式的数字电视接收机。近年我国正在加速推进数字 HDTV 实施、标准的制定和开发自主知识产权的产业。2006 年 3 月 29 日我国发布的《数字电视接收设备术语》（SJ/T 11324—2006）规定了高清晰度图像格式为 1920×1080，图像宽高比为 16:9，并能传送数字声音的系统。可见数字高清晰度电视显示器画面宽高比从常规的 4:3 变为 16:9，目前的 HDTV 主要有三种图像显示格式：720p（1280×720，逐行）；1080i（1920×1080，隔行）；1080p（1920×1080，逐行），我国规定 1080i 采用 50Hz 场频，与 PAL（逐行倒向）制式的场频相同，分辨率 1920×1080 拥有 207.36 万像素。

目前，数字高清晰度电视显示器有三种，即阴极射线管（CRT）显示器、液晶显示器（LCD）和等离子（PDP）显示器，项目 9 与项目 10 中，重点介绍了液晶彩色电视机（LCD）和等离子彩色电视机（PDP），本项目仅对阴极射线管（CRT）数字高清晰度电视机进行介绍。

全数字 HDTV 的优点：

（1）基带频率谱分布均匀，频谱资源利用合理。

（2）采用高效图像压缩编码（如 MPEG—2 视频压缩编码）将 1920×1080 像素/每帧、帧频 30Hz、（8～10）bit 量化的高清晰度 PCM 数字电视信号压缩到约 17Mbit/s 的数据率，使它能在地面标准电视频道的 6MHz 频带内，以全数字电视信号传送。

（3）采用正交幅度键控（例如 16QAM、64QAM 或 256QAM）高效载波调制传送，在相同接收条件下，使发射功率仅是模拟发射功率的 1/10 以下。这不但节省发射功率，而且对邻近电视频道干扰小，可以启用未定义的"禁用频道"，增加电视广播的频道数，实现与现行模拟电视同播。

（4）家庭用户能从地面广播的全数字 HDTV 信号收看接近演播室的图像质量。在 19dB 的 C/N 下，24 小时仅出现 1 个错码，抗干扰性强，这是模拟电视难以想象的。

（5）高清晰度数字电视（HDTV）是未来的发展方向，现在的模拟电视将被全部淘汰，电视台的射、录、编设备也相应更换，人们在电视屏幕上看到的将是高清晰度的电视画面和更多的功能，HDTV 会把电视带入一个崭新的时代。

四、数字电视的发展状况

现行模拟电视制式的缺点降低了传输质量，无法满足现代信息要求。我国和世界各国的科技人员不断深入研究新的电视系统，其中数字彩色电视就是其中之一。

1. 我国数字电视和数字高清晰度电视发展概况

自 20 世纪 80 年代以来，我国对数字电视和高清晰度电视的探索、研制一直在进行。根据广电总局的战略计划，我国广播电视数字化发展可概括为 3 个阶段。

（1）2003—2006 年全面推进有线数字电视，省级有线电视网基本数字化，有线数字电视用户达 3000 万户（以机顶盒与模拟电视兼容接收为主），制定我国地面数字电视标准，并进行试播，开展卫星数字电视直播业务。

（2）在 2008 年北京奥运会实现全数字 HDTV 转播，2010 年实现卫星、地面、有线数字电视广播覆盖全国。

（3）2015 年停止模拟电视广播，全面实现数字电视和数字高清晰度电视广播。

自 2000 年 8 月国家计委批准建立北京、上海、深圳 3 个数字电视实验点以来，到现在广电总局又确定了 16 省 66 个城市作为首批市场运作试点城市。上海市进行欧洲 DVB—T 标准地面数字电视试播，效果良好。上海交通大学自行研制了一种 ADTB—T 制式，攻克了国际上单载波调制的数字电视的地面广播无法实现车载高速移动接收的问题。南京市在 2006 年 7 月在全市各个地区全面推广欧洲 DVB—C 标准的有线数字电视试播。2007 年 8 月 1 日，我国数字电视传输标准 GB20600—2006《数字电视地面广播传输系统帧结构、信道编码和调制》开始实施。

还有卫星数字电视接收机，它按用途分为广播级（指标高、功能多）、专业级（指标较高、功能较少）、家用级（操作简单，接收天线直径小于 1m，图像质量好）。为了使家用卫星接收机天线直径小于 1m，安装方便，国际卫星直播使用的频段优先用 Ku 频段。我国分配在第 3 区 Ku 频段，频率范围为 11.7～12.2GHz，Ku 频段卫星转发器功耗约 20～50W，卫星接收天线直径小于 1m。

PAL 制电视数字化所需传输速率为 216Mbit/s，根据 ITU—RBT601 建议，码率压缩到 5Mbit/s，则可传送 PAL 制广播级数字电视标准。若星上转发器带宽为 36MHz，则可传送 7 路（≈36MHz/5.1MHz）经码率压缩的数字电视。

2. 国际上数字电视和高清晰度电视发展概况

国际上新一代电视制式研究始于 20 世纪 60 年代末，70 年代日本研制 1125 行/帧、60Hz 场频、图像宽高比为 5:3 的 Hivision 高清晰度电视（现在通常所说的"高清晰度电视"即为 High Definition Television，HDTV），其 1 帧图像像素约为现行图像像素的 5 倍，图像质量与 35mm 电影质量相当。但其占用频带太宽，即使用于卫星广播频道也难以接收。1984 年日本又研制了一种 MUSE（多重亚奈取样编码）制高清晰度电视，将 1125 行/帧、30MHz 的基带信号压缩为 8.1MHz 的一路 HDTV 信号。它也不能在地面广播电视信道上传送，只能在 NTSC 制的 24MHz 带宽的卫星频道中，以 FM 模拟信号调制方式传送，且该制式存在设备复杂、价格昂贵、不能和现行电视兼容的缺点。

欧洲在 20 世纪 80 年代研制了 HD—MAC 高清晰度电视，其扫描参数为 1250 行/帧、50Hz 场频、2:1 隔行扫描。该制式采用模拟分量（Multiplexed Analogue Component，MAC）时分多工传送亮度和色度信号，使亮、色信号互串大为减少，有效提高电视图像质量，其清晰度比日本 MUSE 制稍低，售价比普通电视机贵得多。MD—MAC 的基带宽度为 11.5MHz，只能在卫星频道中以 FM 模拟信号调制方式传输。

以上两种高清晰度电视都是以模拟信号传送的，而且它们的基带信号太宽，不能在地面广播频道（NTSC 制 6MHz 带宽、PAL 制的 8MHz 带宽）中传送，只能在卫星频道中传送。1990 年美国研制成功了全数字 HDTV。所谓"全数字"是指：在信号源编码方面采用数字通信技术（纠错编码及高效数字调制、解调）。1996 年美国联邦通信委员会通过了美国数字电视地面传输标准 ATC（Advanced Television System Committee）。ATC 数字电视分为高清晰度电视（HDTV，其 1 帧有效像素为 1920×1080）和标准清晰度电视（SDTV，其 1 帧有效像素为 704×480 或 640×480）。1998 年美国正式试播全数字高清晰度电视，2006 年停播模拟电视，实现了全数字电视广播。

美国的全数字电视代表了当前国际电视技术的先进水平，欧洲放弃了 HD—MAC 模拟高清晰度电视，在 1993 年 9 月研制了数字电视广播制式（Digital Video Broadcasting，DVB）。1994 年后，研制了欧洲的全数字电视卫星广播（DVB—S）、全数字有线电视广播（DVB—C）和全数字地面广播（DVB—T）标准。

1990 年后，日本放弃 MUSE 制模拟高清晰度电视，研制"综合数字电视广播系统"，即 ISDB（Integrated Services Digital Broadcasting），它除了可以在标准的地面、卫星、有线电视频道中传送电视节目以外，还可以灵活集成和发送多种数据业务。

国际上，除了上述这些国家大力推进数字电视以外，俄罗斯、韩国等多个国家也在 2010 年实现了数字电视广播。

任务 12.2　3D 立体彩色电视机

知识链接二　三维立体影像电视

三维立体影像电视简称 3D 电视。3D 是 three-dimensional 的缩写，就是三维立体图形。在看电视时，会感到呼啸而过的赛车冲出了电视屏幕；链球运动员旋转的铁链失手，突然惯性铁球扑面而来，惊出一身冷汗；战斗中，地面交战的坦克高速迎面开来轧过了自己的身体等惊险场面都是三维立体影像带来的效果，如图 12-3 所示。

图 12-3　呼之欲出的三维立体影像电视

由于人的双眼观察物体的角度略有差异，因此能够辨别物体远近，产生立体的视觉。3D 电视的诞生，实际上是人类视觉需求与科技发展高度融合的产物。

3D 电视显示技术可以分为眼镜式和裸眼式两大类。

一、眼镜式 3D 电视

观看 3D 电视时，必须戴上特殊的眼镜才能看到三维立体影像电视。家用消费领域，无论是显示器、投影机或者电视，现在都需要佩戴 3D 眼镜，目前主流的眼镜式 3D 技术可以细分出几种主要的类型：色差式、偏光式、主动快门式和不闪式，也就是平常所说的色分法、光分法和时分法等。

1. 色差式 3D 技术

色差式 3D 技术，英文为 Anaglyphic 3D，配合使用的是被动式红-蓝（或者红-绿、红-青）滤色 3D 眼镜。这种技术历史最为悠久，成像原理简单，实现成本相当低廉，眼镜成本仅为几块钱，但是 3D 画面效果也是最差的。

人的每只眼睛都看见不同的图像。这样的方法容易使画面边缘产生偏色。

由于效果较差，色差式 3D 技术没有广泛使用。

2. 偏光式 3D 技术

偏光式 3D 技术也叫偏振式 3D 技术，英文为 Polarization 3D，配合使用的是被动式偏光眼镜。偏光式 3D 技术的图像效果比色差式好，而且眼镜成本也不算太高，目前比较多的电影院采用的也是该类技术，不过对显示设备的亮度要求较高。

偏光式 3D 是利用光线有"振动方向"的原理来分解原始图像的，先通过把图像分为垂直向偏振光和水平向偏振光两组画面，然后 3D 眼镜左右分别采用不同偏振方向的偏光镜片，这样人的左右眼就能接收两组画面，再经过大脑合成立体影像。

目前在偏光式 3D 系统中，市场中较为主流的有 RealD 3D、MasterImage 3D、杜比 3D 三种，RealD 3D 市占率最高，且不受面板类型的影响，可以使任何支持 3D 功能的电视还原出 3D 影像。

在 3D 液晶电视上，应用偏光式 3D 技术要求电视具备 240Hz 以上的刷新率。目前，LG、康佳、TCL、海信、创维等品牌采用偏光式 3D 技术。

3. 快门式 3D 技术

快门式 3D 技术，英文为 Active Shutter 3D，配合主动式快门 3D 眼镜使用。这种 3D 技术在电视和投影机上面应用得最为广泛，资源相对较多，而且图像效果出色，受到了很多厂商的推崇和采用，不过其匹配的 3D 眼镜价格较高。

快门式 3D 主要是通过提高画面的刷新率来实现 3D 效果的，通过把图像按帧一分为二，形成对应左眼和右眼的两组画面，连续交错显示出来，同时红外信号发射器将同步控制快门式 3D 眼镜的左右镜片开关，使左、右双眼能够在正确的时刻看到相应画面。这项技术能够保持画面的原始分辨率，很轻松地让用户享受到真正的全高清 3D 效果，而且不会造成画面亮度降低。

快门式 3D 的缺点：

（1）戴上眼镜之后，亮度减少较多。

（2）3D 眼镜的开合频率与日光灯等发光设备不同，在明亮房间观看舒适性低。

（3）3D 眼镜快门的开合与左右图像不完全同步，会出现串扰重影现象。

（4）快门式 3D 液晶电视的可视角度小。

（5）快门式 3D 眼镜的售价基本在 1000 元左右，相对较贵，并且需要安装电池或充电使用。

目前，包括三星、松下、索尼、海尔、夏普、长虹等品牌推出的 3D 电视，都采用主动快门式 3D 技术。

4．不闪式 3D 技术

不闪式 3D 电视方式是实际感受立体感最自然的方式。如同在电影院里享受逼真效果的 3D 影像，能够同时看两个影像，把分离左侧影像和右侧影像的特殊薄膜贴在 3D 电视表面和眼镜上。通过电视分离左右影像后同时送往眼镜，通过眼镜的过滤，把分离的左右影像送到各个眼睛，大脑再把这两个影像合成让人感受 3D 立体感。

不闪式 3D 的特点：

（1）要求在 3D 电视机推荐距离内观看。

（2）采用 IPS 硬屏面板，在任何角度都能享受 3D 影像，且没有色变现象。

（3）不闪式 3D 不会有头晕的状态出现。

（4）不闪式 3D 没有电力驱动，可舒适佩戴眼镜，并且没有闪烁感。

（5）不闪式 3D 眼镜轻便，价格与快门式 3D 眼镜相比较低。

不闪式 3D 能够体现 1s 240 张 3D 合成影像。所以在相同的时间里，不闪式 3D 能表现更多的画面并体现没有拖拉的高清晰立体影像。所以不闪式 3D 也称世界唯一的 240Hz 3D 电视。

5．快门式 3D 与不闪式 3D 比较

以三星为代表的"快门派"，认为"不闪式"是以牺牲清晰度、降低 3D 显示效果为前提的，快门式 3D 技术比"不闪式"更为成熟，在亮度、眼部舒适度、清晰度等多方面都优于不闪式，同时消费者在观看时视觉效果更好。

以 LG 为代表的"不闪派"则相对认为，不闪式 3D 技术解决了以往 3D 电视角度受限制、眼镜笨重、生产成本高的难题，宣称"不闪式"代表着最新技术，将全面占据 3D 电视市场。

综上所述，我们要欺骗双眼屏幕上显示的影像是立体的，最基本的就是要让左右眼看到不同的画面。正常情况下，人左眼和右眼看到的画面会有一点小小的分别，这一点视差经过大脑的解释后，就成为了每个物体距离的信息。将左眼应该看到的画面透过一道垂直的栅栏送出来，右眼的画面透过水平的栅栏送出来，这样就是将左眼的讯号编码到垂直振动的光，并将右眼的讯号编码到水平振动的光（因为不是这个方向的都会被栅栏挡住）。观看者戴着一副眼镜，左眼是垂直的栅栏，右眼是水平的栅栏，这样只有给左眼的讯号才能通过栅栏被左眼所看到，右眼的水平振动光线则会被挡住，如此就能给左右眼不同的影像了。当然实际上偏光镜不是水平垂直这么简单，但基本原理大约就是这样的。

比较起来，最成熟的方法有两种：偏光镜和主动式快门眼镜。前者利用了光线有"振动方向"的特性，将不同的眼睛的信息编码到不同振动方向的光线里。偏光镜比较便宜，容易实际操作，未来电影院系统也仍然将以偏光镜为主。但家用 3D 电视却不是投影的，所以还要使用主动式快门眼镜。

目前，Sony 公司采用轮流遮蔽双眼的 Active Shutter Glasses（主动式快门眼镜）。

二、裸眼式 3D 电视

随着 3D 技术的不断推进，将推出的 3D 电视机，可裸眼体验立体效果。这就是说，当观众想看电视时，他们无须再戴上那副笨重的眼镜，直接用肉眼观看即可。

1. 裸眼式 3D 视频影像原理

要体现没有重叠画面的 3D 影像，就要知道，画面重叠现象是因为右侧影像进入左侧眼睛或左侧影像进入右侧眼睛而发生的。不闪式 3D 所使用的特殊薄膜分离左右影像后体现 3D 影像，所以不会发生画面重叠现象，好像看到活生生的真实物体的立体影像。三维立体影像电视利用这个原理，把左右眼所看到的影像分离。

三维立体影像电视利用人的双眼观察物体的角度略有差异，因此能够辨别物体远近，产生立体的视觉这个原理，3D 液晶电视的立体显示效果，是通过在液晶面板上加上特殊的精密柱面透镜屏，将经过编码处理的 3D 视频影像独立送入人的左右眼，从而令观看者无须借助立体眼镜即可裸眼体验立体感觉，同时能兼容 2D 画面。

2. 裸眼式 3D 特点

（1）采用高透过率高精密度的柱面透镜技术，无须佩戴眼镜，裸眼观看立体影像。

（2）立体真实感强，视觉冲击震撼。

（3）高亮度，高对比度，高清晰画面，无拖影，自然逼真。

（4）8 视点合成专利算法，从 8 个角度获得不同的图像，合成出多观看角度的立体图像，角度广，可视点多，画面真实，立体感强。

（5）可兼容播放二维/三维内容，画面自由转换。

（6）多视点内容制作：3D CG 软件或实拍。

3. 裸眼式 3D 技术

前面介绍的眼镜式 3D 电视，无论是三星的主动快门式 3D 技术还是 LG 的不闪式 3D 技术，都需要佩戴眼镜观看，这增加了欣赏负担。目前，生产厂商都在研究裸眼 3D 技术，现在已经有成熟的产品，由于成本过高，真正的市场普及还需要时间。但是，裸眼式 3D 的技术最后必然占领 3D 市场。

从国人 2009 年观看三维立体电影《阿凡达》到全球瞩目的世界杯开幕，3D 的火爆从电影银幕燃烧到了电视银屏，也催化了裸眼式 3D 的技术进程。国家广电总局着重对 3D 传播的信息格式、评测方法、压缩存储方式以及采集、编辑、制作等环节进行标准制定，3D 电视机设备方面的标准同时进行配套制定。人们反映的对人体健康的影响，也将在标准中做统筹考虑。

3D 图像质量的标准、观看效果、观看舒适度的优劣、3D 电视前端和终端的配合都是 3D 技术要求的内容。另外，节目制作环节上，国内业已有许多公司具备制作能力，甚至已有拍摄完成的 3D 影视剧节目。

广电总局广播电视规划院举办"3D 立体影视技术发展与运营实践研讨会"，这是 3D 电视运营规划及标准的专门研讨，也首次汇集标准制定方、制作与播出机构以及技术提供商多方于一堂。研讨会的多方沟通，期望能打破国内 3D 发展的标准、节目和技术等方面的瓶颈，打通从制作、播出到运营的整条产业链，那么 3D 电视频道的建设将更为现实。3D 技术的改进完善，是 3D 电视销量的基础，今后 3D 功能将成为主流中高档彩电的标配。

4. 裸眼式 3D 发展方向

预计眼镜式 3D 电视会很快将被裸眼式 3D 技术所替代。

2010 年 6 月 21 日国家广电总局已经启动了 3D 电视标准制定的筹备工作，天津已首个筹备 3D 频道，另有数家电视台在关注 3D 技术。国内尚无 3D 播出的模式和相关标准；其次没有固定的 3D 节目和播出频道，导致片源的欠缺；此外，3D 技术仍处在探索阶段，长时间观看可能引发的不适感等问题仍然是观众担心所在。

3D 电视频道建设的筹备工作也在悄悄展开。目前，天津已经在内容和技术上开始筹备 3D 频道，该频道除了 3D 电影、电视剧等节目外，还将有 3D 演播室内的新闻播报以及各种现场直播。另外，除了天津之外，国内已有 7、8 家电视台正在关注 3D 技术的发展情况，已经或将在立体电视节目或者立体电视频道方面做一些尝试。

目前基本上中外电视品牌都在生产 3D 电视，夏普、LG、康佳、索尼、三星、创维、TCL、长虹都召开新闻发布会，推出新品 3D 电视。海信、创维在内的很多电视厂商负责人都认为，未来的电视机都要有 3D 功能。

开始，人们享受着黑白电视的动态画面，接触到五彩缤纷的世界，于是彩色电视诞生了，今天看 3D 电视就好像"感觉我在电视中"，这正是 3D 电视的魅力所在，也是 3D 电视生命力强大的根基，3D 电视必将成为电视未来发展的主流方向。

三、3D 电视的未来

今天 3D 电视的处境，与 2004 年前后的液晶电视十分相似。那时的液晶电视，不足之处十分明显，首先是价格昂贵，2003 年一款某国产品牌的液晶电视一度标价 10 万元。除了价格昂贵，液晶电视还存在不少问题，比如可视角度小，偏离屏幕正面 60° 即看不清楚画面；响应速度慢，播放运动画面时看不清运动物体；亮度差，画面灰蒙蒙的。

液晶电视有这样那样的不足之处，当时不被所有人看好，甚至有企业断言：未来 5 年仍是 CRT 电视的天下。但是不久，液晶电视即加速走向消费者家庭，自 2004 年起，每年增速均不少于 40%，而价格则每年下降不低于 35%。液晶电视一直被人批评的可视角度小、响应速度慢、画面亮度低等短板也被逐一克服。到 2009 年，液晶电视销量全面超越 CRT 电视，至 2010 年，液晶电视销量已占据中国彩电总销量的 75% 以上，是 CRT 电视销量的若干倍。

基于液晶电视的成长经历，我们基本可以判断，3D 电视的发展轨迹将与之相似。实际上，经过两年的市场培育与消费者启蒙，3D 的概念已经被大多数消费者所接受。目前，制约 3D 电视发展的因素，主要体现在"节目源少"、"须佩戴 3D 眼镜才能观看"、"危害视觉安全"三方面。但是，随着电视台 3D 频道的开播及裸眼 3D 电视的推出，前两个问题有望得到部分解决。第三个问题目前尚未看到实质性推进。但是相信，和液晶电视一样，这些问题都是新产品成长过程中的问题，有望在未来 3～5 年内彻底解决。

3D 电视时代真正到来了，3D 电视必然是电视未来发展的方向。

任务 12.3　投影电视

投影电视是通过光学系统把图像投射到特制的大屏幕上，以得到大尺寸图像，供更多人观看的电视。投影电视机不同于直视显像管电视机、等离子显示屏电视机、液晶显示屏电视机等，它由光学成像系统最终来完成图像的显示。

根据光源是从屏幕前面投射还是从屏幕后面投射，根据投射光源不同，投影电视可分为前投式投影电视机和背投式投影电视机。

背投式电视机又分为 CRT（显像管）投影式、LCD（液晶）投影式及 DMD（数字微镜面器件）投影式投影电视机。而液晶投影又有以下 4 种：非晶硅-TFT（薄膜晶体管）液晶投影式、高温多晶硅-TFT 投影式、低温多晶硅-TFT 投影式及硅片基液晶投影式。

知识链接三　投影电视与背投电视

根据光源是从屏幕前面投射还是从屏幕后面投射，投影电视机可分为前投式电视机和背投式投影电视机。前投式投影电视机，图像光束从观众后面投向观众前面的显示屏，显示图像投影电视种类如图 12-4 所示。

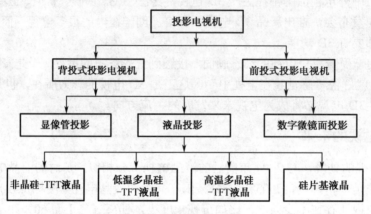

图 12-4　投影电视的分类

一、投影电视

根据使用场合不同，投影机主要分为超微便携型、家庭影院型和安装集成型 3 类。

据统计，我国一定产量的投影机整机厂家有 15 家，大部分生产单片液晶投影机，单片液晶投影机的光利用率较低，不如三片式液晶投影机在滤色片上的光损失小，三片式液晶投影机光效比单片式液晶投影机高出 3 倍以上，但三片式液晶投影机成本高。而单片式液晶投影机结构简单，成本低，性能稳定，对比度高，在亮度要求不高的场合有广泛的用途。

1. 高亮度的光输出

对投影电视而言，虽然有光均匀度、白场相关色温、显色性、对比度等多种指标，但亮度和解析度是最重要的性能指标，因为它决定了投影电视机的档次。对小型影视厅、家庭影院而言，投影电视一般需要 1000～2000ANSI 流明的亮度。针对投影电视提升亮度的设计要求，开发人员经历了从加大投影灯泡到提高光输出利用率的思路变化。下面从四个方面介绍。

1）光的利用率

光的利用率由光路部件的光利用率综合决定，球形反光碗、投影灯泡和聚光镜组合系统的光利用率为 25%～45%；菲涅尔透镜的光利用率单片为 85%～95%，2～3 片组合为 (0.85×0.95)×(0.85×0.95)×(0.85×0.95) = 61%～86%；液晶屏的光利用率为 6%±0.7%；镜头的光利用率为 60%～90%；采用隔热玻璃光利用率 65%～85%；反射镜的光利用率为 82%～98%；固有损失及其他影响光利用率为 85%～95%。综合上述的整机光利用率只有 0.24%～2.5%，也就是说，如果 150W 灯泡，光输出约 1400ANSI 流明，正常情况设计出亮度在 34～350ANSI 流明的投影电视，可见光利用率的弹性幅度可以达 10 倍，提高光利用率的意义大于投影灯泡的自身因素。

2）投影灯泡

投影灯泡的电气和机械主要参数有启动电压、工作方式（交流或直流）、额定工作电压、额定工作电流、安装尺寸等，光学参数有光效（流明/W）、相关色温（K）、光效-时间特性、色温稳定性、发光点（电弧）尺寸、显色性、半衰寿命、批量一致性等。一般要求光效高（≥60lm/W），相关色温适中（6000～12000K），光效、色温在寿命的 70%以上时间内稳定，电弧长度小于 5mm（接近点光源状态），显色指数大于 70%，寿命大于 1500 小时，批量产品的一致性在 15%之内。

3）光源的选择

投影光源有以下几种：金卤（镝）灯，价格低、色温适中、光效高，但寿命短（几百小时）；氙灯，显色性好，启动快，光效低，只有 30～50lm/W；双壳双端金卤灯，寿命长（6000～10000 小时），综合指标好，价格低，但体积大，电弧较长（10～19mm），不适用于 3 英寸以下的液晶片，国产投影电视常用；超高压汞灯（UHP 灯），光效高、显色好、寿命长、体积小、综合指标最好，但工艺复杂，所以价格高；白光 LED，理想的投影光源，白光 LED 发光效率达 32lm/W，色温在 2500～6000K，显色指数为 Ra80 左右，寿命长 5～10 万小时，白光 LED 阵列提供的聚光性和光均匀性好，安装方便、价格低。

4）提高亮度的几种方法

要提高亮度，可合理地增大反光碗，优化灯泡和聚光系统，提高光路设计合理性，改善镜头工作距离和放大率等方面，除专研电子技术外，还要对几何光学、薄膜光学、光谱学、热力学、结构力学等知识进行研究。

2. 影像分辨率

投影电视影响分辨率的因素有液晶屏、液晶屏驱动板等方面。

1）液晶屏

液晶屏 100 万像素以上的有传统的 4∶3 规格液晶屏和宽屏 16∶9 规格液晶屏，对于投影电视来说，液晶屏直接影响到投影图像的分辨率和画质，同时还需要液晶屏有较高的透过率。

除此之外，要注意液晶屏本身的特殊功能，例如上/下翻转功能、左右镜像功能、电子梯形校正功能、色温调整功能等。对于 16∶9/4∶3（宽屏与普通屏）双规格液晶屏显示模式切换及其他辅助功能均要有所考虑。

2）液晶屏驱动板

液晶屏的正常使用离不开与之对应的液晶屏驱动板。不同的液晶屏，其驱动方式是不一样的，所谓驱动板，实质上为信号处理板，并不是液晶电视机中的阵列驱动。一般的液晶屏生产厂都给液晶屏配备了阵列驱动。

通常模拟屏的接口主要有 R、G、B 信号，但对于不同的屏，灰度等级是不一样的，有 6阶的，有 8 阶的。也就是说要将 R、G、B 三基色信号分成 6 位或 8 位进行处理。

而数字屏具有 TTL 或 LVDS 接口，厂家不同，引脚的定义不完全一样。大致包括 6 位或8 位 R、G、B 信号，时钟信号，还有显示屏自带的图像上下翻转、左右镜像控制端口。

作为用于投影电视的液晶屏驱动板，除了有驱动部分之外，还要有视频数字解码和 VGA信号处理等芯片。液晶屏的尺寸在 3.5～7 英寸范围选择，分辨率 4∶3 屏在（640×480）～（1024～768）之间选择，16∶9 屏在（800×480）～（1280～720）之间选择。

3. 整机控制与检测、保护功能

投影电视机除了上面所介绍的关键技术外，还有一项重要技术，就是整机控制技术。投影电视机的整机控制包括：开/关机过程控制、光源散热系统控制、机内温度散热控制、报警提示以及保护控制等。

开/关机过程控制一般直接利用液晶驱动板提供控制信号，光源散热系统控制、机内温度散热控制、报警提示以及保护控制等单独配于集成系统，运用单片机编程实现这些功能。投影电视机的整机控制示意图如图 12-5 所示。

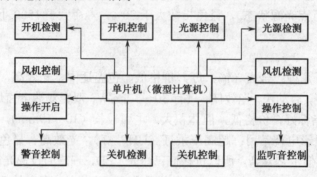

图 12-5　投影电视机的整机控制示意图

1）开机检测

开机信号或者机身按键信号，在待机状态时，仅整机控制部分电路工作，而解码板电源关闭，这样解码板的故障率降低。

2）开机控制

检测到开机信号后，并不是立即执行开机动作，而是先对系统进行自检。自检包括：机内温度检测、风机运行情况检测、光源检测等。自检正常后，才执行风机快速运转操作、点灯操作、点屏操作。在这期间，同样会对温度、电压、风机运行状况、光源等进行实时监控。在开机时段，为了投影电视机正常启动，其他操作全部自动禁止，待开机后才解禁。

3）风机控制与风机检测

这是一组对应的控制关系，首先是启动控制，再进行检测，根据检测情况再进行实时控制，风机的正常运转关系到投影电视机整机系统工作的安全可靠。

4）温度检测

此检测是独立的，即温度一旦达到允许温度极限，立即关闭投影电视机。

5）安全保护

此为执行机构，对投影电视机所有影响整机安全的参数进行实时控制，及时提示或关闭系统，禁止投影电视机运行。

6）操作禁止与开启

该项设置主要是防止用户在开机或者关机运行时段误操作，从而有效保护投影电视机。

7）警音控制与监听音

投影电视机某种状态发出警音，提示工作状态。有用"嘟嘟"音提示的，也有用人性化的语音提示的，也有采用 OSD 显示的，即将报警提示以图形叠加显示在屏幕上。

8）关机检测和关机操作

其执行的是开机检测和开机控制的逆过程。投影电视机做了二次关机的设计，预防误触开/关机键时开/关机，因为投影电视机的开/关机不同于彩色电视机，彩电关机后可以立即开机，而投影电视机灯泡热启动电压很高，电路无法提供如此高的触发电压，灯泡的冷却需要 3～5min，也就是投影电视机的再启动最少需要的时间。

4．散热及噪声的要求

1）散热

投影电视机的热量主要来自光源及其附属的功率电路。投影电视机内部件装配紧凑，容积率很高，自然散热不能满足要求，常用风冷的方式强制散热。

优先考虑液晶屏的散热，其次是光源组件，兼顾功率电路的散热。双风机并流风冷结构示意图见图 12-6 所示。

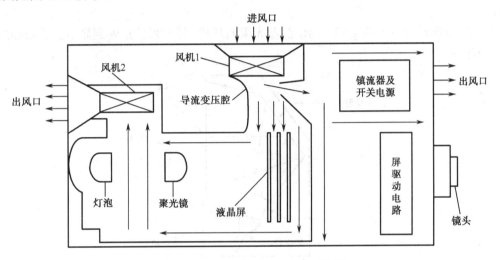

图 12-6　双风机并流风冷结构示意图

风机 1 为进风引进风路，风机 2 为出风口引出风路，这种风路设计叫双风机并流风冷结构，采用一压一抽的推拉风路。由图 12-6 可以看到投影电视机的风路基本封闭，而且风路的流向明确，原理简单明了。机壳前的出风口为自然出风口，这种风路关键在导流变压腔，它形成定向高速喷射气流，设计的优劣会影响屏温 10～12℃，因此要格外重视。

上述的散热风格虽然效率较高，但对投影电视机热源的降低才是最直接的办法。减少热量的产生，比如普通液晶屏的偏振片紧贴液晶的玻璃基板，偏振片上积累的热量直接传导给液晶屏，容易使液晶屏过热。如果将光线入射端液晶自带的偏振片剥离，另外采用厚度 1mm 以下光学玻璃粘贴偏振片（与液晶屏保持 3mm 左右间距），并对光学玻璃的非粘贴面镀反热膜，这样可使偏振片和液晶玻璃基板之间形成一个空腔，能有效地阻断热传导，并增加两个受风面。

2）噪声

投影电视机的噪声主要由散热风机快速运转及高速气流与风道摩擦产生，少数机型内部布局不合理，会引起共振。

5．漏光与防尘结构设计

漏光、防尘与散热互相矛盾，要综合考虑液晶屏的特性、光源特性、光路、风路、电路结构，涉及机械、电子、光学、材料、流体力学等学科。

6．待机耗电功率设计

投影电视机在待机状态下，机内绝大部分电路不工作，只有待机电路工作，耗电应在 2～4W 范围，国际上公认的努力目标是小于 1W。

二、背投电视

1. 单镜头背投式投影电视机

早期大屏幕彩色电视机的问世，投影电视占有重要地位。显像管由背面投影的电视机简称背投电视，它具有在亮环境下对比度和画质好，成本低等优点。而更大屏幕，如 100 英寸以上的有前投式投影电视可供消费者选择。下面就以背投电视为例，介绍背投电视的分类与组成。

背投式投影电视机如图 12-7 所示。图像光束向后投，经反射镜反射到显示屏的后面成像，观众在前面观看。

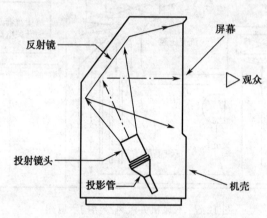

图 12-7　背投式投影电视机

一般来说，前投式比背投式显示屏尺寸更大，前投式多用于 100 英寸以上机型，背投式多用于 40～100 英寸机型。

显像管背投式电视机有 3 镜头式和单镜头式两种，图 12-8 为 3 镜头式，一只投影管使用一只投射镜头，3 只投影管共使用 3 个镜头；而单镜头式，三只投影管共同使用一只投射镜头，但须使用十字形分色镜，以便将 R、G、B 色通过一只透镜投射出去。我们下面主要介绍使用较多的 3 镜头显像管背投式电视机。

2. 三镜头式投影电视机的组成

一台普通的电视机由机芯板、显像管及机壳等主要部分组成，而一台投影电视机，除红（R）、蓝（B）、绿（G）三只投影管代替普通电视机的显像管、用投影显示屏代替荧光显示屏外，同样也包含电路机芯板、机壳等。背投式投影电视机的组成如图 12-8 所示。

原则上说来，投影电视机机芯电路板与普通电视机机芯电路板差别不大，若投影电视机设计功能与普通电视机功能相同的话，那么只需要将普通机芯略加改造就可以用于投影电视机。主要改造的地方是：

（1）将普通的视放板改为 R、G、B 三块独立的视放板，供 R、G、B 投影管使用。

（2）普通电视机的行输出变压器须适当改造，以便能为 R、G、B 三只投影管同时提供高压、聚焦电压、加速（帘栅）电压。

（3）行/场扫描输出电路能同时驱动 R、G、B 投影管偏转线圈，完成与电视机一样的扫描作用。

（4）提高普通电视机开关电源的负载能力，使其能满足投影电视消耗功率较大的需要。

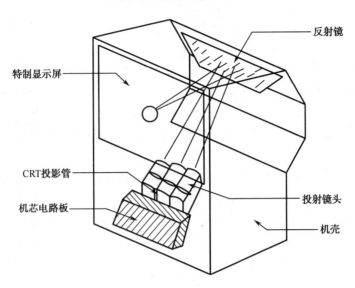

图 12-8　背投式投影电视机的组成

（5）增加投影电视机特有的数字会聚调整系统电路。

由此可见，投影电视机电路与普通电视机电路相比，除数字会聚调整电路外，其余电路与普通电视机相同。因此，普通电视机电路的工作原理、维修调整方法等都适用于投影电视机和背投式投影电视机。

背投式投影电视机的机壳一般分成上、下两部分，这是与普通电视机不同之处。上半部分主要是安装投影反射镜面、特制的投影显示屏，完成图像的光学放大、成像显示；下半部分主要是安装 R、G、B 投影管、电路机芯板、扬声器系统、面板控制键及 AV 输入/输出插口等。因为背投式投影电视机较重，通常厂家在设计中，投影电视机机壳底部都安装有 4 个万向轮，这样便于室内搬动。

背投式投影电视机由反射镜面、投影管（带投射镜头）、显示屏面三者组成投影电视光学放大成像系统，其作用是将投影管镜头投射出的光束反射到特制显示屏的背面，以便在屏幕上显示出图像。投射镜头与投影管的安装连接（投影投射组件）、投影组件与反射镜的安装角度，即投射入射角度、反射镜面与显示屏幕之间的角度决定了背投式光束传送路径，也就决定了最终能否在平面上产生所需要的图像。它们之间的安装角度不能随意改变，涉及整个光学系统的设计。

反射镜根据材料的不同有玻璃反射镜和薄膜反射镜，根据反射面的不同有表面镜（前面镜）和里面（第二面）反射镜。二次反射面比前面反射镜便宜些，成本低。反射镜的作用及原理图如图 12-9 所示。

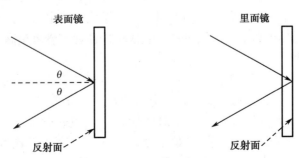

图 12-9　表面反射镜和里面反射镜

投影电视机中，投影管是投影电视机的关键部分之一，投影电视机的亮度、对比度、分辨率、寿命等都与投影管本身的质量密切相关。一般投影电视机用三只投影管，分别投射红（R）光、绿（G）光、蓝（B）光，经反射镜反射，最后在特制屏幕上显示、会聚、混色成正常彩色图像。投影 CRT 管与普通电视机用直视 CRT 管的区别：一只普通电视机用直视管等效于三只投影管+反射镜+显示屏，换句话说，一只投影管起 1/3 直视管的发光作用。因此，相对直视管而言，投影管结构要简单些，但高亮度（比直视管高 100 倍）及长寿命等问题还是较难解决的。

投影管可作为光源，但不能直接投射，它必须与相应的透镜配合，经聚焦调整后才能作为投影管光学组合件，将投影管发射出的光经透镜聚焦成光束投向反射镜，完成投射作用。投影管与光学透镜的光学组合结构如图 12-10 所示。透镜和投影管通过安装托架连为一体，组成投射系统，在透镜和投射管屏幕之间充有乙二醇十甘油（丙三醇）混合而成的冷却液，以降低投影管屏的温度、延长投影管寿命。否则，由于高亮度引起的投影管屏温升过高易使投影管破损，使用时不能使冷却液漏掉，投影管后必须注入合格冷却液，而不能注入水作为冷却液，这点应引起投影电视机维修人员的注意。

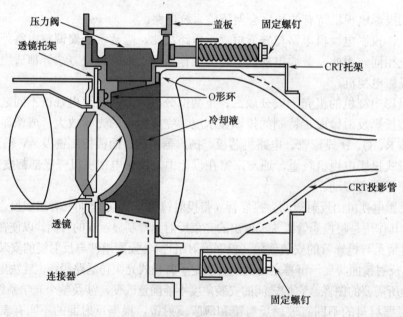

图 12-10　投影管与光学透镜的光学组合结构

对不同的广播制式，投影电视用途不同，对投影管的分辨率的要求就不同。投影显像管根据聚焦、偏转方式的不同，其分辨率亦不同：静电聚焦、静电偏转投影管分辨率中等，静电聚焦、磁偏转投影管分辨率中上，磁聚焦、磁偏转投影管分辨率最高。目前，常用的是磁偏转、静电聚焦投影管。

投影管的分辨率除与聚焦和偏转方式有关外，主要由两个因素决定，即电子束在荧光面上的电流密度分配及荧光粉本身。假设电子束激发的荧光"光点"按高斯（Guassian）分布，那么可分辨的"光点"最小尺寸由对比度决定。投影管另一个重要的参数是对比度。对比度可按小面积对比度和大面积对比度来说明，小面积对比度影响图像细节和灰度等级，显得更为重要。小面积对比度下降主要由光晕引起，这可由在投影荧光屏和投射镜头之间填充液体，实现所谓的光耦合（或称液体耦合）来减小光晕现象，从而提高小面积对比度。投影电视机的寿命受投影管寿命限制，而投影管的寿命主要由投影管阴极寿命和荧光粉寿命决定。投影管阴极寿命主要决定于阴极负载和阴极电流密度。荧光粉的寿命与受电子轰击情况有关，也受投影管直径影响。投影管亮度下降到 50%时的时间，对工作电流为 200A（0.3A/cm）的 12 英寸投影管来说可达 18000 小时，而对工作在相同电流的 5 英寸投影管来说只有 1500 小时左右。但小显示面的亮度可达大显示面亮度的 1.2 倍左右。

投影管可能因荧光面屏的过热而损坏。因此光耦合投影管透镜设计有助于荧光屏的冷却，使投影管不致意外损坏，同时也有利于对比度的提高。

在东芝公司投影电视机中，常用的投影管 P16LNU 主要特征如下。

对角线：7 英寸。

偏转角：90°。

管径尺寸：ϕ29.1mm。

偏转：磁偏转。

聚焦：静电聚焦。

内曲率半径：−350mm。

外曲率半径：认可。

电子枪：S-EL 电子枪。

投影电视机的显示屏幕不是一个简单的屏幕，它是光学部件，直接关系到图像的质量。屏幕质量与图像亮度、色偏移等密切相关，尤其是背投式显示屏的设计更为复杂，它相当于由许多小的凸透镜组成。首先它要使投向屏幕的光线向观看者方向折射，以增加图像亮度，偏离水平方向的折射光线仅可改善视角特性。

背投式显示屏分为两层，一层称为菲涅耳透镜层，另一层称为双凸透镜层。其组成情况如图 12-11 所示。

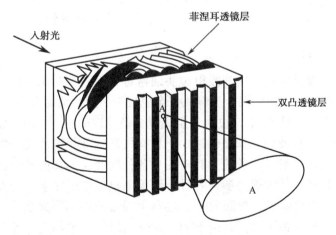

图 12-11 背投式显示屏组成

菲涅耳透镜层向着投影管（入射光方向），双凸透镜层向着观众。菲涅耳透镜又由凸透镜（会聚镜）和菲涅耳镜组成，其作用是将投影透镜的光变成平行光，再投向双凸透镜层。双凸透镜层的作用是：将来自菲涅耳层的光线向视区分配；分配红、蓝、绿光的倍率放大量，以减小色偏移；吸收外界光保证最高的对比度。

双凸透镜层分配光有两种方式，为实体漫射和表面层漫射，即 BD 和 SLD 方式，如图 12-12 所示。SLD 方式屏幕比 BD 方式屏幕具有更高的增益和视角，也就是说 SLD 方式屏是高增益、宽视角屏。在背投式屏幕设计中，另一严重现象就是色偏移问题，色偏移问题是由红、绿、蓝三基色光从不同位置进入折射面、折射角及各色光波长不同而引起的，这是屏幕设计中必须考虑的问题。图 12-12 中加的黑条是为吸收环境光而加的，这样可增强对比度。

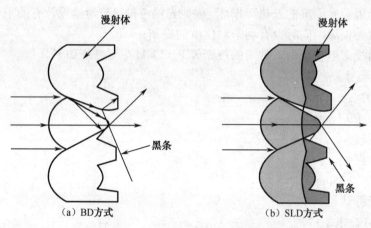

图 12-12　BD 和 SLD 方式结构示意图

投影管、投影镜头（透镜）、反射镜面及显示屏可称为背投式投影电视机光学系统的四大要素，而投影镜头又是投影电视图像质量好坏的关键。投影镜头规格是由投影电视光学系统设计选定的，当光学系统反射屏安装位置角度、距显示屏的距离、折射光的角度等系统考虑成熟后，这就决定了所需的投影镜头，此后投影镜头的光圈大小、焦距、视野（界）等的要求都不能随意更改。不同厂家，虽然屏幕大小相同，但光学系统的设计不同，则投影镜头就不能随意互换，否则不能得到理想的成像，或会聚、聚焦不良等。

3. 投射镜头的选用

在背投式彩色电视机中，使用的投射镜头通常可分为四类：无彩色校正、短焦距混合型镜头，部分彩色校正、中焦距混合型镜头，全色校正、中长焦距混合型镜头，全色校正、长焦距、全玻璃镜头。一只 5 群 5 枚镜片组成混合型（玻璃和有机玻璃镜片混合组成）镜头。它由三片不同的有机玻璃非球面镜片、一枚有机玻璃球面镜片及一枚玻璃球面镜片及安装架、聚焦调整机构等组成，各镜片有对图像各种畸变、失真的补偿作用。实际上投影镜头的规格、品种繁多，技术规格参数各异，可根据投影电视光学系统设计要求、广播制式（普通电视、高清晰度电视、数据/图形广播等）及要求的不同来选用，因为它们对分辨率的要求不同。不管投影镜头之间有何不同，对它的最终要求都是成像要理想，不产生畸变、失真。

但是，实际上投影电视的成像很难是理想的，不同程度上都存在各种畸变、失真。由投影镜头引起的图像畸形失真主要有以下几种。

（1）球面像差失真。这种球面像差失真是由通过投影镜头中心的光束点与通过镜周边光束焦点不同引起的。

（2）彗星像差失真。彗星像差失真是由轴向偏差引起的，即倾斜输入的光束彼此不在同一点聚焦，而使一个观点图像看起来像彗星尾巴一样发亮。

（3）图像扭曲失真。图像扭曲失真可分为桶形失真和枕形失真，桶形失真是图像实际高度低于理想图像高度，这使图像呈桶形；枕形失真是实际高度高于理想图像高度，使图像呈枕形。

（4）图像弯曲失真。借助于平面调整聚焦时，外边部分的焦点不同于屏幕中心焦点，这是产生图像弯曲失真的原因。

（5）轴向色像差失真。轴向色像差失真是因每种波长的光（红、蓝、绿光）的折射率不相同而引起的，一般来说，镜头焦距越长，轴向色像差失真越大。

（6）倍率色像差失真。这是因投影镜头对不同波长的光线（红、蓝、绿光线）具有不同的倍率，使各色图像尺寸不同，而引起色偏移产生的一种失真。

（7）像散（散光）失真。像散失真是由通过镜头横向部分光束的焦点不同于通过纵向部分光束的焦点产生的，其特点是在一线上出现光点。

若投影镜头不存在各种失真，它应是一个无任何像差和失真的完美无缺的图像。实际上投影电视机中理想图像是不存在的，但可经过镜头的精心设计尽量减少像差和失真，再由电路设计对某些失真和像差进行补偿、调整后，可使图像尽可能接近理想图像。

整机设计根据要求来选择投影电视机投影管及光学系统。但投影管选定后就要选择与之尺寸配合的镜头，同时还要根据光学系统设计正确选择镜头的 f/#（一般要求尽量接近于 1.0）大小、聚焦长度（焦距）、放大倍数、分辨率、四角照度及失真大小等，以满足投影电视系统光学设计要求。

对不同的背投式投影电视机，上述组成要素是完全相同的，区别在于采用电路机芯的功能，就像各种电视机一样，显像管都是差不多的，但电路机芯却各异，故生产出众多功能、性能不同的机型。因此，各厂家生产的背投式电视机，其光学系统设计几乎完全相同，结构形式也相差无几，差别在于电路机芯功能、信号处理的设计。换言之，我们对背投电视机的理解、分析，除各型背投式投影电视机几乎相同的光学投影系统外，重点还是对各型投影电视电路机芯的组成、功能、工作原理的理解、分析。因此，对有电视机维修经验的人来说，掌握和维修投影电视也就容易了。

4. 背投电视机的结构形式

各型背投式投影电视机图像成像显示原理完全相同，基本上都由三镜头投影、反射镜及显示屏幕组成。因此，背投式投影电视机结构方式几乎完全相同，均由上下两大部分组成：上半部分主要安装反射镜、显示屏幕；下半部分主要安装投影管、机芯电路板及声学系统元器件等。上半部分结构为光学系统，下半部分结构为机芯板的布局。其电路机芯元器件的布局各个生产厂家设计不同。背投式投影电视机机芯板包括信号处理板（主板）、偏转处理板、开关电源板及三块投影管阴极激励板等。

在信号处理板上，除装有两个调谐器、视频/色度/偏转信号处理集成电路、微处理器等外，还装有画中画处理板、图文电视信号处理板、NICAM（丽音）信号处理板、Y/C 分离信号处理板及 AV 板等，它们最终为 R、G、B 视放板（投影管阴极激励板）提供 R（红）、G（绿）、B（蓝）激励信号。

在偏转处理板上，安装有投影管用的行、场扫描电路，投影管的高压、聚焦、束流电压产生电路及数字会聚信号处理板，数字会聚线圈激励功率放大电路等。

开关稳压电源板上主要安装开关稳压电源元器件，为投影电视机提供各种工作电压。

背投电视机的机芯电路主要由主、副 F/S 或频率综合式调谐器，前置中放、PAL/NTSC/SECAM 制视频/色度/偏转信号处理集成电路，Y/C 信号分离组件板，TV/AV 信号切换电路，信号输入/输出组件板，画中画处理组件板，图文电视信号处理组件板，主/子画面伴音功率放大电路，NICAN 丽音解码组件板，RGB 投影管阴极激励组件板，行、场扫描电路，数字会聚调整信号处理组件板，数字会聚调整功率放大电路等组成。

知识拓展一　LCD 与 PDP 的比较

液晶电视和等离子电视都称为平板电视。液晶电视和等离子电视之间怎么比较呢？下面介绍一些液晶电视和等离子电视的相关指标，希望以此增加读者在这方面的知识。

1. 色彩表现力

等离子的彩色实现与 CRT 电视一样，通过红、绿、蓝三色荧光粉受激发光来实现，所以其色彩表现力可以达到 NTSC 制 CRT 彩电（NTSC）的水平。液晶的彩色是由白色背光通过红、绿、蓝三色滤光片实现的，目前采用 CCFL 背光灯所能达到的最好彩色表现范围是 75% 的 NTSC，所以液晶的色彩鲜艳度较差。

2. 功耗问题

功耗过高一直是等离子受人讨厌的地方，业界为此进行着不懈的努力，通过多年来在放电室结构、气体配方配比、电极形状以及驱动电路等方面的改进，等离子的发光效率已从早期的 1.2lm/W 上升到前两年的 1.8lm/W，进而到现在的 2.5lm/W，使得 42 英寸的等离子功耗从 400 多 W 降到了 200 多 W。

液晶电视的荧光灯管发光效率高达 30～100lm/W，大屏幕液晶电视的 CCFL 背光灯管的发光效率可做到 50～60lm/W，是等离子的 20 多倍，但组装成显示屏后，总的背光利用率大约只有 5%，远没有想象中的省电。

综上所述，等离子（PDP）电视的功耗比液晶（LCD）电视大。

3. 图像清晰度

等离子（PDP）彩色电视机的清晰度比液晶（LCD）彩色电视机差。

4. 寿命

通常看到的液晶和等离子的寿命指标都是指亮度降到一半时的时间，并不是平均无故障工作时间。早期的等离子由于借用 CRT 上的荧光粉，对等离子放电产生的紫外线承受能力不够，老化较快，使得寿命不足。但新一代长寿命、高亮度的等离子专用荧光粉已经实现商品化，使其寿命提高了一倍以上。

电视机更新的周期一般较长，很多消费者都是连续使用 10 年，而目前电视机用的背光灯管寿命已达 5 万～6 万小时，完全可以满足消费者的长期使用要求。

电视的发展经历了黑白电视到彩色电视阶段，发展之迅猛令对电视技术关注的人们为之惊叹。但是，科学技术永无休止，不满足现状的科技人员仍在研究新的电视系统。

项目工作练习 12-1 数字高清晰度电视机（满屏幕雪花且无图像）故障的维修

班 级		姓 名		学 号		得 分	
实训器材							
实训目的							

工作步骤：

（1）开启高清晰度电视机，观察满屏幕雪花，且无图像故障现象（由教师设置不同的故障）。

（2）分析故障，说明哪些原因会造成高清晰度电视机满屏幕雪花，且无图像。

（3）制定满屏幕雪花，且无图像维修方案，说明检测方法。

（4）记录检测过程，找到故障器件、部位。

（5）确定维修方法，说明维修或更换器件的原因。

工作小结	

项目工作练习 12-2　数字高清晰度电视机（数字输入端口 HDMI 无图像）

故障的维修

班　级		姓　名		学　号		得　分	
实训器材							
实训目的							

工作步骤：

（1）开启高清晰度电视机，观察收看电视及播放 AV 均正常，但是数字输入端口 HDMI 无图像故障现象（由教师设置不同的故障）。

（2）分析故障，说明哪些原因会造成高清晰度电视机收看电视及播放 AV 均正常，但是数字输入端口 HDMI 无图像。

（3）制定维修方案，说明检测方法。

（4）记录检测过程，找到故障器件、部位。

（5）确定维修方法，说明维修或更换器件的原因。

工作小结	

附录一 彩色电视机有关词语英汉对照

A

Audio	音频
ABC（Automatic Brightness Control）	自动亮度控制
ABL（Automatic Brightness Limiter）	自动亮度限制
AC （Alternating Current）	交流电
AC IN	交流输入
AC OUT	交流输出
ACC（Automatic Colour Control）	自动色度控制
ACC AMP（Automatic Chrominance Control Amplifier）	自动色度控制放大
ACC DET（Automatic Colour Control Detector）	自动色度控制检波
ACK（Automatic Colour Killer）	自动消色器
ACL（Automatic Colour Limiter）	自动对比度限制
A/D（Analog-to-Digital）	模拟-数字
ADC（Analog-to-Digital Converter）	模拟-数字转换器
ADC（Automatic Degaussimg Circuit）	自动消磁电路
ADTB-T（Advanced Digital Television Broadcasting - Terrestrial）	
	高级数字电视地面广播
AF AMP（Audio Frequency Amplifier）	音频放大器
AFC（Automatic Frequency Control）	自动频率控制
AFC SET（Automatic Set）	自动频率控制调整
AFT（Automatic Fine Tuning）	自动微调
AFT（Automatic Frequency Tuning）	自动频率调谐
AGC（Automatic Gain Control）	自动增益控制
AGC DET（Automatic Detector）	自动增益控制检波
AGC PROT（Automatic Protective）	自动增益保护控制
AI（Artificial Intelligence）	人工智能
ALC（Automatic Level Control）	自动电平控制
ALU（Arithmetic and Logic Unit）	算术逻辑运算部件
AM （Amplitude Modulation）	调幅
AMP（Amplifier）	放大器
ANC（Automatic Noise Control）	自动消噪控制
ANT（Antenna）	天线
APC（Automatic Phase Control）	自动相位控制

APC SW（Automatic Phase Control Switch）　　　　自动相位控制开关

APC VCO（Automatic Phase Control Voltage Controlled Oscillator）

　　　　　　　　　　　　　　　　　　　　　　自动相位控制压控振荡器

A-Si TFT（Amorphous Silicon TFT）　　　　　　非晶硅薄膜晶体管

ARC（Automatic Resolution Control）　　　　　自动清晰度控制

ASM（Automatic Search Memory）　　　　　　自动搜索记忆

ASO（Area of Safe Operation）　　　　　　　安全工作区

AT（Automatic Turn）　　　　　　　　　　自动旋转

ATSC（Advanced Television System Committee）　美国数字电视地面线输标准

ATT（Attenuator）　　　　　　　　　　　衰减器

AUTO（Automatic）　　　　　　　　　　　自动的

AUTO/MAN（Automatic/Manual）　　　　　　自动/手动

AUTO SRCH（Automatic Search）　　　　　　自动搜索

AUX（Auxiliary）　　　　　　　　　　　　辅助的

A/V（Audio-Visual）　　　　　　　　　　　视听，声像

A/V（Audio/Video）　　　　　　　　　　　音频/视频

AVC（Auto Volume Control）　　　　　　　自动音量控制

AVR（Automatic Voltage Regulation）　　　　自动电压调整

B

Base　　　　　　　　　　　　　　　　　基极

Brightness　　　　　　　　　　　　　　亮度

BAL（Balance）　　　　　　　　　　　　平衡，均衡

BASS（Bass）　　　　　　　　　　　　　低音

BATT（Battery）　　　　　　　　　　　　电池

BA（Buffer Amplifier）　　　　　　　　　缓冲放大器

BB（Blue Back）　　　　　　　　　　　蓝背景

BCD（Binary Coded Decimal）　　　　　　二—十进制码

BF（Bandpass Filter）　　　　　　　　　带通滤波器

BH（voltage in VHF High channel）　　　　高频段（6～12 频道）供电

BL（voltage in VHF Low channel）　　　　低频段（1～5 频道）供电

BLK（blanking）　　　　　　　　　　　消隐

Blue　　　　　　　　　　　　　　　　蓝

BP（bandpass）　　　　　　　　　　　　带通

BRT（brightness）　　　　　　　　　　亮度

BS（Boardcasting by Satellite）　　　　　卫星广播

BUFF（buffering）　　　　　　　　　　缓冲器

Burst Gate　　　　　　　　　　　　　色同步选通电路

Bus Control　　　　　　　　　　　　总线控制

BV（Breakdown Voltage）　　　　　　　击穿电压

B/W TV（Black/White TV）   黑白电视
BW（Band Width）   带宽

C

Capacitor   电容器
Chroma   色度信号
Collector   集电极
C GAIN CONT（Chrominance Gain Control））   色度增益控制
Calibrate   校准
CATV（Cable Television System）   有线电视，电缆电视
CATV（Community Antenna Television）   共用天线系统
CB（Colour Bar）   彩条
CB Y BUFF（Colour Bar luminance buffer）   彩条亮度缓冲
CCD（Charge Coupled Device）   电荷耦合器件
CCFL（Cold Cathode Flourescent Lamps）   冷阴极荧光灯
CH（channel）   频道，通道，信道
CLK（clock）   时钟
CLP（clamp）   钳位
CMOS（Complementary Metal-Oxide-Semiconductor）   互补金属氧化物半导体
CNR（Colour Noise Reduction）   动态彩色降噪
COFDM（Coded Orthogonal Freguency Division Multiplexing）   编码正交频分复用
COLOR DUFFERENCE   色差信号
COLOR SYS（Colour System）   彩色制式
COMB FILTERE   梳状滤波器
COMP SIG（Composite Signal）   复合信号
CONT（contrast）   对比度
CONV（converter）   转换器
COUNT（counter）   计数器
COUNT DOWN   分频器
CPT（Colour Picture Tube）   彩色显像管
CPU（Central Processing Unit）   中央处理单元
CRT（Cathode Ray Tube）   阴极射线管
CTL（control）   控制
CTV（Colour Television）   彩色电视机
CVBS（Composite Video Band Signal）   复合视频信号
CW（Carrier Wave）   载波
CW OSC（Carrying Wave Oscillator）   载波振荡器
CVBS（Composite Video-Burst-Sync）   彩色全电视信号

D

DAB（Digital Audio Broadcasting）	数字音频广播
Digital	数字的
Diode	二极管
D/A C（Digital to Analog Conveter）	数字/模拟转换器
DB（deciBel）	分贝
DBS（Direct Broadcasting by Satellite）	直播卫星
DC（Direct Current）	直流
DCTI（Dynamic Color Transient Imprivemrnt）	动态彩色瞬间增强
DDC（Dynamic Definition Control）	动态清晰度控制
DCF（Digital Comb Filter ）	数字梳状滤波器
DEF（deferential）	差动
DEF AMP（Deferential Amplifier）	差动放大器
DEF（deflection）	偏转，偏差
DEM（demodulator）	解调器
DET（detector）	检波器
DIGITAL SCAN	数字扫描
DL（Delay Line）	延迟线
DMD（Digital Micromurror Device）	数字微镜面晶片
DNR（Dynamic Noisc Reduction）	动态降噪电路
DQPSK（Differential Quadrature Phase-Shift Keying）	差分四相相移键控
DRAM（Dynamic Random Access Memory）	动态随机存储器
Drive	激励，驱动，推动
DS（Dynamic-Scatterimg）	动态散射
DSC（Digital Signal Controller）	数字信号控制器
DSC（Dynamic Sharpness Control）	动态景物层次控制
DSP（Digital Signal Process）	数字信号处理器
DTV（Digital Television）	数字电视
DVB（Digital Video Broadcadsting）	欧洲数字电视广播制式
DVB—C	欧洲全数字有线电视广播标准
DVB—S	欧洲全数字电视卫星广播标准
DVB—T	欧洲全数字地面广播标准
DVD（Digital Video Disc）	数字视盘
DVM（Digital Volte Meter）	数字电压表
DY（Deflection Yoke）	偏转线圈

E

Emitter	发射极
EAROM（Electrically Alterable Read-Only Memory）	电改写只读存储器

ECB（Electrically Controlled Birefringence） 电控双折射
EDTV（Extended Definition Television） 增强清晰度电视
EF（Emitter Follower ） 射随器
EHT（Extremely High Tension） 超高压
EPROM（Erasable Prodrammable Read-Only Memory） 可擦可编程只读存储器
EQ（equalize） 均衡
ERROR AMP（Error Amplifiter） 误差放大器
ETO（Electrotherm-Optic） 电热光
ETV（Educational Television） 教育电视
EXT（external） 外部的，外接的
E/W（east/west） 东/西
EXT BATT（External Battery） 外接电池
EXT/INT（External/Internal） 外接/内接
EXT MIC（External Microphone） 外接话筒
EXT SC（External Subcarrier） 外接副载波

F

Frequency 频率
FBT（Fly Back Transformer） 行回扫输出变压器
FF（Flip-Flop） 触发器
FF（Fast Forward） 快进
FINE 微调
FM（Frequency Modulation） 频率调制，调频
FM DET（Frequency Modulation Detector） 鉴频器
FS（Frequency Synthesizer） 频率合成器
FST（Full Square Tube） 平面直角管

G

Gain 增益
Gain Balance 增益平衡（调节）
Gain Control Amplifiter 增益控制电压放大器
Gate 选通
GH（Guest-Host） 宾主
Green 绿
Giga 千兆
GEN（generator） 发生器
GND（ground） 地，接地
Grey 灰度
G-Y Matrix G-Y 矩阵

H

HCFL（Heat Cathode Fluorescent Lamp）	热阴极荧光灯
HDTV（High Definition Television）	高清晰度电视
Henry	亨利（电感量单位）
Hour	小时
Horizontal	行
High	高
H BLKG（Horizontal Blanking）	行消隐输入
H CENT SET（Horizontal Centre Set）	行中心调整
H DY（Horizontal deflection Yoke）	行偏转线圈
H DELAY（Horizontal Delay）	行延时
H LINE（Horizontal Linear Control）	行线性调节
H OSC（horizontal Oscillation）	行振荡器
H SIZE（Horizontal size）	行幅
H WIDTH（Horizontal Width）	行宽
HD（Horizontal Drive）	行驱动
HDMI（High Definition Multimedia Interface）	高清晰度多媒体接口
HDTV（High Definition Television）	高清晰度电视
HF（High Frequency）	高频
HFC（High Frequency Choke）	高频扼流圈
HF（horizeontal frequency）	行频
Hi-Fi（High-Fidelity）	高保真
HPF（high pass filter）	高通滤波器
HV（High Voltage）	高压
HVU（High Voltage Unit）	高压单元
Hz（hertz）	赫兹

I

Input	输入
Inside	内部
IC（Integrated Circuit）	集成电路
ID（identification）	识别
IDTV（Improved Definition Television）	扩展清晰度电视
IF（Intermediate Frequency）	中频
IF AMP（Intermediate Frequency Amplifier）	中频放大器
IF AGC（Intermediate Frequency Automatic Gain Control）	中放自动增益控制
I^2C（Inter Integated Circuit Bus）	集成电路内部总线
IN（input）	输入
IND（indicator）	指示器

INT（internal） 内部的

INV（inverting） 倒相，反相

I/O（Input/Output） 输入/输出

IR（infrared） 红外线

ISDB（Integrated Services Digital Broadcasting） 日本综合数字电视广播系统

ITC（Integrated Tube Components） 彩色显像管集成组件

J

Jack 插孔

K

Key 按键

K（cathode） 阴极

KILLER AMP（Killer Amplifier） 消色放大器

kHz（kiloHertz） 千赫

L

Length 长度

Left 左

Line 线路，行

L CH（Left Channel） 左声道

L/H（Low/High） 低/高

LCD（Liquid Crystal Display） 液晶显示

LVD（Laser Video Disc player） 激光影碟机

LED（Light-Emission Diode） 发光二极管

LIMITER 限幅器

LIMI AMP（Limiter Amplifier） 限幅放大器

Linearaity 线性

Low 低

LP（Long Play） 长时间播放

LPF（Low Pass Filter） 低通滤波器

LSIC（Large Scale Integration Circuit） 大规模集成电路

M

Matrix 矩阵

Maintenance 维修

MC（Megecycles Per Second） 兆赫

Mega 兆

Memory 存储器

MODEM 调制解调器

MAC（Multiplexed Analogue Component）　　　　多工复合模拟分量信号制式
MAN（manual）　　　　手动，手控
MIC（microphone）　　　　麦克风，话筒
MID（middle）　　　　中间的
MIM（Meatal-Insulator- Meatal）　　　　金属-绝缘体-金属（元件）
MIN（minimum）　　　　最小的
MIX（mixer）　　　　混频
MOD（modulator）　　　　调制器
MPU（Microprocessing Unit）　　　　微处理器
MULTI SYSTEM　　　　多制式
MTV（Music Television）　　　　音乐电视
MTX（matrix）　　　　矩阵

N

Normal　　　　常规的，标准的
Number　　　　数字，号码，编号
NC（no connection）　　　　不连接
NFB（Negative Feedback）　　　　负反馈
NICAM（Near Instantaneously Companded Audio Multiplex）

　　　　丽音，也称"数字多伴音/立体声"
　　　　技术
NOISE INVERTER　　　　噪声反转
NR（Noise Reduction）　　　　降噪
NTSC（National Television System Committee）　　　　一种电视制式
NVOD（Near Video on Demand）　　　　准视频点播

O

Output　　　　输出
OVP（Over Voltage Protection）　　　　过压保护
Osc（Oscillator）　　　　振荡器
OSD（On Screen Display）　　　　屏上显示
OSC（oscillator）　　　　振荡器
Oscilloscope　　　　示波器
OTL（Output Transformerless）　　　　无输出变压器的功放电路

P

Plug　　　　插头，芯
Pin　　　　针，插头，引脚
Picture　　　　图像
PAL（Phase Alternation Line）　　　　逐行倒相彩色制式

PC（Phase Change）	相变
PCB（Printed Circuit Board）	印制电路板
PCM（Pulse Code Modulation）	脉冲编码调制
PDP（Plasma Display Penel）	等离子显示屏
PEAK	峰值
PG（Pulse Generator）	脉冲发生器
PIF（Picture Intermediate Frequency）	图像中频
PIP（Picture In Picture）	画中画
PLL（Phase-Locked Loop）	锁相环
POS/NEG（positive/negative）	正负
POS（position）	位置
POWER Board	电源板
POWER Drive	功率激励
POWER RECT（Power Rectifier）	电源整流器
POWER TRANS（Power Transformer）	电源变压器
P-P（Peak-to-Peak）	峰-峰值
Pr（program）	节目，程序
PRE AMP（preamplifier）	前置放大器
PROT（protective）	保护
P-Si TFT（Polycrystal Silicon TFT）	多晶硅薄膜晶体管
PSK（Phase-Shift Keying）	相移键控
PSM（Phase-Shift Modulation）	相移调制
PTV（Pay Television）	付费电视
PWM（Pulse Width Modulation）	脉宽调制
PWB（Printed Wired Board）	印制线路板
Power	功率

Q

Q（quality factor）	品质因素
QAM（Quadrature Amplitude Modulation）	正交幅度调制
QC（quality control）	质量控制
QIF（Quasi Intermediate Frequency）	准分离（伴音）中频
QTSK（Quadrature Phase-Shift Keying）	正交相移键控
QTY quantity	数量

R

Red	红
Resistor	电阻器
Replay	重放
Right	右

R CH（Right CHannel）	右声道
RAM（Random Access Memory）	随机存储器
RC（remote control）	遥控
Receiver	接收器
Rectifier	整流器
RESET	复位
REG（regulator）	稳压器
REF（reference）	基准
REV REW（Reverse Rewind）	反向，倒带
RF（radio frequency）	射频
RGB（Red Green Blue）	红绿蓝三基色
Ripple	波纹
RMT（remote）	遥控
ROM（Read Only Memory）	只读存储器
RTZ（Return-to-Zero）	归零（码）
RW（Return to Write）	读写

S

Sound	声音，伴音
South	南
Speed	速度
Storage	存储器
Super	超级
Switch	开关
SAC（Subscriber Authorization Center）	用户授权中心
SAS（Subscriber Authorization System）	用户授权系统
SATURATION	饱和
SAWF（Sound Acoustic Wave Filter）	声表面波滤波器
SC（subcarrier）	副载波
SC CONT（Subcarrier Control）	副载波控制
SCK（System Clock）	系统时钟
SCL（Serial Clock）	串行时钟
SCR（Silicon Controlled Rectifier）	可控硅整流器
SDA（Serial Data）	串行数据
SDTV（Standard Definitions Telvision）	标准清晰度电视
SEC（second）	秒，第二
SECAM（Sequential Colour And Memory）	顺序-同时制
SF（Super flat Screen）	超平面屏幕
SG（signal generator）	信号发生器
SHARPNESS	锐度（清晰度）

SIF（Sound Intermediate Frequency）	伴音中频
SIG（signal）	信号
SLD	表面层漫射
SMT（Surface Mounting Technology）	表面安装技术
SMC（Surface Mounting Component）	表面安装元件
SMD（Surface Mounting Device）	表面安装器件
S/N（Signal-To-Noise Ratio）	信噪比
Speaker	扬声器
SRAM（Static Random Access Memory）	静态随机存储器
SURROUND	环绕声
STB（stand by）	待机
Stereo Decoder	立体声解码器
STB（Set Top Box ）	机顶盒
STR（switch transformer）	开关变压器
Stretch	扩展，伸展
S-VIDEO（S-Video）	S 端视频（S 端子）
SVM（Scan Velocity Modulation）	扫描速度调制
SW（switch）	开关
SWR（Standing Wave Ratio）	驻波比
SYN（synchronism）	同步
SYS（system）	系统，制式
SYS CONTROLLER	系统控制
SYS-SEL（System Selection）	制式选择

T

TD-CDMA（Time Division-CDMA）	时分-码分多址
Temperature	温度
Transformer	变压器
Transistor	晶体管
Trigger	触发器
Timer	定时器
TBC（Timebase Corrector）	时基校正器
TEXT-DECODER	图文解码器
TFT（Thin Film Transister）	薄膜场效应晶体管
TN（Twisted Nematic）	扭曲向列型
TO（Therm Optic）	热光型
TP（Test Point）	测试点
TRAP	滤波器
TUN（tuning）	调谐
Tuner	调谐器，高频头

TV（Television）	电视
TX（Transmitter）	发射、发送
TYP（typical）	典型的，类型

U

UDTV（Ultra high Definition TV）	特高清晰度电视
UNI（unit）	单，单位，单元
UNI-Colour	单色
UHF（Ultra High Frequency）	超高频
UHF/VHF TUNER	超高频/甚高频调谐器
UP CONVERTER	倍频转换器
UPS（Uninterruptible Power Supply）	不间断供电电源

V

Vertical	垂直，场
Velocity	速度
Video	视频
Voltage	电压
Voltmeter	电压表，伏特计
V CENT（Vertical Centre）	场中心
V HEIGHT（Vertical Height）	场幅
V-HOLD（Vertical Hold）	场同步
VBS（Video-Blanking-Synchronization）	视频-消隐-同步
VCD（Video Compact Disc）	视频光盘
V/C/D（video/chroma/deflection）	视频/色度/偏转
VCO（Voltage Controlled Oscillator）	压控振荡器
VCXO（Voltage-Controlled Crystal Oscillator）	压控晶体振荡器
VD（Vertical Drive）	场驱动
VHF（Very High Frequency）	甚高频
VIF（Video Intermediate Frequency）	图像中频信号
VM（velocity modulation）	速度调制
VOD（Video-on-Demand）	点播电视
VOL（volume）	音量
VR（variable resistor）	可变电阻，电位器
VS（voltage synthesize）	电压合成器
VSWR（Voltage Standing Wave Ratio）	电压驻波比

W

Wattage	瓦特
Wattmeter	瓦特表，功率计

WCLK（Word Clock）	字时钟
WCLK（Word Clock）	字时钟
W-CDMA（Wide band-CDMA）	宽带码分多址
WebTV（World Wide Web）	网络电视
West	西
Width	宽
WF（waveform）	波形
WHT（white）	白
WM（wattmeter）	瓦特表，功率计
Wave-meter	波长计
WPL（White Peak Limit）	白电平峰值限制
W/R（Write/Read）	写/读
WWW（World Wide Web）	万维网

X

XTL（Crystal）	晶体
XTLO（XTALOSC ，Crystal Oscillator）	晶体振荡器
XBS（Extra Bass Sound）	超重低音

Y

Y（singnal，luminance signal）	亮度信号
Yoke	偏转线圈
Y/C SIG（Luminance/Chrominance Signal）	亮度/色度信号
Yellow	黄
YL（Y Level）	亮度电平
YNR（Y-Noise Reduction）	视频降噪
YWB（Luminance White Balance）	亮度白平衡

Z

Zero	零
Zero Flag	零标志
ZD（Zener Diode）	纳二极管，稳压二极管
ZOOM	变焦

附录二 家用电子产品维修工国家职业标准（中级）

1．职业概况

1.1 职业名称

家用电器产品维修工。

1.2 职业定义

使用兆欧表、万用表等电工仪器仪表、工具，对电冰箱、空调器、洗衣机等家用电器进行维护、修理的人员。

1.3 职业等级

本职业共设五个等级，分别为初级（国家职业资格五级）、中级（国家职业资格四级）、高级（国家职业资格三级）、技师（国家职业资格二级）、高级技师（国家职业资格一级）。

1.4 职业环境

室内，常温。

1.5 职业能力特征

有一定的观察、判断和推理能力，手指、手臂灵活，动作协调。

1.6 基本文化程度

高中毕业（或同等学力）。

1.7 培训要求

1.7.1 培训期限

全日制职业学校教育，根据其培养目标和教学计划确定。晋级培训期限：中级不少于 300 标准学时。

1.7.2 培训教师

培训中级、高级人员的教师应具有本职业技师以上职业资格证书或由具有中、高级职称的专业技术人员担任。

1.7.3 培训场地设备

标准教室及具备必要实验设备的实践场所和家电产品测试仪表及工具。

1.8　鉴定要求

1.8.1　适用对象

从事或准备从事本职业的人员。

1.8.2　申报条件

中级（具备以下条件之一者）：

（1）取得本职业初级职业资格证书后，连续从事本职业工作 3 年以上，经本职业中级正规培训达规定标准学时数，并取得毕（结）业证书。

（2）连续从事本职业工作 6 年以上。

（3）取得经劳动保障行政部门审核认定的、以中级技能为培养目标的中等以上职业学校本职业毕业证书。

1.8.3　鉴定方式

本职业鉴定分为理论知识考试和技能操作考核。理论知识考试采用笔试方式，技能操作考核采用现场实际操作方式进行。两项考试（考核）均采用百分制，皆达 60 分以上者为合格。

1.8.4　考评人员与考生配比

理论知识考试考评人员与考生配比为 1：15，每个标准教室不少于两名考评人员；技能操作考核考评员与考生配比为 1：3～5。

1.8.5　鉴定时间

理论知识考试时间为 90～120 分钟；技能操作考核按实际需要规定，考核时间为 150～180 分钟。

1.8.6　鉴定场所设备

理论知识考试在标准教室进行，技能操作考核在必要实验设备的实践场所里进行，设备要求能满足每人一套的待修样机及相应的检修设备和仪表。

2．基本要求

2.1　职业道德

2.1.1　职业道德基本知识

2.1.2　职业守则

（1）积极热情，文明待客。

（2）全心全意为顾客服务，一切为顾客着想。

（3）耐心细则听取顾客要求，虚心接受顾客批评和意见。

（4）上门服务应尊重顾客的习惯，爱护顾客家中所有设施，不接受顾客礼物。

（5）不主动与顾客交谈与维修业务无关的问题。

（6）工作热情、主动。

（7）自觉遵守劳动纪律。

（8）努力学习，不断提高理论水平和操作能力。

（9）遵纪守法，不谋取私利。

（10）敬业爱岗，实事求是。

（11）遵守操作规程，注意安全。

2.2　基础知识

（1）电工学基础知识。

（2）电动机基础知识。

（3）电器安全规程。

（4）热工学基础。

（5）机械制造基础知识。

（6）相关法律、法规知识。

3.　工作要求

中级

职 业 功 能	工 作 内 容	技 能 要 求	相 关 知 识
一、接待	（一）接待	能按服务规程主动、热情地接待顾客	1. 礼貌待客服务规程 2. 文明用语
	（二）咨询	1. 能通过询问故障现象大致判断故障部位 2. 能完整介绍服务项目及收费标准 3. 能解答顾客所提问题	1. 服务项目及价格 2. 消费者的权益及"三包"规定
	（三）记录	能准确记录故障情况	
二、检修前准备	仪器仪表、工具及必备材料	能正确使用仪器仪表及工具	1. 产品对电源的要求 2. 仪器、仪表常识
三、维修	（一）产品安全检查	1. 能进行漏电等安全性能检查 2. 电气线路检查	1. 电气安全性能常识 2. 电气识图知识
	（二）检修电源部分	1. 交直流电压的测量 2. 能更换电源部件	电源部分的构成
	（三）检修控制系统	1. 能检查控制系统是否工作正常 2. 能更换控制系统零部件 3. 能更换定时器 4. 能更换温控器	1. 产品结构、性能知识 2. 定时器工作原理 3. 温控器工作原理
	（四）检修运动部件及传动系统	1. 能正确判断传动系统故障 2. 能修理和更换皮带轮传动系统 3. 能修理洗衣机制动系统故障 4. 能正确判断电动机故障 5. 能更换电动机 6. 能检测、更换电动机电容	1. 机械传动基础知识 2. 电动机绕组电气性能检测方法 3. 电容测量方法

续表

职 业 功 能	工 作 内 容	技 能 要 求	相 关 知 识
三、维修	（五）检修电热部件	1. 能正确判断发热元件故障 2. 能更换发热和温控元器件	主要发热和温控元器件性能特点
	（六）检修制冷、空调系统	1. 能正确进行钎焊操作 2. 能对制冷、空调产品进行检漏 3. 能更换温控器 4. 能进行充灌、检漏制冷剂操作	1. 钎焊基本知识及操作方法 2. 检漏方法 3. 温控器基本参数及接线方法 4. 制冷剂的参数及充灌方法
	（七）检修其他部件	1. 能修理和更换密封部件 2. 能检查滚筒式洗衣机的动平衡 3. 能检修一般机械故障	
	（八）修复后调试	能进行整机调试及电气安全检测	相应的安全标准
四、交件	（一）说明维修情况	1. 能合理计算维修费用 2. 能向用户演示产品正确使用方法	1. 维修成本核算知识 2. 产品上各种标识、符号的含义 3. 产品正确使用方法
	（二）维修费用报价		
	（三）产品修复后试运行		
	（四）说明产品使用注意事项及正确使用方法		
	（五）明确维修后产品的保修期		
五、仪器仪表及设备维护	（一）故障说明	能正确使用常用仪器、仪表	常用仪器、仪表和设备的使用方法
	（二）技术咨询	能正确使用和维护常用设备	

4．比重表

理论知识

项　　目			％
基本要求	职业道德		5
	基础知识		35
相关知识	接待		5
	机修前准备		10
	维修	产品安全检查	2
		检修电源部分	4
		检修控制系统	4
		检修运动部件及传动系统	8
		检修电热部件	4
		检修制冷、空调系统	4

续表

项　　目			%
相关知识	维修	检修其他部件	2
		修复后调试	2
	交件		5
	仪器、仪表及设备维护		10
总计			100

技能操作

项　　目		%
接待		10
机修前准备		10
维修	产品安全检查	4
	检修电源部分	8
	检修控制系统	8
	检修运动部件及传动系统	16
	检修电热部件	8
	检修制冷、空调系统	8
	检修其他部件	4
	修复后调试	4
交件		10
仪器、仪表及设备维护		10
总计		100

中华人民共和国劳动和社会保障部制定

2000 年 5 月 10 日起施行

参考文献

[1] 季旭东. 新型 LCD 用 LED 背光源[J]. 照明工程学报，2004，15（2）.

[2] 韩雪涛，韩广兴，吴瑛. 数字平板电视机现场维修实录[M]. 北京：电子工业出版社，2010.

[3] 梁长垠. 电视机综合实训技术[M]. 北京：清华大学出版社，2006.

[4] 沈大林，朱学亮. 彩色电视机原理与维修[M]. 北京：电子工业出版社，2006.

[5] 潘云忠，潘宜漾. 有线电视数字机顶盒的原理与维修[M]. 北京：人民邮电出版社，2009.

[6] 刘修文. 高清数字电视机使用与维修[M]. 北京：机械工业出版社，2009.

[7] TCL 集团. TCL 王牌 PDP 平板彩色电视机原理与分析[M]. 北京：人民邮电出版社，2006.

反侵权盗版声明

电子工业出版社依法对本作品享有专有出版权。任何未经权利人书面许可，复制、销售或通过信息网络传播本作品的行为，歪曲、篡改、剽窃本作品的行为，均违反《中华人民共和国著作权法》，其行为人应承担相应的民事责任和行政责任，构成犯罪的，将被依法追究刑事责任。

为了维护市场秩序，保护权利人的合法权益，我社将依法查处和打击侵权盗版的单位和个人。欢迎社会各界人士积极举报侵权盗版行为，本社将奖励举报有功人员，并保证举报人的信息不被泄露。

举报电话：（010）88254396；（010）88258888

传　　真：（010）88254397

E-mail：　　dbqq@phei.com.cn

通信地址：北京市万寿路 173 信箱

　　　　　　电子工业出版社总编办公室

邮　　编：100036